国家科学技术学术著作出版基金资助出版

高性能齿轮精密数控加工理论与技术

王时龙　李国龙　曹华军　著

科学出版社

北　京

内 容 简 介

本书深入探讨高性能齿轮精密数控加工基础理论和方法、关键技术及制齿装备。第1章介绍高性能齿轮数控加工技术、高性能齿轮数控加工装备研究现状及发展趋势、面临的机遇和挑战。第2章介绍高性能齿轮精密修形计算理论。第3章介绍高性能齿轮加工原理误差消减方法。第4章介绍数控制齿机床多源误差建模方法及补偿技术。第5章介绍精密数控制齿机床设计及优化。第6章介绍滚磨工艺参数优化方法。第7章介绍齿轮高速干切工艺及自动化生产线。

本书既适合于从事齿轮设计制造理论研究和工艺技术人员阅读,也可供机械类专业技术人员、高等院校师生参考。

图书在版编目(CIP)数据

高性能齿轮精密数控加工理论与技术 / 王时龙,李国龙,曹华军著 . —北京:科学出版社,2022.9

ISBN 978-7-03-073123-4

Ⅰ.①高⋯ Ⅱ.①王⋯ ②李⋯ ③曹⋯ Ⅲ.①高性能化-齿轮加工
Ⅳ.①TG61

中国版本图书馆 CIP 数据核字(2022)第 168794 号

责任编辑:张艳芬 李 娜 / 责任校对:胡小洁
责任印制:吴兆东 / 封面设计:蓝正设计

科 学 出 版 社 出版
北京东黄城根北街 16 号
邮政编码:100717
http://www.sciencep.com

北京建宏印刷有限公司 印刷
科学出版社发行 各地新华书店经销
*
2022 年 9 月第 一 版 开本:720×1000 B5
2023 年 3 月第二次印刷 印张:20 1/2
字数:403 000
定价:188.00 元
(如有印装质量问题,我社负责调换)

前　　言

　　齿轮是传递运动和动力的关键基础件,代表国家工业和国防装备水平。高性能齿轮具有高承载能力、高功重比、长寿命、高可靠性及优良动态特性,是我国高端装备产业发展的瓶颈。《中国制造2025》在"工业强基工程"中明确提出,要突破关键基础材料、核心基础零部件的工程化、产业化瓶颈。高性能齿轮齿面形状复杂、表面质量要求高,对数控加工技术及装备提出了更大挑战。

　　高性能齿轮齿面一般为兼有标准螺旋曲面和自由曲面特性的异形螺旋曲面,对其进行精密加工建模及求解极其困难,采用啮合原理参照标准螺旋曲面进行解析法近似计算,会产生刀具原理误差;齿面缺乏标准螺旋曲面自包络特征,加工时会产生齿面扭曲的工艺原理误差,无法保证全齿面理论修形精度。

　　高性能齿轮创成运动复杂,滚磨加工切削界面发热量大,热误差占比70%以上,展成加工误差难以溯源,通常采用试错修调法进行综合误差补偿,修形精度提升困难、调试时间长。同时,高性能齿轮加工对机床精度、热稳定性及功能部件刚度要求更高,我国复杂修形齿轮加工软件缺乏,致使高端制齿机床被国外垄断。另外,高性能齿轮对减振、降噪、延长使用寿命等提出了更高要求,需要研发新一代制齿工艺技术及工装。

　　针对高性能齿轮精密加工的基础理论和技术问题,作者进行了十余年的产学研合作研究,取得了系统性的研究成果。相关的一系列模型和算法已应用于滚齿机、磨齿机、齿轮刀具的设计,以及汽车齿轮、舰船齿轮、风电齿轮等的加工,取得了良好的应用效果。本书是对这些理论、方法和实践的系统性总结。

　　在本书完成之际,作者衷心感谢各位学术前辈、师长和同事的支持和帮助。他们是重庆大学康玲、王四宝、何坤、马驰、任磊、董鑫、孙守利、徐凯、夏长久、肖雨亮、唐倩、胡宗延、操兵、王军等;重庆机床(集团)有限责任公司的李先广、曾令万、蒋林、陈剑、李樟、杨勇等;重庆理工大学邹政等。

　　感谢国家自然科学基金重点项目(51635003)、国家科技重大专项(2009ZX04001-081、2009ZX04001-041)、国家科技支撑计划项目(2012BAF13B09)、国家863高技术计划项目(2012AA040107)等多年来对本书相关研究工作的支持。本书获得国家科学技术学术著作出版基金资助,在此表示感谢。

　　限于作者水平,书中难免存在不足之处,敬请广大读者批评指正。

目　　录

第1章 绪 论

1.1 高性能齿轮概述

1.1.1 齿轮行业现状

齿轮是传递运动和动力的关键基础件,代表国家工业和国防装备水平,广泛应用于汽车、风电、船舶等领域,其制造水平直接影响我国高端装备和汽车等工业产品的服役性能与核心竞争力,代表一个国家的基础制造水平。

我国齿轮行业产业关联度高,吸纳就业能力强,技术资金密集,是装备制造业实现产业升级、技术进步的重要保障。经过近三十年的发展,其已全面融入世界配套体系中,并形成了完整的产业体系,历史性地实现了从低端向中高端的转变,齿轮技术体系和齿轮技术标准体系基本形成。汽车、工程机械、摩托车、风电、高速列车等行业是带动我国齿轮行业发展的动力,齿轮产业规模不断扩大,2018 年中国齿轮行业产值达 2400 多亿元人民币,约占机械通用零部件总产值的 65%[1]。目前,我国齿轮制造企业约 5000 家,其中规模以上企业 1000 家,亿元企业近 50 家。市场份额分布为汽车齿轮 38%、工业齿轮 38%、其他车辆齿轮 24%,而高端、中端、低端齿轮占比分别为 25%、35%、40%[2]。目前,齿轮行业关键技术的研究不断深入,整体行业创新能力逐步提升,齿轮产品正处于从中端向高端转变的过程。

我国齿轮产值已位居世界第一,是名副其实的世界齿轮制造大国。但我国齿轮行业发展水平与国外先进水平相比还有一定的差距,主要表现为:齿轮基础研究不足,实验积累数据不够,轮齿修形设计与制造研究应用不足,齿轮箱的专业研发软件开发滞后,软件严重依赖进口;制齿机床在加工效率、精度保持性、稳定性、轻量化、智能化等方面差距较大。

总体来看,我国的齿轮制造行业处于"低端混战、高端缺失"的态势。一方面,中低端产品的产能过剩,同质化恶性竞争;另一方面,对国外高端制齿装备依存度高,高精度数控制齿机床长期被国外垄断和控制;同时,高端齿轮产品的制造能力不足,用于汽车、工程机械、高速列车等的高性能齿轮传动装置仍然大量依赖进口。相关数据显示,2014~2018 年,我国齿轮加工机床进口总值达 22 亿美元,同期齿轮产品进口超过 45 亿吨[3]。

1.1.2　高性能齿轮

　　齿轮的制造、安装误差及载荷引起的齿面变形等,使得在齿轮传动过程中必然会出现啮入啮出冲击、偏载、振动等现象,严重降低了齿轮的传动精度、承载能力和服役寿命。仅提高齿轮制造精度和安装精度,不仅无法满足日益提高的对齿轮性能的要求,同时极大地增加了齿轮制造成本。高性能齿轮是应对上述问题的高端齿轮,与传统齿轮相比,其齿面进行了齿形齿向全齿面修形,消除了由载荷、误差等引起的啮合干涉,均衡了传动载荷(图 1.1),并且进行了必要的齿面强化处理,具有高承载力、高传动精度、低传动噪声、长寿命及优良的动态特性,已成为保障航母、潜艇、直升机、特种车辆等重大装备高速重载工况下动力传动系统服役性能必不可少的传动基础件。

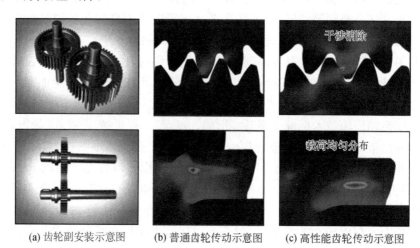

(a) 齿轮副安装示意图　　(b) 普通齿轮传动示意图　　(c) 高性能齿轮传动示意图

图 1.1　齿轮传动示意图

　　由于高性能齿轮齿面同时存在齿廓修形和齿向修形,其加工时的刀具廓形计算较标准螺旋齿面加工时更为复杂。需要根据修形后的齿轮实际廓形计算相应的加工刀具廓形,现阶段主要采用共轭轴线法计算齿轮刀具廓形,但是基于解析计算的共轭轴线法在求解修形后的廓形时存在建模复杂和求解困难等问题,亟须一套适用于高性能齿轮齿面的刀具计算理论;同时,高性能齿轮齿面兼具螺旋曲面和自由曲面特性,采用现有螺旋齿面加工理论,自由曲面特性会引起原理性加工误差,并且误差随曲面变异程度的增加而变大。

　　另外,修形齿轮加工包络运动复杂,滚磨加工切削界面发热量大,热误差占比70%以上。在齿轮加工中,机床热误差、齿坯原始误差、力致误差、刀具误差、控制误差等会复映到工件,使齿面产生加工误差,严重影响全齿面的加工精度。以前,学者们围绕提高齿面加工精度进行了机床几何误差补偿、力热误差补偿等间接测量误差补偿方法的研究,取得了较多理论成果,但这些成果没有在制齿机床上得到广泛应用。目前,实际生产中通常采用试错修调法进行加工误差补偿,即通过对比试切齿面与设计齿面,获得测量的齿形齿向误差,据此对齿轮刀具进行反向修形及机床轨迹反向设定后再加工,多次迭代加工获得满足设计要求的齿面精度,该综合误差调控方法解决了加工修形精度困难,调试时间长的问题。

目前,高性能齿轮加工普遍采用滚磨工艺,其齿面存在齿形修形及齿向修形,常规滚齿不进行修形,仅靠磨齿达到最终廓形精度,将导致磨削余量不均,极易造成齿面烧伤,进而影响齿轮服役寿命。

1.2　高性能齿轮数控加工技术

1.2.1　高性能齿轮数控加工简介

数控加工技术自 20 世纪 60 年代起开始应用于齿轮加工,到 20 世纪 80 年代,已得到广泛应用。随着高性能齿轮需求的增加,以及对齿轮加工质量的要求不断提高,新的齿轮加工方法不断涌现。目前,齿轮的加工方法可以分为无屑加工法和切制加工法两类。其中,无屑加工法包括铸造法、热轧法、冷轧法、粉末冶金法等,其生产效率高、成本低、材料利用率高、精度低。切制加工法按加工原理又可分为展成加工法和成形加工法。展成加工法包括滚齿、插齿、珩齿、蜗杆砂轮磨齿等;成形加工法主要包括铣齿、拉齿以及成形磨齿等。切制加工法加工精度高、稳定性好,已成为最常用的高精度齿轮加工方法。

近年来,随着齿轮磨削工艺成本的降低,滚磨工艺已逐渐取代滚剃工艺成为高性能齿轮的主流加工工艺。下面主要介绍滚齿、蜗杆砂轮磨齿及成形磨齿。

1. 滚齿

滚齿是齿轮粗加工的主要工艺,在加工过程中滚刀与被加工工件相当于一对无侧隙的空间啮合齿轮副,由滚刀廓形包络出齿轮廓形。滚齿加工过程连续,加工效率高,加工精度达 8～9 级,当使用高精度滚齿机及精密滚齿工艺时,可加工 5 级精度的齿轮[4]。

近年来,高速干切滚齿取得了巨大突破,已在汽车工业中得到广泛应用。高速干切滚齿技术是通过综合协调优化机床结构、滚刀材料以及工艺参数等加工要素,实现不使用或者尽量少使用切削液而利用低温压缩空气等清洁冷却润滑介质,在高速切削条件下进行齿轮干式滚切加工的先进制造工艺。它消除了切削液雾造成的车间环境污染和废油排放导致的生态环境污染,降低了油雾颗粒引起的工人职业健康危害,节约了切削液及其附加装置产生的制造成本,具有高效、绿色环保的特点。目前,滚齿加工正呈现从湿式滚齿(图 1.2)向高速干切滚齿(图 1.3)发展的必然趋势[5]。

图 1.2　湿式滚齿　　　　　　　　图 1.3　高速干切滚齿

2. 蜗杆砂轮磨齿

蜗杆砂轮磨齿(图 1.4)是中小模数齿轮批量精密加工的主要加工方法。蜗杆砂轮磨齿也相当于空间螺旋齿轮啮合,蜗杆砂轮相当于渐开线螺旋蜗杆,其法向基节与被磨齿轮的法向基节一致,通过连续分度展成磨削出齿轮廓形。蜗杆砂轮磨削精度达 3～5 级,磨削效率高。

图 1.4　蜗杆砂轮磨齿

蜗杆砂轮磨齿加工根据加工工艺可分为往复多次磨削法和深切缓进磨削法两种。往复多次磨削法又称为定期位移磨削法。在加工过程中,蜗杆砂轮通过多次径向进给,实现齿轮的高精度磨削。深切缓进磨削法又称为连续位移磨削法,是指在磨削过程中采用较大的蜗杆砂轮径向进给速度结合较小的齿轮轴向进给速度完成齿轮磨削。砂轮径向进给速度大,在加工过程中通过砂轮轴向连续移动以避免砂轮同一位置磨损过快[6]。

3. 成形磨齿

成形磨齿(图 1.5)是一种通过将砂轮廓形修整成与被加工齿轮齿廓相吻合的形状,使得加工时砂轮与齿轮廓形完全接触来磨出整个齿轮廓形的高精度磨齿方法。在加工直齿轮时,砂轮轴线和齿轮轴线垂直,砂轮轴截面廓形与齿轮端面齿槽廓形一致。在加工斜齿轮时,砂轮轴线与齿轮螺旋线正交,砂轮轴截面廓形根据啮合原理计算确定,并且砂轮截面廓形随砂轮直径不断变化。

图 1.5　成形磨齿

1.2.2　齿轮加工误差建模和补偿技术

1. 刀具误差建模及补偿技术研究现状

在齿轮加工过程中,齿轮刀具直接与工件接触,切除工件材料以使工件成形,因此齿轮刀具误差是决定加工齿轮精度的众多因素中影响最为直接的一项。刀具误差的来源主要由两部分构成,即刀具理论廓形的设计误差和刀具实际廓形的制造误差。

为加工出正确的齿形,刀具的几何廓形必须依据齿形曲线进行精确设计,针对此问题,国内外学者进行了大量研究。李特文[7]详细阐述了齿轮啮合的包络原理,即互相啮合的两齿面在其接触点处的相对运动的速度方向与接触点的法向量垂直,并将这一原理用于设计加工修形齿轮的齿条刀具和蜗杆砂轮廓形[8]。同样是基于包络理论,吴序堂[9]给出了加工螺旋面的成形刀具廓形计算方法。Simon[10]计算了用于加工圆弧廓形蜗轮的滚刀基本蜗杆曲面及其轴截面廓形。Hsieh[11]建立了六轴工具磨床的加工模型,根据砂轮与刀具螺旋槽接触点的法向量必穿过砂轮轴线这一条件推导了砂轮廓形计算的解析模型。盛步云等[12]从双圆弧齿轮基本齿廓方程出发,推导出双圆弧齿轮滚刀通用齿面方程,求出了双圆弧齿轮滚刀前刀面的齿形方程。前面提到的这些方法中,为求刀具理论廓形,必须要知道待加工齿形的解析表达式,为解决这一问题,针对双圆弧齿轮滚刀的铲磨砂轮计算问题,魏岩等[13]基于滚刀与砂轮之间的铲磨运动关系,以滚刀法向截面廓形(刀刃)为计算依据,利用空间包络法建立滚刀铲磨加工的数学模型,计算获得了双圆弧齿轮滚刀的铲磨砂轮廓形。

在得到精确的刀具设计齿廓后,刀具的制造和安装过程中还会因为各种不可避免的误差因素,最终产生刀具误差。龙谭等[14]揭示了不同安装位置下的测量误差相位特征,并提出了离散傅里叶逆变换辨识测量误差方法。芮成杰等[15]建立了求解含有周向定位误差的刀带宽度数学模型。张凯等[16]提出了一种基于谐波分解的滚齿加工齿距误差在机补偿方法。刘星等[17]建立了机床各误差参量与齿轮加工误差之间的映射关系。陈杳伟[18]分析了滚刀铲磨加工过程及齿侧面的成形机理,提出了变速铲磨法,可有效降低滚刀铲磨时齿侧面的齿形畸变,增加齿形合格长度,提高了滚刀的精度及寿命。张瑞等[19]通过对比不同滚刀安装误差下的齿轮传动误差曲线,进行了传动误差对不同安装误差的敏感性分析。盛步云等[12]分析了由近似造型方法引起的滚刀齿形精度问题,总结了滚刀齿形精度的主要影响因素。吴平安等[20]建立了齿轮坐标系和刀具坐标系,利用坐标变换的方法推导出齿轮的齿廓方程。贾冬生等[21]通过位置控制和误差补偿单元的控制,实现了机床展成法分齿运动误差、齿向误差、刀具磨损等的在线实时补偿。陶桂宝等[22]分析了床身热变形以及立柱热变形对滚齿加工精度的影响,建立了误差模型并进行了初步验证。Deng 等[23]基于齐次坐标变换法和滚齿机有限元仿真方法,提出了一种高速干式滚齿机的力诱导误差模型。Liu 等[24]综述了干式滚齿机滚刀总成数值模拟方法的发展,提出了确定热源值和传热系数的模型。Radzevich[25,26]分析了滚刀重磨后刀具几何参数的变化和产生误差的原因,提出了滚刀重磨后基节保持的补偿措施,通过优化滚刀参数,使得滚刀刀刃呈近似直线,其与基本蜗杆之间的误差达到最小。

2. 机床几何误差建模及补偿研究现状

由于零部件的制造误差、装配误差和磨损等,制齿机床会产生几何误差,使刀具实际运动轨迹偏离理论运动轨迹,从而产生加工误差。这种机床几何误差通常较为稳定,便于进行测量和补偿,因此国内外研究人员对制齿机床几何误差建模和补偿技术进行了大量研究,主要借鉴了五轴数控机床的误差建模和补偿方法。Sun 等[27]应用改进的粒子群优化算法建立了滚齿加工工艺与齿轮几何误差之间的关系模型。Cao 等[28]识别了工件热变形误差的特征,建立了工件热变形误差补偿模型,对工件热变形误差和齿厚误差进行了补偿。Tian 等[29]提出了一种简单的螺旋齿轮螺距误差和螺旋线轮廓误差的估计方法,设计了电子齿轮箱(electronic gear box,EGB)交叉耦合控制器结构。Guo 等[30]选取 YK3610 滚齿机的 4 个关键热源,利用反向传播神经网络建立了基于 4 个温度变量的热误差模型。在机床误差建模方法方面,学者们基于多体系统理论,对机床部件进行刚体运动学分析,运用 D-H 齐次坐标变换描述机床各轴的运动和误差传递关系,最终将机床误差转换为刀具相对工件的位姿误差[31-34]。王延忠等[35]通过调整各个误差参数的数值可以定量减少和调整面齿轮各齿面点位置法向误差,为面齿轮实际数控加工过程中机床各参数调整提供了理论依据。魏弦[36]用定位误差分解建模法结合选取的最优测点建立了热误差预测模型,分别与模糊聚类和变量分组测点优化建立的模型进行了对比。丘永亮[37]从数控机床基本概念和典型的误差分析出发,提出了几类成熟的误差补偿方法。陈国华等[38]提出了机床热误差补偿计算方法,并开发了集成于 HNC-8 数控系统的热误差补偿模块,结合实例,验证了补偿方法的有效性。许琪东等[39]研究了多轴数控机床的几何误差辨识,结合实际开发了软件补偿程序。韩江等[40]利用齐次坐标变换法建立了六轴数控滚齿机床的综合误差模型,并针对直齿圆柱齿轮加工对误差模型进行了简化。鞠萍华等[41]建立了基于 4 个关键测温点的温度变化与机床热误差之间的映射关系,能在生产过程中通过获取关键点温度实时预测机床热误差,并通过数控系统将预测值补偿到刀具进给位置,以此形成机床热误差补偿机制。苗恩铭等[42]提出了一种数控机床工作台平面度误差与主轴热误差的综合补偿方法。王时龙等[43]综合考虑了滚齿机床几何误差和滚刀几何误差对刀具实际切削点位置的影响,利用齐次坐标变换法建立了滚齿机床几何误差与滚刀几何误差的综合误差模型,通过求解运动学逆解得到滚齿机床各轴补偿量。徐连香等[44]针对非球面数控磨床定位误差的特性,提出了增量式误差补偿。王进等[45]对机构进行运动学标定和误差补偿实验,涉及机构的位姿测量、参数辨识以及误差对比,验证了所建立机构误差模型的正确性。范晋伟等[46]将机床运动部件划分为“工件-床身”和“砂轮-床身”两条运动链,提出了基于误差影响的精密加工约束条件方程。廖琳等[47]基于多体系统理论与齐次坐标变换法建立了数控蜗杆砂轮磨齿机的机床几何误差模型,实现了砂轮磨齿机床空间误差的分步解耦。李光东等[48]针对秦川 YK73200 数控成形磨齿机建立了机床几何误差模型,通过消除几何误差的高次项,简化了模型的计算过程,并提出了一种基于

NUM1050 数控系统的误差补偿方案。Zhou 等[49]针对大规格数控成形磨齿机床 SKMC-3000/20 的结构,建立了机床的几何误差模型和雅可比矩阵,对各运动轴进行了误差解耦,获得了补偿机床几何误差需要的各轴补偿量。

3. 力致误差研究现状

切削力作为切削加工过程中最重要的物理参数之一,其大小决定了机床整体的功率消耗与刚度要求,切削过程中产生的时变切削力导致机床产生力致变形和振动,同时影响着刀具的磨损、寿命以及工件的加工精度和表面质量。因此,切削力的研究至关重要。滚齿加工是间断切削的,时变的切削力致齿轮误差的研究一直是一个难点。

早期的研究通常采用实验方法测量切削力,可分为接触式测量和非接触式测量两种,其准确性取决于测量原理及测量装置。鉴于滚刀与飞刀在加工运动及刀齿形状的类似,滚齿切削力也可通过测量飞刀切削力的方式间接得到[50]。接触式测量装置一般采用电阻应变片组成桥式电路,将其贴于变形敏感区域,然后将应变片测得的信号通过集流环或遥感装置输出[51,52]。此外,接触式测量装置也可以将应变片贴于特定材质的滚刀芯轴或工件芯轴,分别测量轴向、径向及切向切削分力。虽然应变片测量成本较低,但是单纯依靠电阻应变片,测量信号抗干扰能力较弱,动态特性差,测量精度低,因此人们研究了新型测力传感器及信号采集系统,如适用于滚齿切削力测量的微机电测量系统。非接触式测量装置主要依托于无线遥测技术[53]、红外技术[50]、蓝牙技术[53,54]等来实现,可对称安装于夹具装置上,并随夹具旋转运动,便于安装和测量。

在滚齿切削力的理论建模方面,分为基于实验数据的经验公式法[55]和基于金属切削理论的切屑几何参数计算法[56]两种。基于实验数据的经验公式法,由于滚齿加工中的实验条件差异,经验公式不唯一,不适用于实验条件不同的其他滚齿切削力的预测。基于金属切削理论的切屑几何参数计算法主要通过确定切削区域、计算切屑面积、计算切削分力、合成切削力等步骤完成。切屑的形成过程模拟和计算是切削力建模的重要因素之一,国内外学者就滚削加工切屑成形机理开展了一系列研究,Sabkhi 等[57]提出了一种耦合分析方法,能准确分析切削刃效应和预测切削力的演化。Svahn 等[58]建立了滚刀加工过程中切削力和滚刀各切削齿磨损的数学模型,该模型确定了齿轮毛坯整个生产周期的切屑数。Croitoru 等[59]对飞齿滚刀铣削齿轮时切屑形状的确定进行了理论建模。Nikolaos 等[56]、Dimitriou 等[60]和 Tapoglou 等[61]建立了滚齿加工三维模型仿真,可用于求解切屑形状、刀具磨损等。在切削力建模方面,Sabkhi 等[62,57]通过切屑的厚度和宽度得到了切削力计算模型,根据有限元二维仿真确定了单位切削力面积系数。Brecher 等[63]基于

SPARTApro 软件计算了 1～30 模数齿轮最大切屑厚度,并利用回归方程拟合了最大切屑厚度计算公式。

在切削力致误差补偿方面,目前还没有发现针对齿轮加工机床力致误差补偿的研究,大量研究主要集中在针对数控车床或铣床的力致误差补偿方法。侯洪福等[64]建立了铣削加工过程的力-位移综合误差模型,并基于原点偏移法建立了力-位移综合误差在线补偿系统。魏丽霞等[65]实现了数控车床的切削力致误差实时补偿,解决了切削力致误差造成数控车床加工误差的问题。Shi 等[66]提出了一种基于等效切削力的综合误差补偿模型,针对三轴数控铣床,采用多体系统理论及齐次变换矩阵进行建模。Scippa 等[67]针对现有切削力测量仪器因周边环境振动导致的测量精度不高问题,开发了一种基于卡尔曼滤波器的补偿技术,通过数值计算和实验测评进行了验证。基里维斯等[68]和吴昊等[69]开发了一种切削力致误差新型混合补偿系统,以三轴数控铣床为对象,利用齐次坐标变换法建立了切削力致误差综合数学模型,可以同时考虑 30 项对机床影响较大的敏感性误差源,适用于切削力致误差补偿的理论计算。

4. 热致误差研究现状

以齿轮的滚削加工为例,众多的热源导致滚齿机床各个部位的温度梯度不一致,从而导致各个部位的热变形大小不同,滚刀主轴和工件主轴中心距发生改变,使得加工齿轮产生齿厚误差,即齿轮的齿向误差。这种导致机床滚刀主轴和工件主轴之间相对位置变化产生的齿轮加工误差称为热致误差,也简称为热误差。它在所有的齿轮加工误差来源中占据比例最大,为 40%～70%[70-72]。因此,消除热变形对制齿机床的影响,对磨齿等其他加工方式也非常重要。制齿机床的热误差建模和补偿技术的研究对提高制齿精度意义重大。

目前,国内外对机床的热误差建模和补偿方面的研究已经比较成熟,但是针对制齿机床热误差的研究还相对缺乏。下面重点介绍关键测温点筛选、热误差建模方法和热误差补偿方法的国内外研究现状。

1)关键测温点筛选的研究现状

需要对机床的众多测温点进行筛选,以温度变化大、对机床几何误差影响最敏感的位置为测温点,将最合适的几个温度变量纳入建模,在确保模型精度的前提下,尽量减少温度变量的数量,以提高模型的响应速度。目前,大量的研究主要集中在降低温度敏感点之间的共线性,以防止共线性破坏预测的鲁棒性。消除多重共线性的方法有很多,包括逐步回归法、特征根法、主成分法、岭回归法、偏最小二乘法等[73]。Abdulshahed 等[74]结合灰色关联方法和模糊聚类分析法来确定关键测温点,应用自适应神经模糊推理系统(adaptive neural fuzzy inference system,ANFIS)方法建立了机床的热误差模型。纪学军[75]利用多元线性回归法表征温度变化与进给轴膨胀率的定量关系,从而完成热误差的预测建模,针对三轴数控立式铣床进行了热误差补偿。Tan 等[76]通过对温度敏感点进行分组并使用多元线性回归法建立了热误差模型来确定关键测温点。Zhang 等[77]结合模糊聚类分析和相关系数法选择关键测温点,并在建立热误差模型时采用切片逆回归法。

2)热误差建模方法的研究现状

运用已获取的温度-热误差数据来建立热致误差和测量关键点温度之间的数学(函数)关系式称为热误差建模。近年来,典型的建模方法有神经网络法、多元线性回归法、支持向量机、有限元法(finite element method,FEM)、多体系统理论、复合算法(综合多个算法)等。Creighton 等[78]利用 FEM 补偿高速微铣削机床的主轴热误差。虽然有限元模型可以高精度地模拟零件的热变形,但它不能综合反映整个机床的热误差,因为加工工件的热误差是由机床立柱、主轴箱、主轴等多个部件的热变形综合反映的结果。Zhang 等[79]建立了基于人工神经网络和灰色理论相结合的热误差模型,可以提高学习效率和准确性。Liu 等[80]利用灰色相关算法直接温度变量进行筛选,消除变量间的共线性,只保留有效的几个变量,简化了模型并提高了模型的鲁棒性。郭前建等[81]针对机床热误差建模温度变量多、非线性度高的问题,提出了一种基于投影追踪回归的数控机床热误差模型新方法。

3)热误差补偿方法的研究现状

热误差实时补偿技术基于已建立的热误差模型,经检测关键点的温度并预估出所需的热误差补偿值,通过数控系统控制轴进行补偿。目前,在数控机床热误差补偿方面,国内外学者进行了大量研究。

王时龙等[82]利用热误差差动螺旋补偿结构来进行实际的补偿。通过测出的滚齿机热变形值计算转换为所需补偿的误差值,利用伺服电机进行控制,推动立柱移动实现热误差补偿,此方法传动平稳、高效。杨勇等[83]基于自动编程系统,提出了一种热误差补偿方法,经大型滚齿机加工补偿验证,效果良好。孙翰英等[84]在西门子 840Dsl 数控系统中将热误差预测值转换为外部机床坐标系的坐标偏移量并施加到数控系统位置伺服环的控制信号中,实现误差的实时补偿。杨祥等[85]在华中 8 型总线式数控系统中,插入 HIO-1075 温度采集板卡,嵌入热偏置补偿和斜率补偿模块,通过实时监测重点部位的温度变化,对机床运动部件的热位移误差进行实时补偿。Ming 等[86]结合坐标变换和多体理论建立了数控磨齿机的热误差模型和几何误差模型。

1.2.3　温度场调控技术的研究现状

机床加工系统的热源如图 1.6 所示，主要包括以下四部分：

（1）切削热。当机床切削加工时，刀具切除金属材料过程中所做的功大部分转化为切削热，表现为切屑、刀具、工件和切削液的温度变化。

（2）机床动力源热。来源于电动机、液压系统、气动系统等。

（3）机械运动副摩擦热。来源于齿轮、轴承、离合器、导轨副等。

（4）周围环境热。主要包含日光、灯光辐射到机床上的热量，以及周围环境温度变化传递给机床的热量等。

前三项为机械加工系统内部热源，最后一项为机械加工系统外部热源。

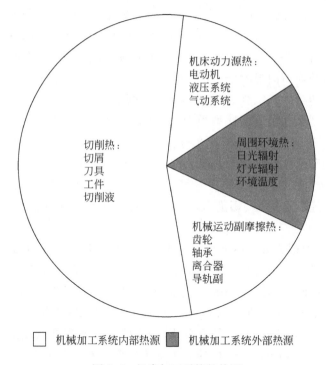

图 1.6　机床加工系统的热源

切削热伴随金属切削加工的整个过程，是切削过程中的重要物理现象。切削热的存在使得工件材料受热软化，为金属切削的可行性创造了必要条件，但也造成了刀具变形及磨损，是影响刀具寿命和工件表面质量的重要因素。切削热也会以接触或非接触的方式传递给加工系统，并且会对系统的稳定性和加工精度产生影响。

一直以来金属切削理论研究的重点与难点都是切削热，对其的研究方法主要包括理论解析、数值模拟和实验分析。

(1)在理论解析方面,主要采用移动热源法求解切削热在剪切区和刀具-切屑接触区的生成规律与分布规律。Blok[87]探讨了刀具-切屑接触区摩擦热的作用机理,提出了 Blok 切削热分配规则,并实现了对刀具和切屑的热量分配系数的求解。Chao 等[88]给出了刀具-切屑接触区刀具和切屑的热量分布规则。Trigger 等[89]、Leone[90]、Loewen[91]都对剪切区的切削热分配规律展开了研究。Komanduri等[92,93]阐述了剪切区热源作用的切屑和工件的热量分配量化模型,研究了刀具-切屑接触区热源作用的切屑以及刀具的热量分配量化方法,分析了剪切区热源和刀具-切屑接触区热源耦合作用的切削热分配量化方法。de Carracho 等[94]通过理论分析对切削刃的温度分布进行了研究,并运用逆向传热方法探索了切削参数对刀具热流的影响,最后通过车削实验对其进行了验证。Haddag 等[95]搭建了干式车削加工中刀具传热与磨损的三阶段分析方法(切屑成形→刀具磨损预测→刀具三维热分析),分析并获取了刀具的温度分布和磨损情况。Zhang 等[96]基于热源理论提出了一种新的前刀面温度分布预测模型,通过对靶面温度的测量,验证了模型对温度分布的预测结果。王胜等[97]通过对浅切磨削能量分配比率的分析,建立了工件的热流量模型和能量分配比率模型,提出了砂轮磨削中能量分配估算方法。关立文等[98]基于接触面瞬时相等原理建立了切削区域热量分配模型,结合热源法、热量分配模型和温度实验结果,提出并建立了 S 形试件完整的间歇性切削温度场模型。杨潇等[99]从热传递框图模型和热传递计算模型两个层面,分别建立了切削接触界面热传递动态模型、切削区域热传递动态模型、机床加工空间热传递动态模型。

(2)在数值模拟方面,Akbar 等[100]和 Zhu 等[101]广泛开展了金属切削过程的切削热、切削温度、切屑变形等的可视化研究。Bapat 等[102]通过非线性有限元分析软件 ABAQUS 对 AISI 52100 钢车削加工过程进行了数值仿真,建立了 AISI 52100 钢车削温度分布模型。Khajehzadeh 等[103]通过 ABAQUS 对航空铝合金超声车削中车刀的温度场进行了仿真分析,与实验结合发现在低速进给时车刀最高温度可降低 29%。Pervaiz 等[104]建立了基于计算流体动力学的车刀温度场耦合传热数值模拟方法,通过车削仿真探讨了切削液流速对车刀温度的影响规律。Wang等[105]利用有限元法对皮质骨钻削加工进行数值模拟,通过与传统钻削和振动钻削两种加工方式进行对比,探讨了振动频率对切削热的生成与传递机理的影响。Bouzakis 等[106]利用有限元法仿真了滚齿加工过程,利用 DEFORM-3D 仿真获取了切屑温度等的重要结果。Liu 等[107]基于 FEM 搭建了滚齿加工中的切削力和切削温度的预测模型,并通过有限元软件 Third Wave Systems AdvantEdge 对滚刀前刀面温度的分布进行了仿真分析。Quan 等[108]利用仿真手段探讨了热管刀具在降低切削温度以及减小刀具磨损方面的潜力,针对切削参数和材料物性参数对切削温度的影响规律进行了研究。毕运波等[109]在对螺旋刃立铣加工过程传热学模型简化的基础上,对航空铝合金 7050-T7451 高速铣削过程中工件-刀具接触面温度分布进行了三维有限元模拟,并重点研究了热源强度计算、热载荷施加等关键技术。胡自化等[110]通过 Deform-3D 仿真展开了高速切削加工过程的有限元仿真研究,得到了切削力、切削温度和应力场的分布,以切削力为指标对有限元模型进行了验证。高兴军等[111]搭建了麻花钻三维钻削的有限元模型,利用该模型对切屑形成过程、钻削温度场和麻花钻几何参数对钻削性能的影响规律进行了研究,并且得到了钻削温度场的分布云图。沈琳燕等[112]搭建了高速磨削过程仿真分析的 Johnson-Cook 材料本构模型,通过 40Cr 磨削仿真研究对磨削弧区热流和温度场进行了分析,揭示了高速磨削时磨削温度的变化规律。

(3)在实验分析方面,Schmidt 等[113]利用量热法展开了对钻削镁合金和铝的实验,并通过实验对切削热在钻削过程中的分配情况进行了分析,指出了切屑带走的热量在总切削热中占比最大、钻头次之、工件最小,并且切屑占比随着切削速度的提高而增大,而钻头和工件占比则随之减小。在钻削不同材料以及采用不同的切削参数时,实验数值虽然会发生变化但其变化规律与上述相似。Abukhshim 等[114]通过 AISI 4140 高强度合金钢车削加工实验,对刀具的热量流动特性和切削速度为 200~1200m/min 时刀具前刀面的温度变化规律进行了研究。Hirao 等[115]通过实验对 45 钢和铝铣削时切削热的变化规律进行了研究,其研究结果表明,尽管总切削热和刀具、切屑、工件所占的切削热比例数值大小不一,但其变化规律十分相似,并且高速切削时大部分的切削热由切屑带走。Wright 等[116]利用低碳钢车削实验(切削速度为 10~175m/min),发现在刀具-切屑接触区生成的切削热中,切屑带走 80%~90% 的热量。美国俄亥俄州立大学工程研究中心利用模拟仿真与实验结合的方法对高速切削中切削热的产生和散失规律进行了研究,指出切屑变形产生 80% 左右的热量,刀具-切屑接触区上产生 18% 左右的热量,在刀刃上产生 2% 左右的热量,同时表明切屑带走约 95% 的切削热,传入工件的切削热为 2% 左右,传入刀具的切削热为 3% 左右[117]。全燕鸣等[118]基于线热源法理论,建立了钢轨铣磨联合作业温度场模型并搭建了专用的铣磨实验台,开展钢轨铣磨实验,分析了不同加工参数对工件表面温度的影响。Sato 等[119]通过光纤测温法对 Ti6Al4V 端铣加工中前刀面的温度变化进行了研究,其结果表明顺铣条件下铣刀的受热时间大于逆铣条件,且温度随着远离前刀面而降低。Beno 等[120]搭建了基于比色测温法的钻头温度测量方法,并通过对工件材料的改变获得了不同工件材料下的钻头温度。Heigel 等[121]利用在钇铝石榴石(yttrium aluminum garnet, YAG)刀具进行的 Ti6Al4V 直角切削加工中利用红外热像仪对 YAG 刀具-切屑接触区的温度分布进行了测量。

随着干切削技术的广泛应用,其所涉及的切削热问题引起了国内外专家学者的关注。Abdelali 等[122]利用干式车削实验,对刀具、切屑和工件接触面上的热量分配情况进行了研究。Liang 等[123]通过 FEM 数值模拟以及实验分析手段,对 AISI 1045 车削加工中刀具-切屑接触区的温度场分布进行了研究。Fahad 等[124]综合利用理论解析、数值模拟方法和实验分析,对 AISI 4140 低碳钢干式车削加工中剪切面热源对刀具热量分配系数的影响规律进行了研究。Pabst 等[125]通过数值分析和实验测试相结合的方法,对干式铣削加工中工件的热致变形问题进行了研究。Sölter 等[126]通过实验和数值分析,对干式铣削加工中未变形切屑厚度对工件热量分配比例的影响规律进行了研究。Díaz-Álvarez 等[127]通过数值模拟和实验分析的方法,对 Ti6Al4V 干式铣削加工中流入工件的热量的解析方法进行了建模。Grzesik 等[128]搭建了连续切削中刀具表面平均温度的线性解析模型,并结合干式车削实验研究了多层涂层车刀的降温方法。

1.2.4　核心零部件设计的研究现状

1. 数控制齿机床主轴系统

以滚齿机为代表的制齿机床,目前大都采用新型滚刀主轴系统,以最短的滚刀主轴传动链、静压主轴支承结构及消除间隙机构,实现滚刀主轴系统的高转速、抗振动要求,且主轴转速在低挡时能实现全功率切削。滚齿机各个运动由单独的伺服电机驱动,交流主轴电机直接安装在刀架上,经高精度圆柱斜齿轮驱动滚刀主轴,与传统滚齿机的主轴运动由普通或变频电机通过较长传动链驱动主轴相比,这种主轴系统大大降低了传动误差,提高了传动精度,增强了传动刚性,滚齿机主轴转速可达 1500r/min。

例如,重庆机床(集团)有限责任公司研制的 YS3140CNC6 数控高效滚齿机主轴轴承采用专用主轴轴承,精度为 P2 级,动、静刚度好,极限转速高,精度保持性好。主轴轴承的支承方式采用三点支承结构,充分保证了刀架主轴的精度和刚度,同时为高速切削提供了保障。在距刀架主轴最近的高速轴上配置了静动平衡的飞轮结构,当切削载荷较轻时,飞轮以动能方式"储藏"起来,当切削载荷波动(切入或切出)时,飞轮就将动能"释放"出来,这样,可以使滚刀主轴在切削过程中相对平稳,减少切齿时的冲击振动,从而保证滚齿加工的精度和减小齿面粗糙度。另外,YS3140CNC6 数控高效滚齿机在刀架主轴箱体采用大流量循环润滑冷却系统,有效保证了高速、重载切齿时刀架主轴的热平衡,维持了机床刀架主轴冷态精度和热态精度的一致性。

齐重数控装备股份有限公司的高精度数控滚齿机主轴结构采用静压轴承,可以在重载荷切削条件下持续工作,主轴精度高、精度保持性好,装有滚刀的刀杆组件采用机外安装、对刀,刀杆组件在滚齿机上进行整体换刀,对刀等辅助时间不占用机床总的加工时间,整机工作效率高。

德国利勃海尔集团开发了新一代的滚齿机 LC280α,主轴转速提高了 50%,达到 2250r/min。

2. 回转工作台

重庆机床(集团)有限责任公司生产的 YS3140CNC6 数控高效滚齿机工作台采用双蜗杆同步反向旋转运动实现工作台转动的消隙。蜗轮在使用过程中磨损后,仍能保持工作台的无隙旋转,分度精度保持性好。另外,该产品采用高精度大直径分度蜗轮,提升了分度精度。该产品工作台的双蜗杆双蜗轮副设计精度为 4 级,分度蜗轮的节圆直径为 498mm,大于最大加工直径 400mm,精度的线性误差收缩效应提升了齿轮加工精度。采用回转滚子组合轴承,保障了工作台的回转精度和承载能力,工作台分度蜗轮的材质为 kk 合金,代替了传统的锡青铜材料,该产品工作台极限转速可达 50r/min。阻尼蜗杆采用独立等效面积油缸设计,可实现最佳阻尼匹配,提高了工作台的动态特性。工作台蜗轮副、蜗杆轴承以及工作台回转轴承均采用独立的循环润滑,保证了运动部件的润滑和热平衡。采用高速可回转内冲式夹紧油缸,实现了夹具自动安装,提高了滚齿效率。采用大流量内冲式冷却液接口,提升了夹具内部铁屑的冲刷能力,避免切屑堆积热能,保证了机床工艺系统的热稳定性,保障了机床的高效和高精度。

齐重数控装备股份有限公司的滚齿机采用了双驱工作台。工作台为圆盘状,侧面配置一对 180° 旋转的电机,两电机均固定在机床上,工作台侧壁设有一圈环绕的蜗轮,两电机端部均连接减速机,两减速机通过联轴器连接蜗杆,两蜗杆与蜗轮啮合,电机通过蜗轮和蜗杆控制机床工作台转动。通过电机的主从控制使工作台在启动和换向的过程中始终受到偏置力矩的作用,两个输出蜗杆分别贴紧蜗轮的啮合面,从而达到消隙的目的。该滚齿机工作台定位精度达到 ±3″,结构简明、可靠性高、便于安装维护、成本低。

齐重数控装备股份有限公司使用的大型主轴直驱式回转工作台,力矩电机定子安装在工作台底座上,力矩电机转子安装在连接体上,连接体通过滚动轴承与工作台接合。以力矩电机直接驱动回转工作台旋转,具有结构紧凑、噪声小、精度高、可靠性高等特点。

齐重数控装备股份有限公司的数控高精度静压回转工作台,力矩电机次级和力矩电机初级分别安装在工作台下体和工作台底座上。工作台主轴使用恒压静压主轴轴承,工作台支承导轨为恒流闭式静压导轨,反压圆压板为恒压静压导轨,共同组成闭式静压导轨,在力矩电机初级与工作台底座之间装有电机冷却配水环,电机防护罩安装在工作台下体上,回油槽安装在工作台底座上,工作台回转 C 轴由圆光栅闭环控制。工作台具有精度高、刚度高、效率高、结构紧凑、制造成本低、适应能力强的特点,可应用于磨齿机、铣齿机、滚齿机、立式磨床等。

秦川机床工具集团股份公司的大型高刚度数控静压回转工作台,圆台面运行在承载静压导轨等构成的高刚性、高精度、耐磨损的双支撑流体静压轴承结构上,由大推力液冷式无槽力矩电机直接驱动,工作台运动位置由贴片式光栅尺反馈闭环控制,底座用两圈地脚螺栓支撑,与地基相连。在充分保证工作台精度的前提下,简化结构,优化载荷传递路径,实现了大型工件高刚性支撑。

武汉重型机床集团有限公司的大型数控滚齿机的工作台,主轴采用静压轴承定心,可以保证工作台径向旋转刚度;水平导轨采用静压卸荷导轨,其卸荷压力的大小可根据工作台的载荷大小进行调节。该工作台具有结构合理、制造成本低、调整安装方便等特点,可以较好地解决大型数控滚齿机工作台的定心刚度问题。

南京二机齿轮机床有限公司的重型滚齿机的静压工作台,采用了闭环控制闭式液压系统,具有摩擦小、主轴运转平稳、操作调整方便等特点。

1.2.5　齿轮滚磨工艺参数的优化

齿轮加工工艺参数的选择需要考虑工件齿轮的材料及直径、刀具及机床刚度和精度等。滚齿和磨齿为最典型、应用最广泛的齿轮加工方法,国内外学者分别针对滚齿和磨齿加工工艺参数进行了优化研究:将齿轮加工工艺参数作为自变量,目标变量为表面粗糙度、加工成本、加工效率、利润率、物料消耗等[129-131],设置各自变量的边界条件,研制相关算法进行多目标全局优化。研究者们针对传统工艺编制过度依赖工艺人员经验及对新材料、新工艺适应性差等问题,提出了实例推理方法,建立了齿轮加工本体工艺数据库及历史工艺数据库,根据实例推理方法构建物元模型,在计算各物元特征与历史数据相似度并给各物元添加权重后计算综合相似度,选取综合相似度最高的 k 组工艺参数,使用层次分析法、差异演化算法等获得最优工艺方案,该方法进行可拓变换后能快速提供适用于新材料、新产品的新工艺[132-135]。

由于上述方法比较烦琐,目前国内外工业界较少采用。在大批量齿轮生产中,工业界仍根据前几个试切加工齿轮的质量信息进行部分工艺参数的试错微调。该方法对工艺人员的知识和经验要求较高,增加了工艺参数优化时间,并且较难获得最优工艺参数,甚至一些不当的试错选择会增大齿轮产品不合格率。

对滚齿和磨齿工艺参数优化的主要目的是提升效率和降低能耗,鲜有研究工艺参数对齿轮表面完整性的影响。齿轮的加工精度、粗糙度以及残余应力等表征齿轮质量的指标受到了研究人员的更多关注。随着残余应力对机械零件寿命、精度保持性等影响研究的深入,针对各类加工工艺中残余应力的研究越来越多。Qin等[136]针对机械加工的力和热对残余应力的影响进行了解释,认为机械加工中的力会引起残余压应力,热会引起残余拉应力,而且加工后的残余应力为力致残余应力和热致残余应力的线性叠加。Qiang 等[137]采用打孔法研究了焊接区域沿深度方向的残余应力分布,并采用实验测量结果修正了焊接残余应力的经验公式。Ma等[138]研究了铣削的残余应力,通过测量加工过程中的温度及三维的切削力,研究了加工工艺参数对残余应力的影响,并根据实验参数使用遗传算法获得残余应力的预测模型。Qin 等[139]研究了切削液对加工残余应力的影响,结果表明切削液的冷却作用越好,引入的残余压应力越大,切削液的润滑作用越好,加工后的残余应力最大值所在的位置越深,而且切削液对残余应力的影响在粗加工时比在精加工时更大。尽管残余应力对机械零件的疲劳寿命有很大影响,研究也比较热门,但由于齿轮的几何特性复杂,加工方式通常采用包络法等,目前较少有针对齿轮残余应力研究的报道。因此,针对齿轮加工残余应力的工艺参数优化研究迫在眉睫。

在传统的制齿工艺中,滚齿和磨齿加工往往是分别研制加工工艺的。随着对齿轮精度、残余应力等高表面完整性要求日益提升,齿轮制造工艺的统筹协调显得尤为重要。Husson 等[140]的研究表明,在机械零件车削加工中,精车工序之前的粗加工会对精车加工后的残余应力及变形等造成影响。同样,在齿轮加工中各工序之间也会相互影响,因此在制齿过程中滚齿粗加工和磨齿精加工工艺参数的协同设计,即滚磨协同加工工艺应运而生。通过优化滚齿工艺参数以及磨齿余量等,既保证了最终齿轮产品的精度,又大幅提升了加工效率。研究滚磨工艺协同对齿轮加工精度、残余应力的映射关系,建立滚磨协同加工工艺参数优化模型,将成为未来制齿工艺研究的重点。

1.3 高性能齿轮数控加工装备研究现状及发展趋势

1.3.1 数控滚齿机

1. 数控滚齿机发展现状及趋势

近些年,我国从传统机械式内传动链的滚齿机发展到二轴或三轴联动的数控滚齿机,目前已发展为六轴四联动数控高速滚齿机。随着国内风电设备、船舶工业、石油机械、港口机械、高速列车、冶金及工程机械等行业的迅猛发展,大模数、大直径、高精度齿轮的数量持续增加,这些齿轮的加工工艺一般为滚齿-热处理-磨齿,因此对大规格的数控滚齿机的需求越来越大,对滚齿机的效率和精度要求也越来越高。高速、精密、大型六轴数控滚齿机床长期依赖进口,并被美国 Gleason 和德国 Liebherr 等公司垄断和控制,严重影响我国的经济、社会发展,因此开展高速、高精度大型数控滚齿机床相关技术的研究具有重要的经济价值和社会价值。从 2009 年开始,重庆机床(集团)有限责任公司、重庆大学联合国内相关企业完成典型产品 Y31200CNC6 和 Y31320CNC6 高速、精密、大型数控滚齿机的研究与开发,形成模块化系列机床产品,供应国内外市场。

滚齿机的加工方式大都采用湿式,在滚刀线速度大于 70m/min 后,会有大量油雾产生,通常采用全密封防护罩配合油雾分离器将油和雾分开,将不含油的雾排入空中,油经冷凝后回到机床内实现循环利用;夹杂油污的铁屑经过磁力排屑器实现铁屑和大部分油污的分离。滚切过程材料去除量达齿坯的 $30\% \sim 40\%$[141],需要消耗大量的切削液,切削液及其油雾是造成车间环境及生态环境严重污染的主要源头。据统计,湿式齿轮加工中消耗的切削液及切削液附加装置的费用占加工成本的 20% 左右[142],构成主要的加工成本之一。重庆机床(集团)有限责任公司和南京二机床有限责任公司是我国主要滚齿机制造商,其生产的数控滚齿机采取全密封防护罩及油雾分离器和磁力排屑器处理油雾问题,部分解决了环保问题。重庆机床(集团)有限责任公司自 2001 年开始研究符合绿色制造理念的高速干切滚齿技术,经过多年的技术积淀和创新,2015~2019 年期间,研制了具有自主知识产权的 YD3120CNC、YD3120CNC-CD、YE3115CNC、YDZ3126-CDR、Y3136CNC 等系列高功效、低排放的高速干切滚齿机床。

数控滚齿机正朝着以下方向发展。

1)智能化数控滚齿机

一方面,智能化数控滚齿机采用 EGB 实现了多轴联动控制,增强了机床的运动控制功能,包括展成运动、差动运动、各轴的进给运动、轴间的精确联动、切削液的开停、工件的装卸等均实现了数字控制;另一方面,智能化数控滚齿机具有热误差补偿、刀具磨损补偿、机床主轴运动误差补偿、工件夹装和机床颤振抑制、静动态误差补偿等功能,其工艺范围、加工效率和精度、操作维护的便捷性都提升到一个新的水平。例如,美国 Gleason 公司 Genesis 130H 和 210H 型滚齿机配备 Gleason 软件,该软件运行于 Windows 操作系统,操作控制方便、直观。该型滚齿机具备网络功能,提供远程诊断。用户可通过快速联机方式咨询 Gleason 公司的工程师,为其提供专业级的加工过程指导,以便于软件升级和提供技术支持。重庆机床(集团)有限责任公司生产的 YKS3112 滚齿机,其径向进给、窜刀、轴向进给、刀架转位、滚刀旋转和工件旋转运动分别由伺服电机 X、Y、Z、A、B 和 C 单独驱动。交流伺服主轴电机直接安装在刀架上,经过 1 或 2 级高精度圆柱斜齿轮将运动传递至滚刀主轴;各进给运动均由伺服电机经过 1 或 2 级齿轮副,由滚珠丝杠驱动。滚齿机采用全数字控制,EGB 代替了传统滚齿机的挂轮装置,解决了传统滚齿机存在的问题,包括切削循环可设置一次、二次方框循环、L 循环等多种切削循环方式;除可加工圆柱直齿轮、斜齿轮、短花键轴、链轮、蜗轮等,还可加工锥齿轮、鼓形齿、各种非圆齿轮和修形齿轮。随着计算机技术和自动控制技术的发展,智能化数控滚齿机已成为市场主流。

2)高精度、高刚度和高可靠数控滚齿机

一方面,在滚齿机设计阶段,通过精度设计和分配、动静态刚度匹配设计和热平衡设计,从源头上减小了机床几何误差、静动态误差和热致误差,显著提高了机床加工精度;另一方面,数字化控制促进了机床结构的简化,缩短了传动链,减小了传动链误差,从而显著减小了传动误差。同时,机床的机械结构和传动结构的简化也有利于机床刚度的提升,减小了力致变形。数控滚齿机可以方便地对执行部件的位置、速度进行检测和反馈,从而实现对误差的补偿(如传动误差、刀具磨损等),可大幅度提升加工精度。为了提升数控滚齿机的刚度,如美国 Gleason 公司 Genesis 130H 和 210H 型滚齿机等采用了先进的聚合体合成材料浇铸床身。与传统的铸铁床身相比,其几何结构更稳定、热膨胀率更小,能更精确地满足高精度齿轮的加工要求。此外,对于滚齿机立柱,传统加工和装配工艺分离,导致滚齿机刚度降低。Genesis 130H 和 210H 型滚齿机则是将立柱与床身一次浇铸成形,不进行装配,保证了机床整机刚性。随着计算机技术的快速发展,误差溯源和补偿技术广泛应用于高精度、高刚度数控滚齿机,而且将具有强鲁棒性的智能控制算法嵌入数控系统,显著提高了滚齿机的加工精度及工艺能力指数。采用圆光栅、编码器及光栅尺等高精度位置检测元件,构成了高精度、高刚度滚齿机闭环反馈系统,并且随着伺服系统的脉冲当量进一步减小,机床的控制精度大幅提高。先进的装配技术、可靠性设计和分配技术,能够保证数控滚齿机的加工精度和精度保持性,显著增加了数控滚齿机平均无故障时间(mean time between failure,MTBF)。

3)高速和高效数控滚齿机

滚齿机的高速和高效加工是制造商永恒的追求:一是通过数控技术提高加工过程的自动化水平,缩短机床调整和工件装夹等辅助时间;二是提高机床的加工速度以缩短切削时间。在数控技术已经普及的今天,后者已成为影响齿轮加工效率的主要因素。滚齿机的数控化和智能化极大地提高了机床的自动化程度,最大限度地减少了加工辅助时间,例如,数控滚齿机采用 EGB 取代分齿传动机构,消除了交换齿轮和行程挡块的调整时间,而且在一次安装下不经过任何调整就能加工多联齿轮,加工程序还可以储存起来供再次加工时调用,因此数控滚齿机的调整时间一般为传统滚齿机的 10%～30%[143]。滚齿机数控化也促进了机床结构的简化，有利于机床刚度的提高，为采用更大的切削用量提供了支撑，从而可减少切削时间，提高加工效率。此外，随着电主轴和大扭矩同步力矩伺服电动机的实用化，零传动技术广泛应用于高速和高效数控滚齿机，配合高精度、具有预加载荷的高刚性直线导轨、滚珠丝杠和滚动轴承，在保证加工精度的前提下，可以大幅提高刀具主轴和工作台转速。目前，电主轴精度一般为径向振摆 0.002mm，轴向跳动 0.001mm；大扭矩同步力矩伺服电动机定位精度可达 0.5″，重复定位精度达 0.01″。直线运动轴的定位精度小于 0.008mm，重复定位精度小于 0.005mm[142]。例如，德国 Gleason-Pfauter 公司制造的 P60 卧式滚齿-磨齿复合机床，刀具主轴转速达 12000r/min，工作台转速达 3000r/min；德国 Liebherr 公司制造的 LC80 干式滚齿机，滚刀主轴转速为 9000r/min，工作台转速为 800r/min。日本三菱公司生产的 GE15A 滚齿机，采用表面涂有超级干切涂层的 MACH7 高速钢滚刀，线速度可达 250m/min。在滚切模数为 1.4mm、齿数为 34、螺旋角为 22.5°的齿轮时，单个齿轮切削时间为 10s，上下料等辅助时间为 4.3s，加工一个齿轮总循环时间仅为 14.3s[143]。此外，采用多头滚刀进行滚齿加工，可大幅提高加工效率，滚刀头数最多可达 7 头，但各滚刀头之间的误差将对齿轮加工精度造成影响。

4)干湿切集成的多功能复合滚齿机

与湿式切削相比，高速干式切削滚齿机完全不用切削液，也不需要低温冷风装置，机床生产效率得到了极大提高，加工成本低且环保。德国 Gleason-Pfauter 公司研制的 P60、P100、P210、GP130 滚齿机，Liebherr 公司研制的 LC80、LC120、LC150、LC180 滚齿机，Koepfer 公司研制的 Koepfer160 滚齿机，Hurth 公司研制的 S160 滚齿机等，在满足高速、高精度湿式滚齿的同时，还具有高速干式滚齿的功能。例如，Liebherr 公司的 LC80 高速滚齿机在总体结构上与普通数控滚齿机相似，最大的不同是该机床使用了两个零传动功能部件：滚刀主轴和工件主轴。其中，滚刀主轴为电主轴，工件主轴为力矩电机。其滚刀主轴最高转速为 9000r/min，工作台转速可达 800r/min，直线进给运动采用伺服电机＋滚珠丝杠，能进行高速干式滚齿。德国 Gleason-Pfauter 公司的 P60 卧式滚齿-磨齿复合机床，刀具主轴最高转速为 12000r/min，工作台转速可达 3000r/min。美国 Gleason 公司的 Genesis 130H 和 210H 型系列滚齿机通过合理的结构设计使机床在湿切和干切的条件下，都能发挥出优越的加工性能。该机床配置了一个内置的带漏斗防护罩，将加工区域与其他区域进行隔离，完全隔开了机床的基座/床身，从而将铁屑与床身接触所产生的热膨胀效应降至最低。此外，在将切屑引入切屑输送装置的漏斗结构上，设置陡峭的倾斜面，以确保下落的切屑完全离开工作区域。德国 Liebherr 公司的 LC280α 滚齿机，可加工最大直径为 280mm、最大轴长为 500mm 的齿轮工件。随着刀具涂层技术、高效刀具材料的突破,滚刀线速度可以提升到 600m/min[144],为高速干式切削滚齿提供了技术保障。

5)硬齿面滚齿机床及技术

"以滚代磨"提高加工效率和降低加工成本,国外先进的硬齿面滚齿精度可达 DIN6 级,国内可达 DIN7 级或 DIN8 级,硬齿面滚齿表面粗糙度 Ra 可达 $0.63 \sim 1.25 \mu m$,甚至更低[145],而加工费用仅为磨齿的 1/3,效率比普通的磨齿高 $1 \sim 5$ 倍[146]。重庆机床(集团)有限责任公司研制的 YKC3180 型数控硬齿面滚齿机,可滚切硬齿面直齿和斜齿圆柱齿轮,以及硬齿面鼓形齿轮、小锥度齿轮、插齿刀、锥度花键、大螺旋角齿轮等,工件直径为 $300 \sim 800mm$,最大模数为 16mm。美国 Gleason 公司研制的 Genesis 400H(CD)多功能滚齿机,实现硬齿面刮削滚齿、盘类或轴类直齿轮或斜齿轮、特殊齿廓切削等,同时具有干式滚齿和湿式滚齿加工功能,工件最大直径为 400mm 或 450mm,最大模数为 8mm,最大轴向行程为 650mm。

6)大规格数控滚齿机

大规格数控滚齿机用于加工航母、大型驱逐舰及风电领域高端装备传动系统大规格齿轮。美国 Gleason 公司研制的 P6000 型大规格数控滚齿机,采用模块化设计,具有非常灵活的配置方案。工件最大直径为 6000mm,最大模数为 120mm,最大轴向行程为 6200mm。德国 Gleason-Pfauter 公司 $\phi 8m$ 滚齿机工作台直径为 4500mm,加工齿厚为 1050mm,加工最大齿轮直径为 8700mm,模数为 36mm,滚刀半径为 180mm,工作台承重为 50t。重庆机床(集团)有限责任公司研制的大规格六轴四联动数控滚齿机 Y31320CNC6,采用 EGB 实现对大规格直/斜齿圆柱齿轮、蜗轮、小锥度齿轮、鼓形齿轮及花键的加工,最大加工直径为 3200mm,最大模数为 36mm,刀具主轴最高转速为 220r/min。

2. 数控滚齿机结构及功能模块简介

1)数控滚齿机结构

大规格数控滚齿机床主要包括床身、立柱 X 轴、纵向托板 Z 轴、回转托板 A 轴、切向托板 Y 轴、滚刀 B 轴、滚刀、工件以及工件 C 轴九大组成要素,如图 1.7 所示。机床的径向进给、窜刀、轴向进给、刀架转位、滚刀旋转和工件旋转运动分别由电机 X、Y、Z、A、B 和 C 单独驱动。交流主轴电机直接安装在刀架上,经过 1 或 2 级高精度圆柱斜齿轮将运动传递到滚刀主轴;工件主轴的传动与之类似;各进给运动均采用伺服电机经过 1 或 2 级齿轮副传动后由滚珠丝杠驱动。滚齿机采用全数字控制,用 EGB 代替了传统滚齿机的挂轮装置。上述结构和控制方式,在一定程度上将传统滚齿机工艺范围、加工效率和精度都提升到一个新的水平。

2)数控滚齿机数控编程

滚齿加工标准的数控(numerical control,NC)代码模板由许多基本功能模块

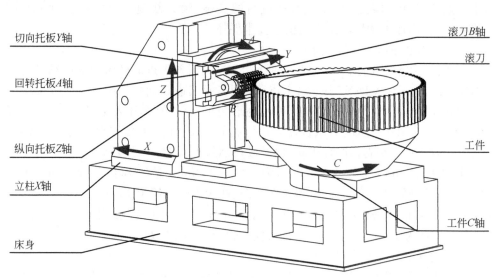

图 1.7　大规格数控滚齿机床结构布局

组成,各自负责数控加工中一部分相对独立的任务,各模块都可替换,使得标准 NC 代码模板具有可重组性。在加工新的齿轮产品时,可以利用原有的功能模块快速组建新的标准 NC 代码。滚齿加工标准 NC 代码模板包含以下功能模块,如表 1.1 所示。

表 1.1　标准 NC 代码模板的功能模块

模块类型	功能描述
主程序模块	NC 代码模板的主线,控制加工程序的起停、循环次数、加工区域保护等
加工准备模块	切削加工的准备工作,如开关机床门、自动换刀、自动装卸工件等
同步运动控制模块	保证滚刀和工件严格按照展成运动和附加运动的同步运动模块
窜刀控制模块	控制滚刀沿其轴向的窜刀运动
切削条件控制模块	控制切削过程的切削条件,如开关切削液等
切削运动控制模块	保证滚刀按确定的切削用量和路径进行切削加工运动

　　以重庆大学研制的滚齿加工自动编程系统为例,该系统包括滚齿程序编制、加工历史库维护、工艺决策知识库、刀具库管理、工件管理、系统设置等。

　　(1)滚齿程序编制:系统的主体功能,可实现加工齿轮选型、加工刀具自动匹配、窜刀参数设定、补偿参数设定、切削量参数设定、辅助控制条件设定、NC 代码预览、加工路径检查与仿真、数控程序员操作信息记录等。

　　(2)加工历史库维护:完成加工历史信息维护和 NC 文件管理,支持滚齿历史加工记录查询、编辑、删除等操作,在对历史加工记录进行编辑时,可重新设定原记录的加工参数,生成满足加工需要的 NC 代码,支持 NC 文件的导入、浏览、编辑、加载、加工等。

(3)工艺决策知识库:实现齿轮加工工艺参数的决策和技术资料信息的查询。该功能集成现有的滚齿工艺参数决策,可实现齿轮滚削加工切削用量等工艺参数的决策,并提供齿轮滚削加工的相关工艺技术资料的查询。

(4)刀具库管理:完成对齿轮滚刀的管理,实现刀具分类入库、刀具编码、刀具几何参数信息录入等,同时,完成刀具信息的增加、修改、删除、查询、保存等。

(5)工件管理:完成待加工齿轮零件的入库管理。实现齿轮的分类入库、齿轮编码、齿轮几何参数信息录入、加工计划设置等功能,并支持对齿轮信息的增加、修改、删除、查询、保存等操作。

(6)系统设置,完成系统初始化及用户设置。系统初始化设置实现区域保护、走刀起始点等参数默认值的设置;用户设置用于存储所有合法的用户信息,包括用户名、密码、权限及说明等,保障系统安全可靠地运行。

3)基于西门子 SINUMERIK 840Dsl 的滚齿机接口

西门子 SINUMERIK 840Dsl(简称西门子 840Dsl)是 20 世纪 90 年代后期,德国西门子公司推出的全功能数字化高度开放式数控系统。西门子 840Dsl 的数控与驱动接口信号采用全数字化,人机界面(human machine interface,HMI)以 FlexOs 为基础,操作更方便;西门子 840Dsl 数控系统提供标准的个人计算机(personal computer,PC)软件、硬盘、中央处理器(central processing unit,CPU),用户可以在 Windows 环境下通过 VB/VC++ 等标准编程语言,开发出满足自定义功能的应用软件,并能方便地与西门子 840Dsl 数控系统集成。西门子 840Dsl 提供的二次开发平台适合于车床、铣床、磨床及其他专用数字化机床和加工中心的应用要求。图 1.8 为西门子 840Dsl 的软件系统框架。

西门子 840Dsl 数控系统作为开放式数控系统,为机床制造商或用户提供了二次开发平台。西门子 840Dsl 数控系统的二次开发主要包括 3 种:扩展用户接口方式、HMI 编程包(HMI programming package)和西门子组态软件 WinCC Flexible。下面简要介绍 HMI 编程包的二次开发。

(1)西门子 840Dsl 支持的全 PC 集成控制系统。

西门子 840Dsl 支持的全 PC 集成控制系统在软硬件方面具有高度的开放性,同时支持基于 PC 控制:NC 功能和 HMI 功能都可以运行在 PC 处理器上,不需要单独的 NC 处理单元。西门子 840Dsl 数控系统还提供了大量的标准化部件,如工业 PC、Windows 操作系统、OPC(object linking and embedding for process control)应用接口、PROFIBUS-DP 和 NC 操作软件等部件,用户可以通过操作面

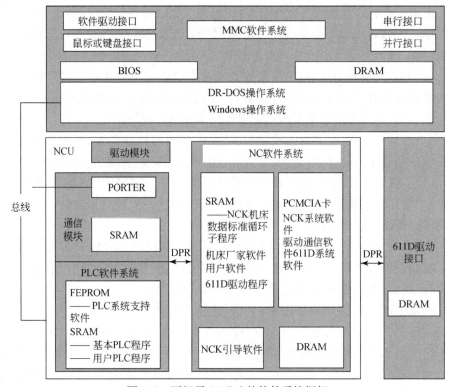

图 1.8　西门子 840Dsl 的软件系统框架

MMC:Windows 管理控制系统;BIOS:基本输入输出系统;DRAM:动态随机存取存储器;DR-DOS:数字-磁盘操作系统;NCU:数控部分;SRAM:静态随机存储器;PORTER:数据同步中间模块;PLC:可编程控制器;FEPROM:存储区;PCMCIA:个人计算机存储互联卡;NCK:西门子数控实时操作系统;DPR:分布式带宽共享网络

板的接口实现 MMC、PLC 和 NCK 之间的数据通信,从而实现对数控机床的管理及监控。

(2)OPC 标准和 COM 技术。

基于西门子 840Dsl 二次开发平台的 HMI 二次开发功能,生成的 OEM(original entrusted manufacture)应用程序通过 OPC 和 COM(commerical)技术实现与 NCK、PLC 之间的通信,通过 NCDDE(NC dynamic data exchange)服务器进行数据的读取及存储。OPC 是一个工业标准,由国际 OPC 基金会组织进行管理。OPC 基于微软的 OLE、COM 及 DCOM(Microsoft distributed component object model)技术,制定了一套标准的接口、属性和方法,以实现工业的过程控制和自动化。微软制定了 COM 标准以实现通过不同编程语言创建的应用程序之间的通信;将 Windows 操作系统下的接口程序对象化,使之成为独立的单元,从而使不同的应用程序只要通过 COM 接口就可实现相互通信。COM 技术为控制设备和控制系统之间的通信技术提供了基础,需要注意的是,不同控制设备厂家开发的 COM 组件采用了不同语言和接口协议,难以实现互联。OPC 通过定义一系列的公共标准接口,实现支持 OPC 标准的 COM 组件之间灵活地集成和通信,不但简化了过程数据的访问,而且方便了控制系统的维护。

1.3.2　数控磨齿机

1. 数控磨齿机发展现状及趋势

根据磨削原理,齿轮的磨削方法可以分为两类:成形磨削与展成磨削。成形磨削是通过将砂轮廓形设计成与被加工齿轮齿廓相吻合的形状,使得在加工过程中砂轮廓形与齿轮廓形完全接触来完成齿轮高精度磨削的方法。展成磨削是基于展成原理的一种磨削方法,砂轮与齿轮相当于一对无侧隙啮合的齿轮副,砂轮廓形简单,且砂轮形状和修整要求较低。

随着数控技术的发展,数控成形磨削精度有了很大提高,并且可以实现不同齿形齿轮的磨削。德国 KAPP-NILE 集团、美国 Gleason 公司、瑞士 Reishauer 公司等已成功研制出磨削精度达 1 或 2 级的高端成形磨齿机。意大利 Sanputensili 公司开发的 S-G 系列 CNC(computer numerical control)成形磨齿机也代表了世界成形磨齿机的先进水平。与发达国家相比,我国在数控成形磨齿机的研究方面起步较晚。21 世纪初,秦川机床工具集团股份公司成功研制出磨削精度可以达到 5 级的 YK73125 型数控成形磨齿机,实现了我国在大规格成形磨齿机领域的突破,代表了当时国内的最高水平。随后,其又成功研制了 YK7380A 型数控成形磨齿机,该机床采用全闭环控制,可实现冶金、矿山、机车、船舶、化工、发电设备、军工、航空航天等重型机械传动中高精度齿轮的精密磨削。南京山能精密机床有限公司与南京工程学院合作研制出 SN320G 数控成形砂轮磨齿机,其数控系统采用 FAGOR 8055 伺服系统,具有七轴四联动功能,其磨削精度可达 3 或 4 级[147]。

在展成磨齿机床研制方面,德国 KAPP-NILE 集团、瑞士 Reishauer 公司、美国 Gleason 公司等拥有较为先进的技术。其中,Gleason 公司成功研发了 245TWG 型数控蜗杆砂轮磨齿机,其采用多头蜗杆砂轮,大大提高了磨齿效率。Reishauer 公司研发的 RZ400 型数控蜗杆砂轮磨齿机能够实现多头蜗杆砂轮的自动修整和磨削,并配备了自动上料装置,显著提高了磨齿效率[147,148]。国内方面,秦川机床工具集团股份公司自主研发了 YK7250 型八轴五联动数控蜗杆砂轮磨齿机,其磨削精度达 4 或 5 级,另外研制了蜗杆砂轮的全数控自动修整技术,可自动对砂轮进行修整,提高了砂轮的修整效率,代表了当时国内蜗杆砂轮磨齿机的最高水平[150]。

之后,秦川机床工具集团股份公司又成功研制 YKZ7230 及 YKS7225 型数控蜗杆砂轮磨齿机。其中,YKZ7230 采用西门子 840Dsl 数控系统,采用轻量化结构设计理念进行设计;砂轮齿形采用单金刚滚轮双面修整工艺,可实现压力角的自动调整;采用多头砂轮磨削技术及同相位修整技术,提高了磨齿效率及砂轮修整精度。YKS7225 型数控蜗杆砂轮磨齿机采用了全新的双工件主轴结构和高精度的双主轴直接驱动技术、滚轮压力角自动调整技术、多头蜗杆砂轮磨削及修整技术、齿槽自动对中和余量自动分配技术,可实现从工件自动装夹、自动对刀、自动磨削及自动修整过程的全自动控制。重庆机床(集团)有限责任公司联合重庆大学及英国精密技术集团于 2014 年成功研发的 YW7232 型数控蜗杆砂轮磨齿机,攻克了高速直驱、高速主轴自动动平衡、砂轮自动修整、高速自动对齿、砂轮寿命自动检测等十多项关键技术难题。该机床最大加工直径为 320mm,最大加工模数达 8mm,机床上配备的动平衡系统可以在高速运转过程中对砂轮实现动态平衡,磨削速度可达 80m/s 的高速磨削及全自动的磨削方式,使生产效率与世界顶级磨齿机相当,其磨削精度能够达到国标《渐开线圆柱齿轮精度标准偏差代号及其应用》(GB/T 10095—2008)的 3 级[151]。经过不断技术攻关,该机床已具备齿面扭曲补偿、齿向任意修形、点修整、变压力角磨削等高端功能模块,整机达世界先进水平。

全数控化、高速化、高精化、功能复合化、绿色化等是未来磨齿机的主要发展趋势[152]。其具体表现如下:

(1)全数控化。磨齿是齿轮精加工工序,也是最为耗时的一道工序。为最大限度地提高磨齿机加工效率,除采用高速主轴外,还必须压缩砂轮修整、工件装夹、机床调整等辅助时间。因此,磨齿机床的全数控化成为一种趋势。瑞士 Reishauer 公司 RZ150 的数控磨齿机具有 13 个数控轴,美国 Gleason 公司的 245TWG 数控蜗杆砂轮磨齿机具有高达 14 个数控轴。

(2)高速化。随着磨齿效率的不断提高,高速磨削在齿轮加工中的应用也越来越普遍。目前,成形磨齿的磨削速度已经普遍在 50m/s 以上。瑞士 Reishauer 公司研发的 RZ400 型蜗杆砂轮磨齿机的磨削速度高达 63m/s。

(3)高精化。随着数控技术水平的提高,以及 EGB、高速陶瓷轴承、高速电主轴等技术的发展与应用,齿轮磨削精度有了很大提升,但是,加工齿轮的精度和性能需求越来越高,对机床传动系统的振动、噪声也提出了更高要求。瑞士 Reishauer 公司研发的 RZ300E、RZ301S 型磨齿机的磨削精度可达《德国齿轮公差标准》(DIN 3962—1978)的 1 或 2 级,稳定性达到 3 级。

2.磨齿机结构及功能模块简介

图 1.9 是一种典型的五轴联动数控成形磨齿机,由床身、立柱、旋转工作台等

组成。其运动轴主要包括三个直线轴(X 轴、Y 轴、Z 轴)和三个旋转轴(A 轴、B 轴、C 轴)。砂轮的空间位置由 X 轴、Y 轴、Z 轴确定。其中,X 轴用于确定砂轮磨削深度,Y 轴用于确定砂轮轴向磨削位置,A 轴用于调整砂轮的姿态;磨削过程中,通过 Z 轴的运动实现整个齿面的磨削;齿轮的螺旋角决定了 A 轴位置;B 轴是刀具主轴,带动刀具高速旋转;C 轴为工件主轴,用于成形磨削时齿轮的分度。

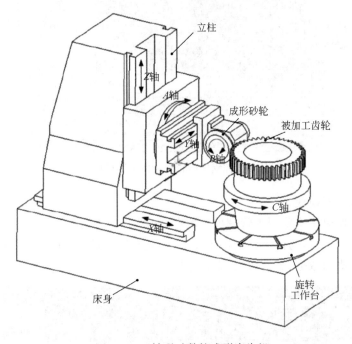

图 1.9 五轴联动数控成形磨齿机

图 1.10 是数控蜗杆砂轮磨齿机三维模型示意图。数控蜗杆砂轮磨齿机与数控成形磨齿机的结构相似,主要区别在于加工刀具(砂轮)不同。机床由床身、立柱、数控回转工作台等部件组成。机床的运动轴包括三个直线轴(X 轴、Y 轴、Z 轴)和三个旋转轴(A 轴、B 轴、C 轴)。砂轮空间位置的调整由三个直线轴完成,X 轴是径向进给轴,X 轴的位置由齿轮和砂轮的中心距决定;Y 轴为砂轮窜刀轴,通过 Y 轴的运动使砂轮在整个宽度上有序地参与磨削;Z 轴为砂轮的轴向进给轴,在加工过程中 Z 轴沿着齿轮的齿宽方向移动,从而完成对整个齿面的磨削;A 轴用于调整蜗杆砂轮的安装角,A 轴的位置由砂轮和齿轮的螺旋角及旋向共同决定;B 轴为蜗杆砂轮旋转主轴;C 轴为工件旋转轴;Z_2 轴为修理辅助轴。

蜗杆砂轮磨齿机数控系统软件包括项目管理、机床状态、生产流程等 6 个功能模块,分别介绍如下。

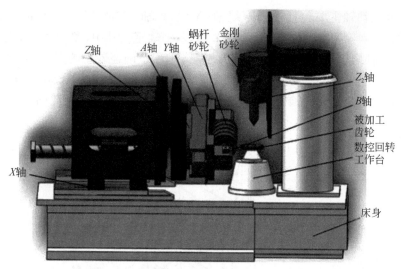

图 1.10　数控蜗杆砂轮磨齿机三维模型示意图

1)项目管理模块

项目管理模块主要用于管理项目数据,如图 1.11 所示。将一个型号齿轮的加工定义为一个项目,与该工件磨削加工相关的所有数据都是该项目数据。项目数据主要包括机床数据、工件数据、夹具数据等。

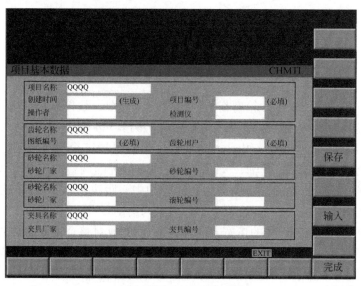

图 1.11　项目管理模块

2）机床状态模块

机床状态模块主要用于设置机床固有参数，如图 1.12 所示。机床调试人员对金刚滚轮偏移数据、金刚条偏移数据、蜗杆砂轮偏移数据等进行设置。

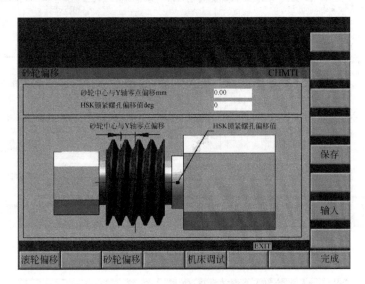

图 1.12　机床状态模块

3）生产流程模块

生产流程模块用于指引用户根据工件图纸，完成工件的试制、加工，生产流程模块又包含了 7 个子功能模块，分别是项目数据模块、修整示教模块、机床调整模块、修整循环模块、工件对齿模块、磨削示教模块、磨削循环模块。各子模块具体功能将在 5.3.1 节进行介绍。

4）循环磨削模块

循环磨削模块用于同一型号工件的批量加工，如图 1.13 所示。

5）辅助功能模块

辅助功能模块用于实现用户简单方便地操控机床，如图 1.14 所示。该功能模块提供了机床轴返回参考点、机床轴的同步控制、外支架控制、手动平衡控制、手动对齿、更换砂轮、更换夹具等操控功能。

6）磨齿机接口

磨齿机数控系统具有人机通信、文件传输等众多接口。在此主要介绍误差补偿相关接口。德国西门子 840Dsl 以及日本 FANUC 数控系统是高端磨齿机的主流数控系统，均提供了误差补偿接口。

德国西门子 840Dsl 数控系统提供了针对各轴运动误差以及直线定位误差的

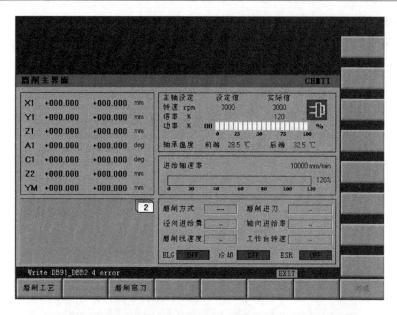

图 1.13　循环磨削模块

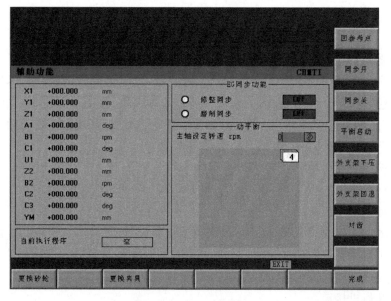

图 1.14　辅助功能模块

补偿接口,但是没有提供温度变化造成的机床变形误差补偿接口。日本 FANUC 数控系统提供了基于原点偏移法的误差补偿接口。该误差补偿接口通过数控系统内部模块,与控制系统间进行信息交换,实现误差补偿。该系统控制软件可以在线修改,灵活性较高,方便快捷,且允许补偿因温度变化造成的误差。

另外,针对不具备误差补偿接口的数控系统磨齿机,需开发专门的外置误差补偿接口。补偿接口可分为离线误差补偿接口和在线误差补偿接口,可以采用硬件误差补偿和软件误差补偿方式。其中,软件误差补偿接口更加方便快捷、经济适用,因此适用范围更广。

1.4　典型制齿机床现状及发展趋势

数控滚齿机床和数控磨齿机床是目前应用最广泛的两种齿轮加工设备,此外,还有一些其他类型的制齿技术与机床也有较为广泛的应用,如插齿、剃齿、珩齿以及铣齿等。

插齿机大多采用曲柄滑块机构,该机构具有较强的直观性,但存在较多问题,如噪声大、技术人员操作工作量大等[153]。其主运动是依靠刀轴在刀轴套中的配合实现刀轴的往复直线运动,而在冲程数达到一定程度后,会出现主轴摩擦加剧、油温升高、润滑不足等问题。其插刀定位不准确,插床精度低,无法保证内型面的尺寸精度和位置精度,而且加工效率低。国内天津第一机床总厂生产的 YKW51250 插齿机[154]适用于大直径、大模数、高精度的深孔内齿轮,任意螺旋角的斜齿轮及圆柱齿轮加工,其机床精度为 6 级,与国外先进机床相比仍有差距。美国 Gleason 插齿机,已实现九轴联动,效能达到国产插齿机的 3～4 倍。德国 Liebherr 插齿机采用电子螺旋导轨,相对机械螺旋导轨,其减少了换刀和调试的时间,提高了工作效率。近年来,随着工业机器人的广泛应用,用于机器人关节的精密减速机小模数齿轮需求迫切,因此国内外都在大力发展高精度小模数插齿机。

Salacinski 等[155]针对非圆齿轮的加工,提出了一种电火花线切割齿轮机床,但成本过高,只适用于小批量加工。

剃齿加工是根据一对螺旋角不等的螺旋齿轮啮合的原理,剃齿刀与被切齿轮的轴线空间交叉一个角度,它们的啮合为无侧隙双面啮合的自由展成运动。两侧面的切削角度不同,一侧为锐角,切削能力强;另一侧为钝角,切削能力弱,以挤压擦光为主,故对剃齿质量有较大影响。剃齿加工后有利于提高齿面粗糙度,提高齿形齿向精度、稳定性和齿面接触性能。剃齿加工精度一般为 6 或 7 级,表面粗糙度 Ra 为 $0.4\sim0.8\mu m$,用于未淬火齿轮的精加工。剃齿加工的生产率高,加工一个中等尺寸的齿轮一般只需 2～4min,与磨齿相比较,可提高生产率 10 倍以上[156]。剃齿加工是自由啮合,机床无展成运动传动链,因此机床结构简单,机床调整容易。在汽车变速器齿轮的大批量生产中,剃齿是被广泛采用的齿轮精加工手段。其主要方法有轴向剃齿(普通剃齿)、径向剃齿、对角剃齿、切向剃齿等,随着对汽车齿轮质量要求的不断提高，轴向剃齿已逐渐被径向剃齿代替。

剃齿刀为高速切削工具，在实际使用中出现了各种问题，如磨损、破损，针对这些问题，国内外学者开展了大量研究。胡晓兰等[157]改进的新型热处理工艺，可有效解决剃齿刀崩刃、掉齿、断裂等问题，大大提高了剃齿刀的使用寿命，使生产率提高 25%~30%，能耗降低 45%。Hsu 等[158]提出多同步轴数控剃齿机数学模型，可以计算出平行剃齿过程中的齿冠齿面，降低噪声。目前，剃齿虽然仍是重要的齿形精加工方法，但剃齿不能进行硬齿面加工，已逐步被磨齿、刮齿所代替。目前，剃齿机逐步朝着一体化、智能化、毛坯少切化及工序集中化发展，有利于提高剃齿机的工作效率和加工精度。

在内齿生产中，曾经流行的是插齿和拉齿，随着强力刮齿技术的最新发展，这个局面已经发生改变。与插齿不同，强力刮齿技术是一个连续的滚齿生产工艺，避免了无效的行程和除屑运动。强力刮齿刀具通常需添加更多的硬质粉末和碳合金以及高性能涂层。刮齿和磨齿是在热处理后再次对齿轮进行精密加工，因此通常可以矫正热处理变形。

20 世纪 50 年代，美国率先提出珩齿技术，其是以做自由啮合运动的外啮合为主。20 世纪 70 年代，瑞士 Fassler 公司研制出第一台内啮合珩齿机床。目前，国际上一些知名制造商已研制出了各种数控强力珩齿机，如美国 Gleason 公司的 ZH150/250、瑞士 Fassler 公司的 HMX-400 以及日本 Kanzaki 公司的 GFC 强力珩齿机。国内珩齿工艺起步于 20 世纪 60 年代，但珩磨轮及金刚石修整轮的制造精度不高仍是难题。目前，南京第二数控机床与合肥工业大学共同研制的 Y4830CNC 内齿轮强力珩齿机已处于验证阶段。强力珩齿[159]、立方氮化硼（cubic boron nitride，CBN）修形珩齿工艺[160]是未来珩齿技术研究的热点，对齿轮精度具有很强的纠正能力。强力珩齿精度可达 DIN 5 级，并可降低表面粗糙度。强力珩齿打破了传统珩齿只能对齿面进行光整的局限性，它由 EGB 控制，其珩磨轮和工件啮合状态稳定、可控，适合大批量精密齿轮的生产。

我国的铣齿机床制造企业不多，目前得到用户认可的是南京工大数控科技有限公司生产的数控高速铣齿机床。其典型产品 SKXC2000 数控铣齿机可实现大规格齿轮 $\phi500\sim5000$mm 的高精加工，广泛应用于工程机械、风电、齿轮箱、锻压机械、石油机械、冶金机械、矿山机械等行业。营口冠华机床有限公司的铣齿机系列 YK86250、YK86315、YK86400、YK86500、YK86630 等，也拥有一定的用户。在铣齿技术的研究方面，郭二廓等[161]提出了一种考虑齿面精度特性的渐开线圆柱齿轮包络铣削加工方式，提高了渐开线圆柱齿轮主啮合区域的加工精度。Chen 等[162]提出了一种数据驱动的铣齿齿面几何精度评估方法，获得了较高的精度和效率。

1.5　面临的机遇和挑战

随着我国大力发展高速列车、航空航天、核电、电动汽车、新能源装备等高端装备,对齿轮产品的需求将进一步扩大,对齿轮性能的要求更高。市场需求巨大及政策的大力支持,为发展高性能齿轮的绿色、高效、高精度制造技术提供了前所未有的机遇。然而,要实现高性能齿轮的绿色、高效、高精度制造,在齿轮加工计算理论、加工工艺、加工装备等方面面临如下挑战:

(1)高性能齿轮的修形齿面加工计算需要新方法支撑。修形齿面兼具螺旋曲面和自由曲面特性,采用现有螺旋齿面加工理论,其自由曲面特性会引起原理性加工误差,误差随螺旋曲面变异程度的增加而变大。同时,其加工刀具廓形计算较标准螺旋齿面复杂,需要根据修形后的齿轮实际廓形计算相应的加工刀具廓形,现阶段齿轮刀具廓形计算所采用的共轭轴线法存在建模复杂、求解困难、无法求解齿面奇异点等难题。

(2)制齿工艺装备不能满足高性能齿轮的高速、高精加工要求。我国制齿机床的结构以经验设计为主,虽然在外观造型、布局形式、规格参数、主要功能与国外高档齿轮机床"形似",但在加工效率、精度保持性、稳定性、机床刚性及振动、可靠性、轻量化、智能化等方面都与国外存在较大差距,不能达到"神似"。这制约着齿轮的加工质量和效率。

(3)制齿工艺装备多源误差产生机理不明,难以实现高效精密补偿。制齿机床空间误差建模、刀具误差建模、力致误差建模、热致误差建模等基础理论不成熟,误差补偿方法面临补偿精度受限,不能满足全齿面误差补偿要求,而且存在补偿效率低等问题。

(4)工艺参数对齿轮制造的精度及制造性能的影响机理研究不深入,缺乏制齿工艺参数优化理论。高性能齿轮齿面涉及齿形及齿向修形,采用目前常用的滚削-热处理-磨削工艺,缺乏滚-磨协同工艺,容易造成磨削余量不均,导致齿面烧伤频发。

参 考 文 献

[1] 钱永辉,毛芳芳,张朝国. 浅谈齿轮制造业的问题以及发展趋势[J]. 内燃机与配件,2021,(10):190-191.
[2] 李晓菊,王小丹,何泽雨. 浅析齿轮行业的发展现状、问题及趋势[J]. 内燃机与配件,2018,(13):158-159.
[3] 中国机械通用零件工业协会齿轮与电驱动分会. 影响我国齿轮行业升级的几个因素[J]. 机械传动,2021,45(1):175-176.

[4] 黄河,刘福华,曾欣,等.滚齿加工装备及其技术发展趋势[J].现代机械,2015,(6):80-83.

[5] 陈鹏,曹华军,张应,等.齿轮高速干式滚切工艺参数优化模型及应用系统开发[J].机械工程学报,2017,53(1):190-197.

[6] 周宝仓,王时龙,方成刚,等.大型数控成形磨齿机热误差建模及补偿[J].中南大学学报(自然科学版),2017,48(10):2672-2677.

[7] 李特文.齿轮啮合原理[M].2版.上海:上海科学技术出版社,1984.

[8] Litvin F L,Chen N X,Lu J,et al. Computerized design and generation of low-noise helical gears with modified surface topology[J]. Journal of Mechanical Design, 1995, 117(2): 254-261.

[9] 吴序堂.齿轮啮合原理[M].2版.西安:西安交通大学出版社,2009.

[10] Simon V. Hob for worm gear manufacturing with circular profile[J]. International Journal of Machine Tools and Manufacture,1993,33(4):615-625.

[11] Hsieh J F. Mathematical model and sensitivity analysis for helical groove machining[J]. International Journal of Machine Tools and Manufacture,2006,46(10):1087-1096.

[12] 盛步云,杨志宏.双圆弧齿轮滚刀齿形计算及优化设计[J].机械设计与制造,2010,(1):25-27.

[13] 魏岩,于伟,阎长罡.双圆弧齿轮滚刀铲磨砂轮的廓形计算[J].大连交通大学学报,2014,35(3):59-61.

[14] 龙谭,王时龙,任磊,等.滚齿机传动链误差测量误差分析及辨识[J].装备制造技术,2019,(4):1-5,9.

[15] 芮成杰,李海涛,杨杰,等.环面蜗轮滚刀刃带宽受周向定位误差影响分析[J].北京航空航天大学学报,2019,45(6):1096-1105.

[16] 张凯,赫东锋,王建华,等.基于谐波分解的滚齿加工齿距误差在机补偿方法研究[J].工具技术,2019,53(2):124-129.

[17] 刘星,梅雪松,陶涛,等.一种零耦合滚齿全误差模型及其预测方法[J].西安交通大学学报,2016,50(10):42-48,85.

[18] 陈杳伟.滚刀齿形合格长度延展方法的研究与仿真[D].重庆:重庆大学,2010.

[19] 张瑞,武志斐,王铁,等.考虑滚刀安装误差的圆柱斜齿轮接触分析[J].机械传动,2016,40(12):61-64,95.

[20] 吴平安,王铁,张瑞亮,等.考虑滚刀安装误差齿轮建模的研究[J].机械传动,2016,40(5):35-37,42.

[21] 贾冬生,赵家黎.齿轮数控滚切加工及误差补偿研究[J].机械传动,2015,39(12):24-27.

[22] 陶桂宝,钟金龙,杨中,等.热变形对高速干式滚齿机加工精度的影响[J].机床与液压,2015,43(19):22-24.

[23] Deng F, Tang Q, Li X G, et al. Study on mapping rules and compensation methods of cutting-force-induced errors and process machining precision in gear hobbing[J]. The International Journal of Advanced Manufacturing Technology,2018,97(9-12):3859-3871.

[24] Liu Z T, Tang Q, Li X G, et al. A method for thermal characteristics modelling of hob

assembly on dry hobbing machine[J]. Proceedings of the Institution of Mechanical Engineers,2019,233(7):2262-2274.

[25] Radzevich S P. A way to improve the accuracy of hobbed involute gears[J]. Journal of Mechanical Design,2007,129(10):1076-1085.

[26] Radzevich S P. On the accuracy of precision involute hobs:An analytical approach[J]. Journal of Manufacturing Processes,2007,9(2):121-136.

[27] Sun S L,Wang S L,Wang Y W,et al. Prediction and optimization of hobbing gear geometric deviations[J]. Mechanism and Machine Theory,2018,120:288-301.

[28] Cao H J,Zhu L B,Li X G,et al. Thermal error compensation of dry hobbing machine tool considering workpiece thermal deformation[J]. The International Journal of Advanced Manufacturing Technology,2016,86(5-8):1739-1751.

[29] Tian X Q,Han J,Xia L. Precision control and compensation of helical gear hobbing via electronic gearbox Cross-Coupling controller[J]. International Journal of Precision Engineering and Manufacturing,2015,16(4):797-805.

[30] Guo Q J,Yang J G. Research on thermal error modeling of YK3610 hobbing machine[J]. Advanced Materials Research,2012,426:293-296.

[31] 刘旦,于博,吴波,等. 数控机床的热误差建模与补偿研究[J]. 机床与液压,2019,47(5):19, 48-52.

[32] 刘宏伟,杨锐,向华,等. 数控机床空心丝杠进给轴热误差补偿研究[J]. 组合机床与自动化加工技术,2019,(3):124-125,142.

[33] 马建刚,米洁,孟玲霞,等. 液体静压主轴热特性分析与试验研究[J]. 机床与液压,2019, 47(5):1-5,34.

[34] 苗恩铭,吕玄玄,魏新园,等. 基于状态空间模型的数控机床热误差建模[J]. 中国机械工程, 2019,30(9):1049-1055,1064.

[35] 王延忠,初晓孟,苏国营,等. 机床误差对面齿轮齿面形貌的影响规律[J]. 北京工业大学学报,2018,44(7):1017-1023.

[36] 魏弦. 基于有序聚类的机床热误差测点优化[J]. 现代制造工程,2018,(4):108-114.

[37] 丘永亮. 基于 FANUC 系统的数控机床误差补偿实施研究[J]. 机电工程技术,2018,47(2): 117-120.

[38] 陈国华,闫茂松,向华,等. 基于 HNC-8 数控系统的机床热误差补偿方法[J]. 机床与液压, 2018,46(2):21-24,32.

[39] 许琪东,钟造胜. 多轴数控机床几何误差辨识与补偿技术研究[J]. 现代制造技术与装备, 2018,(1):45-47.

[40] 韩江,田艺,夏链,等. 六轴数控滚齿加工综合误差数学建模[J]. 机械制造,2008,46(8): 48-50.

[41] 鞠萍华,黄洛. 基于灰色 GM(1,4)模型的数控机床热误差补偿技术[J]. 重庆大学学报, 2017,40(10):23-29.

[42] 苗恩铭,徐建国,吕玄玄,等. 数控机床工作台误差综合补偿方法研究[J]. 中国机械工程,

　　　2017,28(11):1326-1332.

[43] 王时龙,孙守利,周杰,等. 滚刀几何误差与齿轮几何精度的映射规律研究[J]. 机械工程学报,2013,49(19):119-125.

[44] 徐连香,郭春红,刘薇娜,等. 非球面数控磨床的误差建模与补偿研究[J]. 机床与液压,2017,45(7):64-69.

[45] 王进,何适,王丹,等. 3PSU/PU 并联机构的误差建模及实验验证[J]. 制造技术与机床,2017,(3):28-33.

[46] 范晋伟,王鸿亮,张兰清,等. 数控凸轮轴磨床运动误差分析与建模技术[J]. 北京工业大学学报,2017,43(2):203-209.

[47] 廖琳,钟金童. 数控蜗杆砂轮磨齿机几何误差检测与分析[J]. 装备制造技术,2016,(4):9-12.

[48] 李光东,樊利君,陈光胜,等. 一种成形砂轮磨齿机的几何误差建模与补偿研究[J]. 机床与液压,2012,40(1):7-9.

[49] Zhou B C,Wang S L,Fang C G,et al. Geometric error modeling and compensation for five-axis CNC gear profile grinding machine tools[J]. The International Journal of Advanced Manufacturing Technology,2017,92(5-8):2639-2652.

[50] Stark S,Beutner M,Lorenz F,et al. Experimental and numerical determination of cutting forces and temperatures in gear hobbing[J]. Key Engineering Materials,2012,504-506:1275-1280.

[51] 黄浩,黄筱调,丁爽,等. 齿轮装夹位姿误差对人字齿轮加工精度的影响与补偿[J]. 计算机集成制造系统,2019,25(2):380-390.

[52] 杨亚蒙,黄筱调,于春建,等. 机床几何位姿误差对强力刮齿加工精度的影响及修正[J]. 计算机集成制造系统,2019,25(5):1101-1111.

[53] Alazar A S,Werner M,Nicolescu C M,et al. Development of cutting force measurement system for gear hobbing[C]. Proceedings of 2011 ASME International Design Engineering Technical Conferences,Washington D. C. ,2012.

[54] 陈永鹏. 高速干切滚齿多刃断续切削空间成形模型及其基础应用研究[D]. 重庆:重庆大学,2015.

[55] 陈鹏. 基于虚拟设计技术的数控滚齿机设计方法及应用研究[D]. 重庆:重庆大学,2002.

[56] Nikolaos T,Aristomenis A. CAD-based calculation of cutting force components in gear hobbing[J]. Journal of Manufacturing Science and Engineering-Transactions of the ASME,2012,134(3):031009.

[57] Sabkhi N,Moufki A,Nouari M,et al. Prediction of the hobbing cutting forces from a thermomechanical modeling of orthogonal cutting operation[J]. Journal of Manufacturing Processes,2016,23:1-12.

[58] Svahn M,Vedmar L,Andersson C. Prediction of the cutting forces in gear hobbing and the wear behaviour of the individual hob cutting teeth[J]. International Journal of Manufacturing Research,2018,13(4):342.

［59］ Croitoru S M,Mohora C. Chips shape in case of cutting gears using flying hobbing cutter ［J］. Applied Mechanics and Materials,2015,772:235-239.

［60］ Dimitriou V, Antoniadis A. CAD-based simulation of the hobbing process for the manufacturing of spur and helical gears［J］. The International Journal of Advanced Manufacturing Technology,2009,41(3-4):347-357.

［61］ Tapoglou N,Antoniadis A. Hob3D:A novel gear hobbing simulation software［J］. Lecture Notes in Engineering and Computer Science,2011,2190(1):861-864.

［62］ Sabkhi N,Pelaingre C,Barlier C, et al. Characterization of the cutting forces generated during the gear hobbing process:Spur gear［J］. Procedia CIRP,2015,31:411-416.

［63］ Brecher C,Brumm M,Krömer M. Design of gear hobbing processes using simulations and empirical data［J］. Procedia CIRP,2015,33:484-489.

［64］ 侯洪福,葛广言,杜正春,等. 铣削加工力-位误差的综合建模与补偿［J］. 机械设计与研究, 2018,34(6):109-114.

［65］ 魏丽霞,李向丽,张勇. 基于支持向量机算法的数控机床切削力误差实时补偿［J］. 机械制造 与自动化,2016,45(5):58-60,86.

［66］ Shi X L,Liu H L,Li H,et al. Comprehensive error measurement and compensation method for equivalent cutting forces［J］. The International Journal of Advanced Manufacturing Technology,2016,85(1-4):149-156.

［67］ Scippa A,Sallese L,Grossi N,et al. Improved dynamic compensation for accurate cutting force measurements in milling applications［J］. Mechanical Systems Signal Processing,2015, 54-55:314-324.

［68］ 基里维斯,杨建国,吴昊. 切削力误差混合补偿系统［J］. 南京航空航天大学学报,2005, 37(S1):118-120.

［69］ 吴昊,杨建国,张宏韬,等. 三轴数控铣床切削力引起的误差综合运动学建模［J］. 中国机械 工程,2008,19(16):1908-1911.

［70］ Zhou Z D,Gui L,Tan Y G,et al. Actualities and development of heavy-duty CNC machine tool thermal error monitoring technology［J］. Chinese Journal of Mechanical Engineering, 2017,30(5):1262-1281.

［71］ Miao E M,Liu Y,Liu H,et al. Study on the effects of changes in temperature-sensitive points on thermal error compensation model for CNC machine tool［J］. International Journal of Machine Tools and Manufacture,2015,97:50-59.

［72］ Li T M,Li F C,Jiang Y,et al. Thermal error modeling and compensation of a heavy gantry-type machine tool and its verification in machining［J］. The International Journal of Advanced Manufacturing Technology,2017,92(9-12):3073-3092.

［73］ 王乾俸,张松,陈舟,等. 基于指数函数的机床主轴热误差补偿模型［J］. 计算机集成制造系 统,2015,21(6):1553-1558.

［74］ Abdulshahed A M,Longstaff A P,Fletcher S. The application of ANFIS prediction models for thermal error compensation on CNC machine tools［J］. Applied Soft Computing,2015,

27:158-168.

[75] 纪学军. 数控机床热误差建模及补偿研究[J]. 制造技术与机床,2017,(12):115-120.

[76] Tan B,Mao X Y,Liu H Q,et al. A thermal error model for large machine tools that considers environmental thermal hysteresis effects[J]. International Journal of Machine Tools and Manufacture,2014,82-83:11-20.

[77] Zhang T,Ye W H,Shan Y C. Application of sliced inverse regression with fuzzy clustering for thermal error modeling of CNC machine tool[J]. The International Journal of Advanced Manufacturing Technology,2016,85(9-12):2761-2771.

[78] Creighton E,Honegger A,Tulsian A,et al. Analysis of thermal errors in a high-speed micromilling spindle[J]. International Journal of Machine Tools and Manufacture,2010,50(4):386-393.

[79] Zhang Y,Yang J G,Jiang H. Machine tool thermal error modeling and prediction by grey neural network[J]. The International Journal of Advanced Manufacturing Technology,2012,59(9-12):1065-1072.

[80] Liu H,Miao E M,Zhuang X D,et al. Thermal error robust modeling method for CNC machine tools based on a split unbiased estimation algorithm[J]. Precision Engineering-Journal of the International Societies for Precision Engineering and Nanotechnology,2018,51:169-175.

[81] 郭前建,贺磊,杨建国. 基于投影追踪回归的机床热误差建模技术[J]. 四川大学学报(工程科学版),2012,44(2):227-230.

[82] 王时龙,祁鹏,周杰,等. 数控滚齿机热变形误差分析与补偿新方法[J]. 重庆大学学报,2011,34(3):13-17.

[83] 杨勇,王时龙,周杰,等. 基于自动编程系统的大型滚齿机热误差补偿[J]. 计算机集成制造系统,2013,19(3):569-576.

[84] 孙翰英,杨建国. 基于 SIEMENS 840D 数控系统的滚齿机热误差补偿技术的研究[J]. 组合机床与自动化加工技术,2013:105-107,111.

[85] 杨祥,叶琦,周丹,等. 华中 8 型数控系统热误差补偿功能在数控铣床上的应用[J]. 制造技术与机床,2017,(11):166-170.

[86] Ming X Z,Wang W,Zhao L,et al. Error modeling analysis of face-gear NC grinding machine[J]. Advanced Materials Research,2014,915-916:313-317.

[87] Blok H A. Theoretical study of temperature rise at surfaces of actual contact under oiliness lubricating conditions[J]. Proceedings of the General Discussion on Lubrication and Lubricants,1937,2:222-235.

[88] Chao B T,Trigger K J. Temperature distribution at the tool-chip interface in metal cutting[J]. American Society of Mechanical Engineers,1955,77(2):1107-1121.

[89] Trigger K J,Chao B T. An analytical evaluation of metal cutting temperatures[J]. American Society of Mechanical Engineers,1951,73:57-68.

[90] Leone W C. Distribution of shear-zone heat in metal cutting[J]. American Society of

Mechanical Engineers,1954,76:121-125.

[91] Loewen E G. On the analysis of cutting tool temperatures[J]. American Society of Mechanical Engineers,1954,76(2):217-231.

[92] Komanduri R,Hou Z B. Thermal modeling of the metal cutting process—Part Ⅰ: Temperature rise distribution due to shear plane heat source[J]. International Journal of Mechanical Sciences,2000,42(9):1715-1752.

[93] Komanduri R,Hou Z B. Thermal modeling of the metal cutting process—Part Ⅲ: Temperature rise distribution due to the combined effects of shear plane heat source and the tool-chip interface frictional heat source[J]. International Journal of Mechanical Sciences, 2001,43(1):89-107.

[94] de Carracho S R,de Lima e silva S M M,Machado A,et al. Analyses of effects of cutting parameters on cutting edge temperature using inverse heat conduction technique[J]. Mathematical Problems in Engineering,2014,2014(6):1-11.

[95] Haddag B,Nouari M. Tool wear and heat transfer analyses in dry machining based on multi-steps numerical modelling and experimental validation[J]. Wear, 2013, 302 (1-2): 1158-1170.

[96] Zhang J J,Liu Z Q,Du J. Prediction of cutting temperature distributions on rake face of coated cutting tools[J]. The International Journal of Advanced Manufacturing Technology, 2017,91(1-4):49-57.

[97] 王胜,李长河. 浅切磨削传热模型及能量分配比率[J]. 精密制造与自动化,2012,(4): 13-17.

[98] 关立文,杨亮亮,王立平,等. "S"形试件间歇性切削温度场建模与分析[J]. 清华大学学报 (自然科学版),2016,56(2):192-199.

[99] 杨潇,曹华军,陈永鹏,等. 机床加工系统切削热全过程传递模型研究[J]. 制造技术与机床, 2015,(1):66-72.

[100] Akbar F,Mativenga P T,Sheikh M A. An experimental and coupled thermo-mechanical finite element study of heat partition effects in machining[J]. The International Journal of Advanced Manufacturing Technology,2010,46(5-8):491-507.

[101] Zhu L,Peng S S,Yin C L,et al. Cutting temperature,tool wear,and tool life in heat-pipe-assisted end-milling operations[J]. The International Journal of Advanced Manufacturing Technology,2014,72(5-8):995-1007.

[102] Bapat P S,Dhikale P D,Shinde S M,et al. A numerical model to obtain temperature distribution during hard turning of AISI 52100 steel[J]. Materials Today: Proceedings, 2015,2(4-5):1907-1914.

[103] Khajehzadeh M,Akhlaghi M,Razfar M R. Finite element simulation and experimental investigation of tool temperature during ultrasonically assisted turning of aerospace aluminum using multicoated carbide inserts[J]. The International Journal of Advanced Manufacturing Technology,2014,75(5-8):1163-1175.

[104] Pervaiz S,Deiab I,Wahba E,et al. A novel numerical modeling approach to determine the temperature distribution in the cutting tool using conjugate heat transfer(CHT)analysis [J]. The International Journal of Advanced Manufacturing Technology,2015,80(5-8): 1039-1047.

[105] Wang Y,Cao M,Zhao X,et al. Experimental investigations and finite element simulation of cutting heat in vibrational and conventional drilling of cortical bone [J]. Medical Engineering & Physics,2014,36(11):1408-1415.

[106] Bouzakis K D,Lili E,Michailidis N,et al. Manufacturing of cylindrical gears by generating cutting processes: A critical synthesis of analysis methods [J]. CIRP Annals—Manufacturing Technology,2008,57(2):676-696.

[107] Liu W,Ren D,Usui S,et al. A gear cutting predictive model using the finite element method[J]. Procedia CIRP,2013,8(1):51-56.

[108] Quan Y M,Mai Q Q. Investigation of the cooling effect of heat pipe-embedded cutter in dry machining with different thermal conductivities of cutter/workpiece materials and different cutting parameters[J]. The International Journal of Advanced Manufacturing Technology, 2015,79(5-8):1161-1169.

[109] 毕运波,方强,董辉跃,等. 航空铝合金高速铣削温度场的三维有限元模拟及试验研究[J]. 机械工程学报,2010,46(7):160-165.

[110] 胡自化,李畅,杨志平,等. PCBN 刀具高速切削镍基高温合金 GH4169 的有限元模拟[J]. 机械工程材料,2015,39(7):117-121.

[111] 高兴军,李萍,闫鹏飞,等. 基于 Deform 3D 不锈钢钻削机理的仿真研究[J]. 工具技术, 2011,45(4):17-20.

[112] 沈琳燕,李蓓智,杨建国,等. 基于 Deform 3D 的高速超高速磨削温度的仿真研究[J]. 制造技术与机床,2010,(8):25-27.

[113] Schmidt A O,Roubik J R. Distribution of heat generated in drilling[J]. American Society of Mechanical Engineers,1949,71(3):245-252.

[114] Abukhshim N A,Mativenga P T,Sheikh M A. Investigation of heat partition in high speed turning of high strength alloy steel [J]. International Journal of Machine Tools and Manufacture,2005,45(15):1687-1695.

[115] Hirao M,Terashima A,Joo H Y,et al. Behavior of cutting heat in high speed cutting[J]. Journal of the Japan Society for Precision Engineering,1998,64(7):1067-1071.

[116] Wright P K,McCormick S P,Miller T R. Effect of rake face design on cutting tool temperature distributions[J]. Journal of Engineering for Industry,1980,102(2):123-128.

[117] 张伯霖,杨东东,陈长年. 高速切削技术及应用[J]. 机电工程技术,2003,32(4):85-86.

[118] 全燕鸣,丁郭,刘佩杰,等. 钢轨铣磨作业过程中的温度场建模与实验研究[J]. 华南理工大学学报(自然科学版),2018,46(10):103-110.

[119] Sato M,Tamura N,Tanaka H. Temperature variation in the cutting tool in end milling[J]. Journal of Manufacturing Science and Engineering,2011,133(2):021005.

[120] Beno T, Hulling U. Measurement of cutting edge temperature in drilling[J]. Procedia CIRP, 2012, 3(1): 531-536.

[121] Heigel J C, Whitenton E, Lane B, et al. Infrared measurement of the temperature at the tool-chip interface while machining Ti-6Al-4V[J]. Journal of Materials Processing Technology, 2016, 243: 123-130.

[122] Abdelali H B, Claudin C, Rech J, et al. Experimental characterization of friction coefficient at the tool-chip-workpiece interface during dry cutting of AISI 1045[J]. Wear, 2012, 286-287(11): 108-115.

[123] Liang L, Xu H, Ke Z Y. An improved three-dimensional inverse heat conduction procedure to determine the tool-chip interface temperature in dry turning[J]. International Journal of Thermal Sciences, 2013, 64: 152-161.

[124] Fahad M, Mativenga P T, Sheikh M A. On the contribution of primary deformation zone-generated chip temperature to heat partition in machining[J]. The International Journal of Advanced Manufacturing Technology, 2013, 68(1-4): 99-110.

[125] Pabst R, Fleischer J, Michna J. Modelling of the heat input for face-milling processes[J]. CIRP Annals-Manufacturing Technology, 2010, 59(1): 121-124.

[126] Sölter J, Gulpak M. Heat partitioning in dry milling of steel[J]. CIRP Annals-Manufacturing Technology, 2012, 61(1): 87-90.

[127] Díaz-Álvarez A, De-La-cruz-hernández J A, Díaz-Álvarez J, et al. Estimation of thermal effects in dry drilling of Ti_6Al_4V[J]. Procedia Engineering, 2015, 132: 433-439.

[128] Grzesik W, Nieslony P. A computational approach to evaluate temperature and heat partition in machining with multilayer coated tools[J]. International Journal of Machine Tools and Manufacture, 2003, 43(13): 1311-1317.

[129] 张颂, 赵大兴, 丁国龙. 基于改进复合形法的成形磨齿工艺参数优化设计[J]. 机床与液压, 2014, 42(13): 97-99.

[130] 赵大兴, 张颂, 丁国龙, 等. 成形磨齿工艺参数多目标优化研究[J]. 组合机床与自动化加工技术, 2014, (2): 117-120.

[131] 钟健, 阎春平, 曹卫东, 等. 基于 BP 神经网络和 FPA 的高速干切滚齿工艺参数低碳优化决策[J]. 工程设计学报, 2017, 24(4): 449-458.

[132] Cao W D, Yan C P, Ding L, et al. A continuous optimization decision making of process parameters in high-speed gear hobbing using IBPNN/DE algorithm[J]. The International Journal of Advanced Manufacturing Technology, 2016, 85(9-12): 2657-2667.

[133] Cao W D, Yan C P, Wu D J, et al. A novel multi-objective optimization approach of machining parameters with small sample problem in gear hobbing[J]. International Journal of Advanced Manufacturing Technology, 2017, 93(9-12): 4099-4110.

[134] 曹卫东, 阎春平. 基于差异演化算法的滚齿工艺参数优化决策[J]. 现代制造工程, 2016, (4): 7, 16-20.

[135] 张明树, 阎春平, 覃斌. 基于图论和模糊 TOPSIS 的高速切削工艺参数优化决策[J]. 计算

机集成制造系统,2013,19(11):2802-2809.

[136] Qin M Y,Ye B Y,Jia X. Experimental investigation of residual stress distribution in pre-stress cutting[J]. The International Journal of Advanced Manufacturing Technology,2013, 65(1-4):355-361.

[137] Qiang B,Li Y D,Yao C R,et al. Through-thickness distribution of residual stresses in Q345qD butt-welded steel plates[J]. Journal of Materials Processing Technology,2018, 251:54-64.

[138] Ma Y,Feng P F,Zhang J F,et al. Prediction of surface residual stress after end milling based hon cutting force and temperature[J]. Journal of Materials Processing Technology, 2016,235:41-48.

[139] Qin M Y,Ye B Y,Wu B. Investigation into influence of cutting fluid and liquid nitrogen on machined surface residual stress[J]. Advanced Materials Research,2012,566:7-10.

[140] Husson R,Dantan J Y,Baudouin C,et al. Evaluation of process causes and influences of residual stress on gear distortion[J]. CIRP Annals-Manufacturing Technology,2012, 61(1):551-554.

[141] 褚家荣,陈九根. 金属切削液的研究现状及发展趋势[J]. 润滑与密封,2004,29(5): 131-132.

[142] 李先广. 当代先进制齿及制齿机床技术的发展趋势[J]. 制造技术与机床,2003,(2): 11-13.

[143] 刘润爱,张根保. 滚齿机及滚齿加工技术的发展趋势[J]. 现代制造工程,2003,(11): 84-86.

[144] 柳伟. 齿轮加工机床的绿色设计与制造技术[J]. 造纸装备及材料,2009,49(1):78.

[145] 燕芸,张满栋. 硬齿面齿轮加工技术现状分析[J]. 机械管理开发,2009,24(4):95-96.

[146] 黄天铭,梁锡昌. 齿轮加工技术的现状及进展[J]. 机械工艺师,1994,(4):20,29-31.

[147] 张四弟,左键民,张兆祥,等. 磨齿技术与装备及其发展趋势[J]. 制造技术与机床,2011, (2):46-48.

[148] 丁雪生. CIMT2005中国国际机床展览会参观导引和亮点展品介绍(上)[J]. 制造技术与机床,2005,(3):17-20.

[149] 丁雪生. CIMT2005中国国际机床展览会参观导引和亮点展品介绍(下)[J]. 制造技术与机床,2005,(4):12-20.

[150] 王宪文. 陕西秦川机械发展股份有限公司自主研制的YK7250数控蜗杆砂轮磨齿机通过鉴定[J]. 机电信息,2003,(1):36.

[151] 郑璇,曾勇. 重庆机床国内首批高效高精密磨齿机交货[J]. 机械制造,2014,52(10):82.

[152] 张吉祥,曹遵贸,巩皓冰,等. 数控机床发展趋势及对策探讨[J]. 科技风,2019,(21):180.

[153] 孟凡荣,单淑梅,王智. 格里森磨齿机故障诊断与维修[J]. 制造技术与机床,2019,(7): 149-150,176.

[154] 郦金祥,朱培浩,李宁,等. 基于元结构的YKW51250插齿机床身动态特性分析及试验验证[J]. 机械设计,2017,34(1):76-83.

[155] Salacinski T, Przesmycki A, Chmielewski T. Technological aspects in manufacturing of non-circular gears[J]. Applied Sciences-Basel, 2020, 10(10):3420.

[156] 杨波. 高精度齿轮的加工工艺分析[J]. 机械工人(冷加工), 2007, (6):30-31.

[157] 胡晓兰, 吴立志, 汤文其, 等. 剃齿刀热处理工艺:CN103468914A[P]. 2013-12-25.

[158] Hsu R H, Han C W. Study on crowning of helical gear shaved by CNC shaving machine with three synchronous axes[C]. 2019 7th Asia Conference on Mechanical and Materials Engineering(ACMME 2019), Tokyo, 2019:293.

[159] 任强, 夏链, 张国政, 等. 内啮合强力珩齿工件表面粗糙度预测及其变化规律分析[J]. 机械传动, 2020, 44(3):9-13.

[160] Chen Z L, Gao Y, Wang F W, et al. Modeling and design of real gear tooth surface for internal honing ring[C]. 2017 International Conference on Computer Systems, Electronics and Control(ICCSEC), Dalian, 2017:40-42.

[161] 郭二廓, 任乃飞, 任旭东, 等. 考虑齿面精度特性的渐开线圆柱齿轮包络铣削加工[J]. 计算机集成制造系统, 2020, 26(11):3011-3019.

[162] Chen X L, Ding H, Shao W. Adaptive data-driven collaborative optimization of both geometric and loaded contact mechanical performances of non-orthogonal duplex helical face-milling spiral bevel and hypoid gears[J]. Mechanism and Machine Theory, 2020, 154:104028.

第 2 章　高性能齿轮精密修形计算理论

高性能齿轮的修形齿面一般兼有螺旋曲面和自由曲面特性,属异形螺旋曲面,其建模及加工求解极其困难。目前,通常采用的啮合原理解析法参照标准螺旋曲面进行计算,会产生较大的加工原理误差,且无法求解奇异点。本章提出修形齿轮加工的点矢量族包络计算新方法,以数字法替代解析法,用于支撑高性能齿轮刀具设计、误差调控、工艺优化及制齿机床开发。

2.1　高性能齿轮修形齿面建模

2.1.1　标准螺旋齿面建模

圆柱螺旋曲面广泛应用于斜齿轮、蜗轮、螺杆等传动构件,以及蜗杆砂轮、滚刀、剃齿刀、斜插齿刀等螺旋刀具中[1]。标准渐开线圆柱斜齿轮的端面廓形沿着一条空间螺旋线运动,从而形成螺旋齿面,如图 2.1 所示,螺旋齿面是一组空间曲面。

端面廓形　螺旋运动　螺旋齿面

图 2.1　螺旋齿面

从图 2.1 中的螺旋齿面形成原理出发,建立标准螺旋齿面的方程。首先建立一个固定的空间坐标系 $S_0(O_0-x_0y_0z_0)$,如图 2.2(a)所示,则齿轮端面廓形 Γ 的坐标方程表示为

$$\begin{cases} x_0 = r_0(\theta)\cos\theta \\ y_0 = r_0(\theta)\sin\theta \\ z_0 = 0 \end{cases} \tag{2.1}$$

式中,θ 为齿轮端面廓形的参变量。

端面廓形 Γ 的螺旋运动具体表现为:端面廓形 Γ 绕 z_0 轴转动角度 φ,并同时沿 z_0 轴移动距离 $p\varphi$。此时,端面廓形 Γ 在空间上形成的轨迹曲面就是标准螺旋面。若 Γ 的移动和转动方向符合右手法则,则螺旋运动形成右旋螺旋面;若螺旋运动符合左手法则,则螺旋运动形成左旋螺旋面。图 2.2(b)中,$S_1(O_1-x_1y_1z_1)$ 表示端面廓形 Γ 螺旋运动后的坐标系,由 S_0 到 S_1 的坐标变换用矩阵表示为

$$\begin{bmatrix} x_1 \\ y_1 \\ z_1 \\ 1 \end{bmatrix} = \begin{bmatrix} \cos\varphi & -\sin\varphi & 0 & 0 \\ \sin\varphi & \cos\varphi & 0 & 0 \\ 0 & 0 & 1 & p\varphi \\ 0 & 0 & 1 & 0 \end{bmatrix} \begin{bmatrix} x_0 \\ y_0 \\ z_0 \\ 1 \end{bmatrix} \tag{2.2}$$

将式(2.1)代入式(2.2)得到螺旋齿面的表达式:

$$\begin{cases} x_1 = x_0\cos\varphi - y_0\sin\varphi = r_0(\theta)\cos(\theta+\varphi) \\ y_1 = x_0\sin\varphi + y_0\cos\varphi = r_0(\theta)\sin(\theta+\varphi) \\ z_1 = p\varphi \end{cases} \tag{2.3}$$

式中,φ 为端面廓形 Γ 的螺旋运动参变量;p 为螺旋参数,表示端面廓形 Γ 绕 z_0 轴转动单位角度沿 z_0 轴移动的距离,$p=L/(2\pi)$,其中 L 为导程。

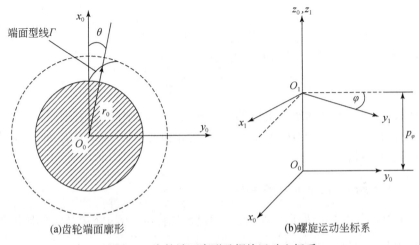

(a)齿轮端面廓形　　　　　　　　　　(b)螺旋运动坐标系

图 2.2　齿轮端面廓形及螺旋运动坐标系

由螺旋齿面方程式可以看出,若保持参变量 φ 不变而仅改变 θ,则得到曲线为某一轴截面处的端面廓形;若保持参变量 θ 不变而仅改变 φ,则得到曲线为螺旋齿面上的一条空间螺旋线。

根据式(2.3),螺旋齿面方程式简化为矢量形式为

$$r = r(\theta, \varphi) = x(\theta, \varphi)\mathrm{i} + y(\theta, \varphi)\mathrm{j} + z(\theta, \varphi)\mathrm{k} \tag{2.4}$$

则螺旋齿面上任一点处的法向矢量为

$$n = \frac{\partial r}{\partial \theta} \times \frac{\partial r}{\partial \varphi} = n_x\mathrm{i} + n_y\mathrm{j} + n_z\mathrm{k} \tag{2.5}$$

$$\begin{cases} \dfrac{\partial r}{\partial \theta} = \dfrac{\partial x}{\partial \theta}\mathrm{i} + \dfrac{\partial y}{\partial \theta}\mathrm{j} + \dfrac{\partial z}{\partial \theta}\mathrm{k} \\[2mm] \dfrac{\partial r}{\partial \varphi} = \dfrac{\partial x}{\partial \varphi}\mathrm{i} + \dfrac{\partial y}{\partial \varphi}\mathrm{j} + \dfrac{\partial z}{\partial \varphi}\mathrm{k} \end{cases} \tag{2.6}$$

联立式(2.5)和式(2.6)可得

$$n_x = \begin{vmatrix} \dfrac{\partial y}{\partial \theta} & \dfrac{\partial z}{\partial \theta} \\[2mm] \dfrac{\partial y}{\partial \varphi} & \dfrac{\partial z}{\partial \varphi} \end{vmatrix}, \quad n_y = \begin{vmatrix} \dfrac{\partial z}{\partial \theta} & \dfrac{\partial x}{\partial \theta} \\[2mm] \dfrac{\partial z}{\partial \varphi} & \dfrac{\partial x}{\partial \varphi} \end{vmatrix}, \quad n_z = \begin{vmatrix} \dfrac{\partial x}{\partial \theta} & \dfrac{\partial y}{\partial \theta} \\[2mm] \dfrac{\partial x}{\partial \varphi} & \dfrac{\partial y}{\partial \varphi} \end{vmatrix} \tag{2.7}$$

将螺旋齿面方程(2.3)代入式(2.7)得

$$\begin{cases} n_x = \dfrac{pr_0(\theta)}{\sin\mu}\sin(\theta + \varphi + \mu) \\[3mm] n_y = -\dfrac{pr_0(\theta)}{\sin\mu}\cos(\theta + \varphi + \mu) \\[3mm] n_z = \dfrac{r_0^2(\theta)\cos\mu}{\sin\mu} \end{cases} \tag{2.8}$$

其中

$$\mu = \arctan\left[\frac{r_0(\theta)}{\mathrm{d}r_0(\theta)/\mathrm{d}\theta}\right]$$

螺旋曲面法向矢量的分量间的关系可表示为

$$n_z = \frac{n_x y_1 - n_y x_1}{p} \tag{2.9}$$

在实际计算中,端面廓形上点的平面法向矢量求解简单,利用式(2.9)可快速计算螺旋曲面上点的空间法向矢量。当 p 为正值时,适用于右旋齿面;当 p 为负值时,适用于左旋齿面。

2.1.2 齿形修形后的端面廓形建模

齿形修形是在标准齿形的基础上,通过齿顶修缘、齿根修缘及鼓形修形等方式对齿轮端面廓形进行修形,其目的是消除啮合干涉,提高传动平稳性[2]。另外,齿

轮标准规定,齿顶修缘和齿根修缘只允许偏向齿体内[3]。因此,在标准廓形的基础上,可根据齿形修形曲线建立修形后齿轮的端面廓形方程。

图 2.3(a)表示齿轮端面廓形的齿形修形,修形廓形与标准廓形不重合,相互间存在误差。在进行齿轮测量时,当齿轮齿形为标准廓形时(没有形状误差和斜率误差),其齿形测量结果是一条竖直线,齿轮的修形廓形可描述为在标准廓形基础上叠加一条修形曲线而形成的廓形,如图 2.3(b)所示。

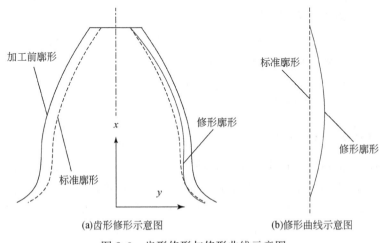

(a)齿形修形示意图　　　　　　　　(b)修形曲线示意图

图 2.3　齿形修形与修形曲线示意图

建立齿形修形曲线坐标系,如图 2.4(a)所示,x 轴表示齿形的长度,y 轴表示齿形修形量。修形曲线的方程为

$$y = g(x) \tag{2.10}$$

式中,$g(x)$ 为修形曲线函数,x 的取值范围为齿根到齿顶的区间。

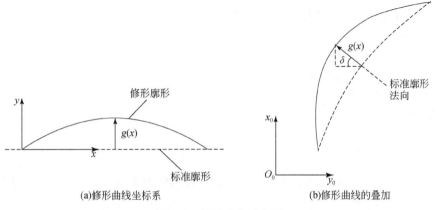

(a)修形曲线坐标系　　　　　　　　(b)修形曲线的叠加

图 2.4　修形曲线示意图

　　根据齿形修形曲线方程可得到每一处对应的修形量,再将该修形量沿标准廓形的法向叠加至标准廓形上得到修形后的齿轮廓形,如图 2.4(b)所示。δ 表示标准廓形法向矢量与 y_0 之间的夹角,即

$$\delta = \arctan\left(\frac{n_x}{n_y}\right) \tag{2.11}$$

　　将式(2.8)代入式(2.11)可得

$$\delta = \theta + \varphi + \mu \tag{2.12}$$

　　修形后的齿轮端面廓形坐标方程为

$$\begin{cases} x_0' = x_0 + g(x)\sin\delta = r_0(\theta)\cos\theta + g(x)\sin(\theta + \varphi + \mu) \\ y_0' = y_0 - g(x)\cos\delta = r_0(\theta)\sin\theta - g(x)\cos(\theta + \varphi + \mu) \\ z_0' = 0 \end{cases} \tag{2.13}$$

式中,x_0、y_0 为标准廓形的坐标值。

2.1.3　齿向修形后的齿面建模

　　齿向修形是对端面廓形的螺旋运动轨迹进行修形,其目的是补偿齿轮传动过程中齿向螺旋线的畸变,均衡载荷,降低啮合噪声。齿形修形是改变端面廓形的形状,齿向修形是改变端面廓形的位置。齿形修形后的端面廓形沿着齿向修形后的螺旋运动轨迹运动,从而形成最终的修形齿面。目前,常用的齿向修形方式为鼓形修形,其修形曲线设计简单,修形效果较为直观[4]。

　　通过齿向修形后的修形齿面如图 2.5(a)所示,齿向修形曲线如图 2.5(b)所示。修形宽度通常等于齿轮齿宽,表示修形曲线沿齿轮轴线方向上的长度。修形的鼓点为齿宽中部,修形量为 0,齿轮的上、下端面处修形量最大。修形量的大小与齿宽位置的关系函数为

$$y = L(x) \tag{2.14}$$

式中,x 为齿宽方向上的位置;y 为修形量。

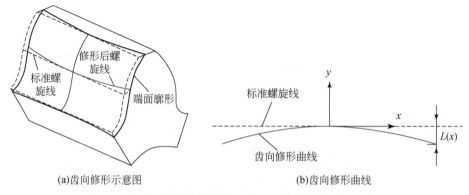

(a)齿向修形示意图　　　　　　　　　　(b)齿向修形曲线

图 2.5　齿向修形示意图与齿向修形曲线

　　根据修形齿面的形成原理,采用附加运动的方式建立修形齿面方程。首先基于齿向修形曲线求解齿宽方向上各截面处的一系列修形量;然后根据各截面处修形量的大小改变齿轮廓形的位置,如图 2.6 所示;最终的修形齿面由所有截面上的齿轮廓形构成。

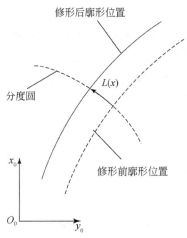

图 2.6　齿轮廓形位置与齿向修形量的关系

　　在齿向修形时,齿轮廓形在标准螺旋运动的基础上,再附加一个绕齿轮轴线的转动,转动半径为齿轮的分度圆半径。因为修形量一般较小,所以可将附加转动的弧长近似为与修形量对应的廓形移动长度。

$$\phi = \frac{L(x)}{r} \tag{2.15}$$

式中,ϕ 为齿轮端面廓形的附加转动量;r 为齿轮的分度圆半径。

　　由于附加运动的存在,图 2.2(b)中,由 S_0 到 S_1 的坐标变换矩阵为

$$\begin{bmatrix} x_1 \\ y_1 \\ z_1 \\ 1 \end{bmatrix} = \begin{bmatrix} \cos(\varphi+\phi) & -\sin(\varphi+\phi) & 0 & 0 \\ \sin(\varphi+\phi) & \cos(\varphi+\phi) & 0 & 0 \\ 0 & 0 & 1 & p\varphi \\ 0 & 0 & 1 & 0 \end{bmatrix} \begin{bmatrix} x_0 \\ y_0 \\ z_0 \\ 1 \end{bmatrix} \tag{2.16}$$

　　将齿形修形和齿向修形后的方程结合起来,联立式(2.13)和式(2.16),得到最终的修形齿面方程:

$$\begin{cases} x_1' = [r_0(\theta)\cos\theta + g(x)\sin(\theta+\varphi+\mu)]\cos(\varphi+\phi) \\ \quad\quad -[r_0(\theta)\sin\theta - g(x)\cos(\theta+\varphi+\mu)]\sin(\varphi+\phi) \\ y_1' = [r_0(\theta)\cos\theta + g(x)\sin(\theta+\varphi+\mu)]\sin(\varphi+\phi) \\ \quad\quad +[r_0(\theta)\sin\theta - g(x)\cos(\theta+\varphi+\mu)]\cos(\varphi+\phi) \\ z_1' = p\varphi \end{cases} \tag{2.17}$$

式中,x_1'、y_1'、z_1' 为修形齿面在齿轮坐标系中的坐标值。

2.2　点矢量族包络原理

2.2.1　点矢量的提出

利用数字化离散的思想,用一系列离散点来表示平面曲线或空间曲面,将传统曲线和曲面的包络问题转化为离散点的包络问题。再结合离散点在曲线或曲面上的法向矢量信息,完整地描述离散点的几何特征。将每一个离散点与其对应的法向矢量组合形成一个点矢量,其中离散点为点矢量的起点,表述点矢量的位置信息,法向矢量表述其方向信息,如图 2.7 所示。

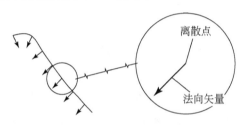

图 2.7　点矢量构成

1. 二维平面曲线的点矢量族描述

考虑二维平面曲线:

$$r(t_u) = (x(t_u), y(t_u)) \tag{2.18}$$

对曲线的变量 t_u 求导,得到曲线上每一个离散点处的切向矢量为

$$r'(t_u) = \frac{\mathrm{d}r}{\mathrm{d}t_u} = (x'(t_u), y'(t_u)) \tag{2.19}$$

则法向矢量为

$$n(t_u) = (-y'(t_u), x'(t_u)) \tag{2.20}$$

将平面曲线离散为一系列点,并分别与其对应的法向矢量相结合,构成一个平面点矢量族,如图 2.8 所示。

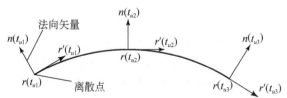

图 2.8　二维平面曲线的点矢量族描述

2. 三维空间曲面的点矢量族描述

针对螺旋齿面,将齿轮端面廓形按照等弧长或等角度方式离散成平面点矢量族,平面点矢量族沿空间螺旋线运动形成描述螺旋齿面的空间点矢量族,如图 2.9所示。端面廓形上每一个点矢量在螺旋齿面上的运动都会形成一条螺旋线,点矢量的螺旋运动轨迹由齿面的螺旋参数 p 决定,齿轮的齿宽决定了点矢量的运动范围。在齿宽方向上对点矢量的运动轨迹进行等比例离散,不同运动位置处的端面廓形点矢量族的集合构成了三维空间点矢量族。

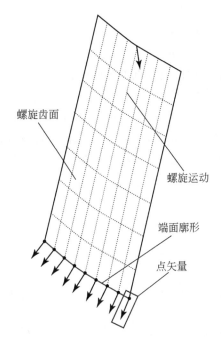

图 2.9　三维螺旋齿面的点矢量描述

螺旋齿面离散点的矢量方向为离散点在齿面上的法向矢量,可通过式(2.9)计算得到。

将平面曲线或空间曲面用一系列点矢量族描述后,利用点矢量的运动完成对共轭齿形的包络,整个过程类似于用一把“点矢量”刀具来加工共轭齿形。本节以单参数平面曲线族为对象讨论点矢量的包络过程,其是空间曲线族和空间曲面族包络的基础。

假设存在一对平行轴齿轮 1 和 2,其中齿轮 2 固定不动,齿轮 1 绕着齿轮 2 的节圆做纯滚动。齿轮 1 的廓形 1 为已知廓形,在齿轮 1 的纯滚动过程中,其廓形 1

在啮合平面上形成一系列曲线族,这是典型的单参数平面曲线族包络问题。若将廓形 1 离散为一系列点矢量,则齿轮 1 在纯滚动过程中,每一个点矢量的运动轨迹在啮合平面上形成一个点矢量族。齿轮 1 的廓形从进入啮合到脱离啮合为廓形点矢量的完整包络过程。

2.2.2　点矢量的运动轨迹

取齿轮 1 的廓形 1 在节圆处的第 i 个点矢量进行包络运动分析,该点矢量在啮合过程中的运动轨迹如图 2.10 所示。第 i 个点矢量在齿轮 1 坐标系中可表示为

(1)位置信息: $F^i = \begin{bmatrix} x^i & y^i \end{bmatrix}^T$。

(2)方向信息: $N^i = \begin{bmatrix} n_x^i & n_y^i \end{bmatrix}^T$。

第 i 个廓形点矢量运动形成的点矢量族可表示为

(1)位置信息: $\{F^i(t_v)\}$, $F^i(t_v) = \begin{bmatrix} x^i(t_v) & y^i(t_v) \end{bmatrix}^T$。

(2)方向信息: $\{N^i(t_v)\}$, $N^i(t_v) = \begin{bmatrix} n_x^i(t_v) & n_y^i(t_v) \end{bmatrix}^T$。

其中, t_v 表示点矢量运动的时间变量, t_v 的取值范围为廓形从进入啮合到脱离啮合的时间区间。图 2.10 中的 O_1^a、O_1^b、O_1^c 表示齿轮 1 的 3 个运动位置,对应的第 i 个点矢量的运动位置分别为点矢量 a、b、c。

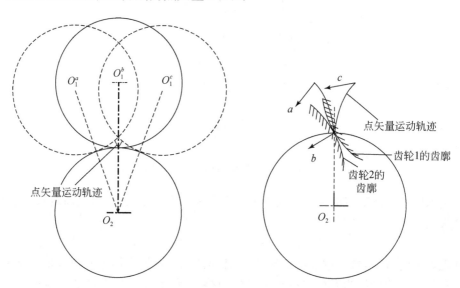

图 2.10　点矢量的运动轨迹

将齿轮 1 上第 i 个点矢量的运动形成的点矢量族表示在齿轮 2 坐标系中,分别对点矢量的位置信息和方向信息进行坐标变换。经过坐标变换,齿轮 1 上的每

一个点矢量在齿轮 2 坐标系中均会形成一个平面点矢量族。一个平面点矢量族中不同时刻对应的点矢量的位置及方向信息均会发生改变,且齿轮廓形 1 上的点矢量在包络过程中,其矢量方向始终由齿轮 1 指向齿轮 2 的实体部分。

2.2.3　点矢量族的包络过程

　　根据现有的曲线族包络原理可确定点矢量族的包络点存在的第一个条件:点矢量族必须与包络线在包络点处相切,即包络点处点矢量与包络线的法向矢量共线。因此,根据点矢量族中各点矢量的方向信息可得到对应的切向矢量信息,如图 2.11 所示。

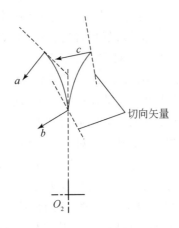

图 2.11　点矢量的切向矢量

　　点矢量族中各点矢量的切向矢量为 $\{T^i(t_v)\}$: $T^i(t_v) = \begin{bmatrix} n_y^i(t_v) & -n_x^i(t_v) \end{bmatrix}^T$。
　　下面从另一个角度分析曲线族的包络,将其看作某种极值问题。当机械传动中的齿轮啮合时,齿轮廓形是一个单参数的平面曲线族,其包络只允许发生在曲线族的一侧,才能保证啮合运动的正常进行。将啮合平面分为两部分:一部分是廓形点矢量运动所经过的区域,在这个区域的每一点至少有一个廓形点矢量的运动轨迹经过;另一部分是廓形点矢量未经过区域,这个区域任一点都没有点矢量经过。结合点矢量族的特点,点矢量族中的所有点矢量方向始终是由齿轮 1 指向齿轮 2 的实体部分,因此点矢量没有经过的区域为齿轮 2 的实体部分。得到点矢量族的包络点存在的第二个条件:点矢量族的包络点是最接近于齿轮实体部分的点。
　　结合点矢量族包络点存在的两个条件,点矢量族的包络点必须满足沿其法向到齿轮实体距离为最短的条件。因此,假设某一点矢量的起点为点矢量族的包络点,以该点矢量的切线为判别线将啮合平面分为两个区域,族中的其他点矢量只能存在于背向该点矢量方向的区域中。

　　点矢量的包络运动就是点矢量刀具切削齿轮 2 实体材料的过程,也是点矢量刀具沿其运动轨迹逐渐逼近齿轮 2 廓形的过程。因此,在点矢量族中,与齿轮 2 的有向距离越短表示该点矢量刀具去除的实体材料越多。点矢量包络的原理就是点矢量在运动过程中不断地沿其法向逼近齿轮实体。

2.2.4　点矢量逼近算法

　　为求取点矢量族的包络点,本节建立点矢量逼近算法。以图 2.10 中的点矢量族为例,顺序考察点矢量族中的各个点矢量,对点矢量逐个进行比较判断,采用排除法找出包络点。当考察点矢量 a 时,其切线为当前的判别线,其矢量方向决定了点矢量族中所有点矢量的逼近方向。为了建立逼近基准,首先过齿轮的原点 O_2 建立一条平行于判别线的逼近基准线;然后计算点矢量族中所有点矢量的起点到逼近基准线的距离,并判断点矢量 a 对应的距离是否最短;若是,则点矢量 a 的起点为点矢量族的包络点;若不是,则将点矢量 a 排除。按照相同的方法逐个考察点矢量族中的剩余点矢量,直至找出点矢量族对应的包络点。

　　图 2.12(a)为考察点矢量 a 时建立的逼近基准线,因为点矢量族中所有点矢量的起点到逼近基准线的距离中,点矢量 a 对应的距离并非最短,所以排除后顺序考察第二个点矢量 b。图 2.12(b)为考察点矢量 b 时建立的逼近基准线,点矢量 b 到逼近基准线的距离最短,因此点矢量 b 的起点为点矢量族的包络点。由图中可以看出,当考察不同的点矢量时,由于点矢量方向的不同,所建立的逼近基准线也不相同。逼近基准线的斜率 $K^i(t_v)$ 与相应的判别线的斜率相同,为

$$K^i(t_v) = \frac{-n_x^i(t_v)}{-n_y^i(t_v)} \qquad (2.21)$$

式中,斜率 $K^i(t_v)$ 随点矢量运动的时间变量 t_v 的变化而变化。

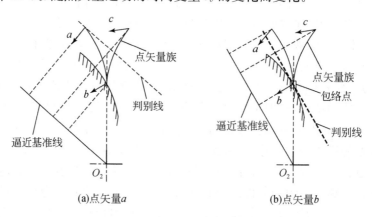

(a)点矢量 a　　　　　　　　(b)点矢量 b

图 2.12　点矢量逼近算法示意图

齿轮 1 廓形的每一个点矢量的包络过程都会在齿轮 2 坐标系中形成一个点矢量族,利用上述算法找出一系列包络点,最后将所有包络点拟合为一条光滑的包络线,即为所求齿轮 2 的廓形。

点矢量包络数字法直接利用曲线上的离散点进行包络计算,不需要建立啮合方程和包络方程,能够很好地解决传统解析法应用于修形齿面包络计算时存在的建模困难的问题。本部分是以平面曲线族的点矢量包络为例对点矢量的包络过程进行说明,后面会结合成形刀具和展成刀具分别对空间曲线族和空间曲面族的点矢量包络过程进行详细阐述。

2.2.5 修形齿轮端面廓形的点矢量离散方法

在进行点矢量包络计算之前,需要对齿面的端面廓形进行点矢量离散。修形齿轮的端面廓形如图 2.5 所示。因为修形后的齿轮廓形难以用曲线方程表示,所以首先将修形前的标准廓形按照平均化准则离散为一系列点,并根据齿形修形曲线确定每一个离散点处的修形量;然后根据修形量的大小将标准廓形上的离散点沿其法向进行偏移,得到修形后离散点的位置坐标,计算方法见式(2.13);最后以标准廓形为基准,将修形曲线的法向矢量叠加到对应的标准廓形的法向矢量上,得到修形廓形离散点处的法向矢量。

修形廓形与标准廓形对应的离散点处的法向矢量的夹角用 δ 表示,如图 2.13 所示。设修形曲线为 $y=g(x)$,则法向矢量可表示为

$$n(x)=\begin{bmatrix} -g'(x) & 1 \end{bmatrix} \tag{2.22}$$

从而

$$\delta=\arcsin[-g'(x)] \tag{2.23}$$

将标准廓形上的法向矢量绕 z 轴旋转角度 δ,则修形后的法向矢量为

$$\begin{bmatrix} n'_x \\ n'_y \\ n'_z \end{bmatrix} = \begin{bmatrix} \cos\delta & -\sin\delta & 0 \\ \sin\delta & \cos\delta & 0 \\ 0 & 0 & 1 \end{bmatrix} \begin{bmatrix} n_x \\ n_y \\ n_z \end{bmatrix} \tag{2.24}$$

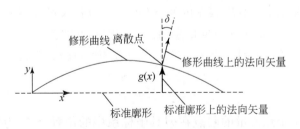

图 2.13 修形齿轮的端面廓形

结合修形后离散点的坐标及法向矢量构建新的点矢量。

2.3　点矢量族一次包络修形计算

点矢量族一次包络是指成形刀具包络齿面的过程。建立螺旋齿面与成形刀具的坐标系(图2.14),其中螺旋齿面坐标系为$O_g - x_g y_g z_g$,刀具坐标系为$O_s - x_s y_s z_s$。曲线1表示螺旋齿面的端面廓形,P_1、P_2、P_3、P_4、P_5表示廓形离散后的点矢量。曲线2表示点矢量的成形运动轨迹(空间上的螺旋线),图中的3条廓形表示运动至不同位置时点矢量的姿态。曲线3表示成形刀具的回转圆周线,r_s为刀具半径。

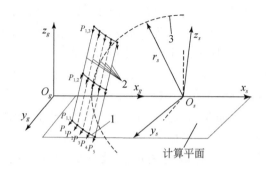

图2.14　螺旋齿面与成形刀具的坐标系

为区分点矢量运动至不同位置时的空间姿态,用$P_{i,j}$表示点矢量,其中下角标i表示廓形上离散点矢量的序号,j表示运动位置序号。图2.14中的点矢量P_1在三个不同位置分别表示为$P_{1,1}$、$P_{1,2}$、$P_{1,3}$。

2.3.1　点矢量的坐标变换

建立螺旋齿面与成形刀具坐标变换矩阵T_{sg},将螺旋齿面坐标系上的点矢量族变换到刀具坐标系中。利用起点位置$S_i(x_i, y_i, z_i)$和矢量方向$R_i(u_i, v_i, w_i)$共同表述空间点矢量P_i,而矢量方向信息由点矢量的起点位置S_i与终点位置E_i决定。点矢量的坐标变换需同时对点矢量的起点位置和终点位置进行变换。

$$\begin{cases} S_i^{(s)} = T_{sg} S_i^{(g)} \\ E_i^{(s)} = T_{sg} E_i^{(g)} \end{cases} \tag{2.25}$$

式中,$S_i^{(s)}$为第i个点矢量的起点在刀具坐标系中的位置;$S_i^{(g)}$为第i个点矢量的起点在螺旋齿面坐标系中的位置;$E_i^{(s)}$为第i个点矢量的终点在刀具坐标系中的位置;$E_i^{(g)}$为第i个点矢量的终点在螺旋齿面坐标系中的位置。

2.3.2　点矢量的投影

　　根据成形刀具的回转特性,选取刀具某一轴截面为廓形计算平面,将空间点矢量的起点绕刀具的回转轴旋转投影至计算平面,如图 2.15 所示,从而将空间点矢量族的包络变换为平面点矢量族的包络。在图 2.15 中,曲线 1 为刀具在计算平面上的廓形线,曲线 2 为点矢量的投影轨迹。

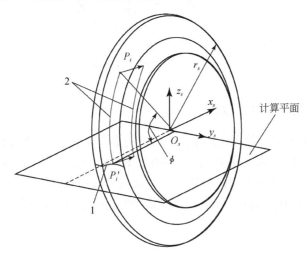

图 2.15　点矢量的旋转投影

　　为减小计算量,一般在刀具坐标系中选取 $z_s = 0$ 的平面为计算平面。旋转投影过程中点矢量的方向保持不变,即点矢量的起点和终点需转过相同的角度。旋转角度 ϕ 可由点矢量的起点位置计算:

$$\phi = \arctan\left[\frac{S_{i,z}^{(s)}}{S_{i,x}^{(s)}}\right] \tag{2.26}$$

式中,$S_{i,x}^{(s)}$ 为第 i 个点矢量的起点位置在刀具坐标系中沿 x 轴的分量;$S_{i,z}^{(s)}$ 为第 i 个点矢量的起点位置在刀具坐标系中沿 z 轴的分量。

　　在刀具坐标系中空间点矢量的起点和终点的投影关系分别为

$$\begin{cases} S_i' = T_t(\phi) S_i^{(s)} \\ E_i' = T_t(\phi) E_i^{(s)} \end{cases} \tag{2.27}$$

式中,S_i' 为投影后点矢量的起点位置;E_i' 为投影后点矢量的终点位置;$T_t(\phi)$ 为绕刀具轴线旋转角度 ϕ 的投影矩阵。

　　旋转投影后点矢量的空间方向可由起点和终点坐标分量表示为

$$\begin{cases} u_i' = E_{i,x}' - S_{i,x}' \\ v_i' = E_{i,y}' - S_{i,y}' \\ w_i' = E_{i,z}' - S_{i,z}' \end{cases} \tag{2.28}$$

式中，u_i'和v_i'分别为点矢量方向在计算平面内的投影分量；w_i'为点矢量方向垂直于投影面的分量，如图 2.16 所示，其与旋转投影后的起点重新构成平面点矢量。

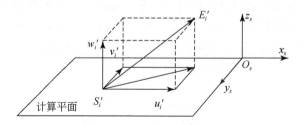

图 2.16　点矢量投影后坐标分量

2.3.3　点矢量的一次包络过程

利用上述的坐标变换及旋转投影方法，将廓形上点矢量沿成形运动轨迹形成的点矢量族表示到计算平面上，形成如图 2.17 所示的一系列平面点矢量族，从而将螺旋齿面端面廓形的空间包络转化为平面点矢量族对成形刀具廓形的包络。廓形上点矢量的空间运动轨迹与成形刀具曲面为点接触，且接触点只有一个，该接触点即点矢量族的包络点。

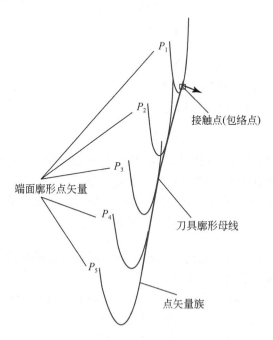

图 2.17　平面点矢量族包络过程示意图

　　图 2.18 为利用点矢量逼近算法求取点矢量族包络点的过程。根据点矢量方向的渐变性,可对点矢量逼近算法进行优化,逐个计算被考察点矢量附近的点矢量到基准线的距离并进行比较,当附近出现点矢量的距离小于被考察点矢量时,直接排除被考察点矢量,而不需要对点矢量族中所有的点矢量进行计算和比较。图 2.19 为点矢量逼近算法流程图。

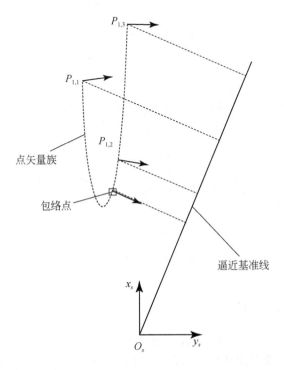

图 2.18　点矢量逼近算法求取点矢量族包络点的过程

　　当考察第 i 个点矢量族中的第 j 个点矢量时,建立的逼近基准线斜率为

$$k = -\frac{u'_{i,j}}{v'_{i,j}} \tag{2.29}$$

式中,$u'_{i,j}$ 为计算平面上被考察点矢量方向沿 x 轴的分量;$v'_{i,j}$ 为计算平面上被考察点矢量方向沿 y 轴的分量。

　　计算平面内的点矢量起点 $P_{i,j}(x,y)$ 到逼近基准线 $y = kx$ 的距离为

$$d_{i,j} = \frac{|kx - y|}{\sqrt{1 + k^2}} \tag{2.30}$$

　　利用点矢量逼近算法计算所有点矢量族的包络点,再对所有包络点进行拟合得到成形刀具廓形。

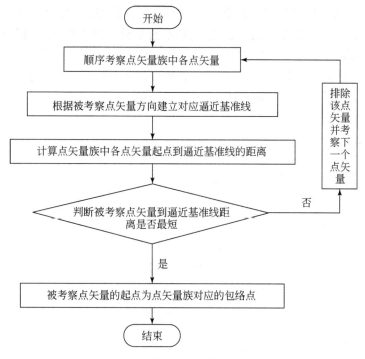

图 2.19　点矢量逼近算法流程图

2.3.4　成形刀具廓形计算

以圆柱渐开线斜齿轮为例,在实际工程中,由于存在齿顶修缘及齿根过渡圆弧,其端面廓形由多条曲线构成,且曲线间可能存在尖点。为了更为简洁地说明点矢量一次包络过程,只选取廓形中渐开线部分进行计算。右旋齿轮的端面渐开线廓形如图 2.20 所示,在齿轮坐标系中,x_g 表示齿槽对称轴,n 为齿轮基圆上的切向

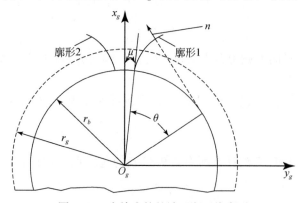

图 2.20　右旋齿轮的端面渐开线廓形

量,r_b、r_g 分别表示基圆、分度圆半径,μ 表示基圆上齿槽半角,θ 为廓形的渐开线参数。

右旋齿轮端面廓形 1 的方程及法向矢量可表示为

$$\begin{cases} x_1 = r_b\cos(\mu+\theta) + r_b\theta\sin(\mu+\theta) \\ y_1 = r_b\sin(\mu+\theta) - r_b\theta\cos(\mu+\theta) \\ z_1 = 0 \end{cases} \tag{2.31}$$

$$n = [p\sin(\mu+\theta) \quad -p\cos(\mu+\theta) \quad r_b]^{\mathrm{T}} \tag{2.32}$$

式中,μ 可表示为

$$\mu = \frac{\pi m_n}{4r_g\cos\beta} - \text{inv}(\alpha_{\tau1})$$

式中,m_n 为齿轮法向模数;β 为螺旋角;$\alpha_{\tau1}$ 为端面压力角。

设渐开线参数的起始角为 θ_s,终止角为 θ_t,按照等角度离散准则对廓形进行离散,将渐开线离散为 200 段,共对应 201 个点矢量,相邻点间的渐开线参数增量为

$$\theta_d = \frac{\theta_t - \theta_s}{200} \tag{2.33}$$

由式(2.31)和式(2.32)表述廓形上所有点矢量的位置及方向。

图 2.21 为齿轮与成形砂轮的啮合空间坐标系,$O_g\text{-}x_gy_gz_g$ 表示齿轮坐标系,

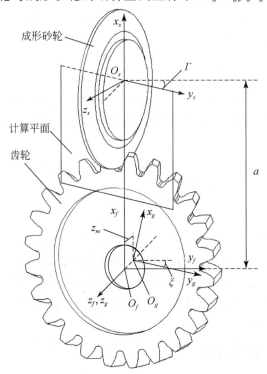

图 2.21　齿轮与成形砂轮的啮合空间坐标系

O_f-$x_f y_f z_f$ 表示惯性坐标系，O_s-$x_s y_s z_s$ 表示展成刀具坐标系。Γ 表示砂轮与齿轮的轴交角，a 表示中心距，z_m、ξ 分别表示齿轮端面廓形的螺旋运动过程中沿 z 轴的位移量和绕 z 轴的旋转角度。

1. 点矢量坐标变换

点矢量在齿轮与砂轮坐标系间的变换矩阵为

$$\begin{cases} S_i^{(s)} = T_{sf} T_{fg} S_i^{(g)} = T_{sg} S_i^{(g)} \\ E_i^{(s)} = T_{sf} T_{fg} E_i^{(g)} = T_{sg} E_i^{(g)} \end{cases}$$

$$T_{sg} = \begin{bmatrix} \cos\xi & -\sin\xi & 0 & -a \\ \cos\Gamma\sin\xi & \cos\Gamma\cos\xi & -\sin\Gamma & -z_m\sin\Gamma \\ \sin\Gamma\sin\xi & \sin\Gamma\cos\xi & \cos\Gamma & z_m\cos\Gamma \\ 0 & 0 & 0 & 1 \end{bmatrix} \tag{2.34}$$

式中，$S_i^{(g)}$ 为齿轮坐标系中点矢量的起点坐标位置；$E_i^{(g)}$ 为齿轮坐标系中点矢量的终点坐标位置；T_{sf} 为惯性坐标系到展成刀具坐标系的变换矩阵；T_{fg} 为齿轮坐标系到惯性坐标系的变换矩阵；a 为刀具与齿轮间的中心距；$S_i^{(s)}$ 为展成刀具坐标系中点矢量的起点位置；$E_i^{(s)}$ 为展成刀具坐标系中点矢量的终点位置；T_{sg} 为齿轮坐标系到刀具坐标系的变换矩阵。

2. 点矢量的旋转投影

利用坐标变换将齿轮坐标系中所有点矢量表示在成形砂轮坐标系中，再旋转投影到计算平面上形成一个新的平面点矢量族。其中，投影矩阵 $T_t(\phi)$ 表示为

$$T_t(\phi) = \begin{bmatrix} \cos\phi & 0 & \sin\phi & 0 \\ 0 & 1 & 0 & 0 \\ -\sin\phi & 0 & \cos\phi & 0 \\ 0 & 0 & 0 & 1 \end{bmatrix} \tag{2.35}$$

通过编写循环程序实现图 2.19 中的点矢量逼近算法求取所有包络点，拟合得到砂轮廓形母线。基于对点矢量逼近算法的优化考虑，在循环判断过程中，当出现某一点矢量的距离小于被考察点矢量的距离时，直接跳出循环并排除被考察点矢量，而不需要再进行剩余点矢量的计算和判断，可有效减小计算量。成形刀具廓形计算过程如图 2.22 所示。

2.3.5　计算实例及对比分析

以某一斜齿轮为例，求取成形磨削时的成形砂轮廓形，相关基本参数如表 2.1 所示。

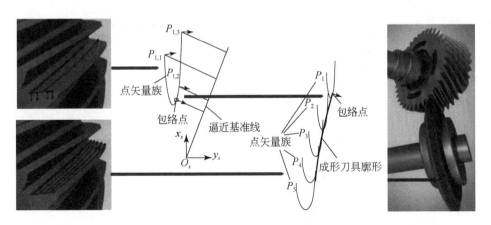

图 2.22　成形刀具廓形计算过程

表 2.1　计算实例中的相关基本参数

类别	参数名称	参数值
齿轮参数	法向模数 m_n/mm	3
	齿数 Z	70
	螺旋角 $\beta/(°)$	20
	法向压力角 $\alpha_n/(°)$	20
成形砂轮参数	齿宽 b/mm	25
	齿向鼓形修形量 δ_c/mm	17.644 26.472
	顶圆直径 d_w/mm	231.512
	砂轮宽度 b_w/mm	32
配合参数	砂轮安装角 $\Gamma/(°)$	20
	中心距 a/mm	227.4945

首先利用等角度方式将齿轮端面廓形离散为 201 个点矢量,用 i 表示廓形点矢量的序号;然后利用等距离方式对点矢量的包络运动轨迹进行离散,共离散 501 个点,用 j 表示运动位置序号。

分别利用点矢量一次包络法和传统解析法计算成形砂轮廓形,验证数字法的计算精度。图 2.23(a)为螺旋齿面上所有点矢量的起点投影至计算平面上形成的点矢量族。图 2.23(b)为两种方法的计算结果,其误差分布图如图 2.24 所示。从图中可以看出,两种方法对应砂轮廓形间的法向误差均小于 0.001μm,其中最大误差为 0.0008μm。

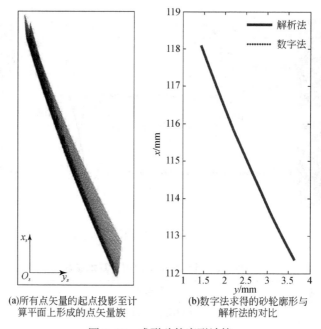

(a)所有点矢量的起点投影至计　　　　　(b)数字法求得的砂轮廓形与
算平面上形成的点矢量族　　　　　　　解析法的对比

图 2.23　成形砂轮廓形计算

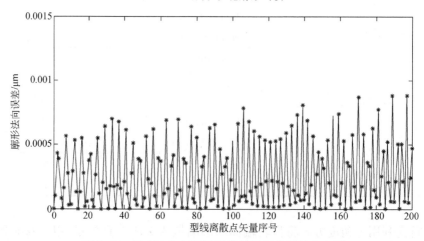

图 2.24　数字法与解析法计算结果间的误差分布图

2.4　点矢量族二次包络修形计算

2.4.1　点矢量族二次包络过程

齿轮齿面由端面廓形做螺旋运动形成,齿面再通过展成运动包络出展成刀具

(滚刀、蜗杆砂轮)廓形。因此,可将展成刀具廓形视为通过端面廓形进行二次包络形成,其中一次包络运动为端面廓形沿螺旋线的成形运动,形成螺旋齿面;二次包络运动为一次包络形成的螺旋齿面绕齿轮轴线旋转的展成运动,形成空间齿面族。

　　利用点矢量离散方法,将齿轮的端面廓形离散为一系列点矢量,将端面廓形对展成刀具的二次包络过程相应地变换成离散点矢量的二次包络过程。在整个包络过程中,需要对点矢量的一次(成形)、二次(展成)包络运动轨迹进行离散,则廓形上每一个点矢量的包络过程可用一个空间二维点矢量族进行数值仿真,如图 2.25所示。点矢量的二次包络运动过程中,一次包络运动为点矢量沿齿面螺旋线的成形运动,形成一维点矢量族;二次包络运动为一维点矢量族绕齿轮中心轴线旋转的展成运动,形成二维点矢量族。

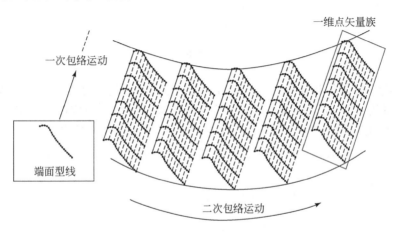

图 2.25　端面廓形点矢量的双参数运动形成二维点矢量族

　　展成刀具曲面具有螺旋特性,可看成由其轴截面廓形做螺旋运动形成。因此,可将对展成刀具螺旋曲面的空间包络变换为对展成刀具轴截面廓形的平面包络。首先,建立齿轮与展成刀具的坐标系,将齿轮廓形上每一个点矢量二次包络运动形成的二维点矢量族进行坐标变换,表示在展成刀具坐标系中;其次,选取展成刀具某一轴截面为廓形计算平面,将坐标变换后的二维点矢量族沿展成刀具螺旋线方向投影至计算平面,如图 2.26 所示,最终在计算平面上形成新的点矢量族,该点矢量族包络出最终的展成刀具轴截面廓形。

　　图 2.26 中,线 1 为点矢量族包络出的展成刀具廓形,线 2 为点矢量的螺旋投影轨迹。点矢量包含起点位置信息及方向信息,因此在进行点矢量坐标变换过程中,首先在点矢量的方向上任意选择一点为其终点,然后分别对起点坐标和终点坐标进行变换及螺旋投影,最终在计算平面内利用终点坐标减去起点坐标还原出点矢量的方向信息。

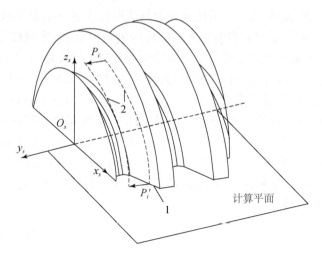

图 2.26　点矢量的螺旋投影

　　齿轮端面廓形上每一个点矢量的二次包络运动最终在计算平面上形成一个二维点矢量族,该二维点矢量族是由多个一维点矢量族组合而成(图 2.27)。利用点矢量一次包络逼近算法求取二维点矢量族中的各一维点矢量族对应的包络点,从而得到不同展成位置处的一维点矢量族包络点,形成一个新的一维点矢量族,如图

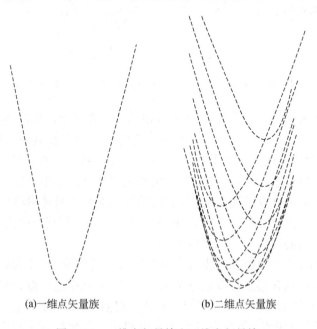

(a)一维点矢量族　　　　　　(b)二维点矢量族

图 2.27　一维点矢量族和二维点矢量族

2.28 所示,再次采用点矢量一次包络逼近算法求得最终的二维点矢量族的包络点,即为展成刀具廓形点。将二维点矢量族的包络分解为两次一维点矢量族的包络,每一个齿轮端面廓形点矢量对应的二维点矢量族均能求得一个展成刀具廓形点,拟合所有的廓形点得到展成刀具的轴截面廓形。二维点矢量族包络法流程图如图 2.29 所示。

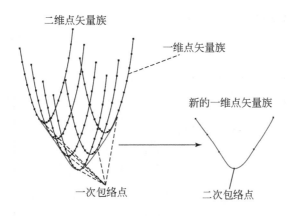

图 2.28　二维点矢量族包络过程

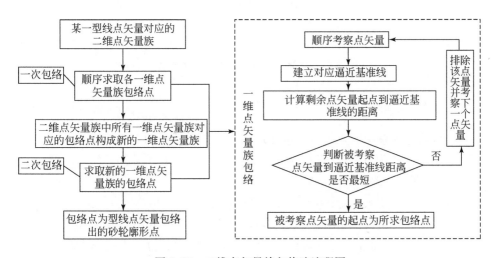

图 2.29　二维点矢量族包络法流程图

2.4.2　展成刀具廓形计算

以右旋渐开线齿轮为例,建立齿轮与展成刀具的空间啮合坐标系,如图 2.30 所示,O_g-$x_g y_g z_g$ 表示齿轮坐标系,O_f-$x_f y_f z_f$ 表示齿轮的惯性坐标系,O_s-$x_s y_s z_s$

表示展成刀具坐标系。Γ 为展成刀具与齿轮啮合时的轴交角，a 为中心距。z_m 和 ξ 分别表示齿轮端面廓形的一次包络运动（螺旋运动）沿 z 轴的移动距离和绕 z 轴的旋转角度，ξ_1 表示端面廓形的二次包络运动绕 z 轴的旋转角度。

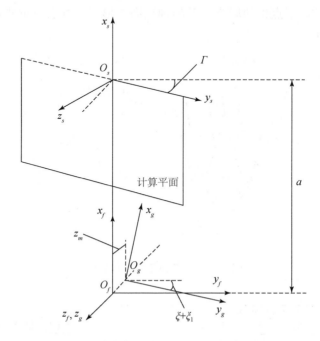

图 2.30　齿轮与展成刀具的空间啮合坐标系

1. 点矢量坐标变换

将齿轮坐标系中的点矢量表示在展成刀具坐标系中的变换矩阵为

$$\begin{cases}
S_i^{(s)} = T_{sf}T_{fg}S_i^{(g)} = T_{sg}S_i^{(g)} \\
E_i^{(s)} = T_{sf}T_{fg}E_i^{(g)} = T_{sg}E_i^{(g)} \\
T_{sg} = \begin{bmatrix}
\cos(\xi+\xi_1) & -\sin(\xi+\xi_1) & 0 & -a \\
\cos\Gamma\sin(\xi+\xi_1) & \cos\Gamma\cos(\xi+\xi_1) & -\sin\Gamma & -z_m\sin\Gamma \\
\sin\Gamma\sin(\xi+\xi_1) & \sin\Gamma\cos(\xi+\xi_1) & \cos\Gamma & z_m\cos\Gamma \\
0 & 0 & 0 & 1
\end{bmatrix}
\end{cases} \quad (2.36)$$

2. 点矢量的螺旋投影

选取展成刀具的轴截面为廓形计算平面，将齿轮坐标系中的点矢量族通过坐标变换转换到展成刀具坐标系中，再将点矢量螺旋投影至计算平面上，形成新的平面点矢量族。螺旋投影公式为

$$\phi = \arctan\left[\frac{S_{i,z}^{(s)}}{S_{i,x}^{(s)}}\right] \tag{2.37}$$

$$\begin{cases} S_i' = T_t(\phi) S_i^{(s)} \\ E_i' = T_t(\phi) E_i^{(s)} \\ T_t(\phi) = \begin{bmatrix} \cos\phi & 0 & \sin\phi & 0 \\ 0 & 1 & 0 & -L_d(Z_t\phi + Z_g\xi_1)/(2\pi) \\ -\sin\phi & 0 & \cos\phi & 0 \\ 0 & 0 & 0 & 1 \end{bmatrix} \end{cases} \tag{2.38}$$

式中,$S_{i,x}^{(s)}$ 为第 i 个点矢量的起点位置在展成刀具坐标系中沿 x 轴的分量;$S_{i,z}^{(s)}$ 为第 i 个点矢量的起点位置在展成刀具坐标系中沿 z 轴的分量;S_i' 为投影后点矢量的起点位置;E_i' 为投影后点矢量的终点位置;$T_t(\phi)$ 为绕展成刀具轴线旋转角度 ϕ 的投影矩阵;L_d 为展成刀具轴向齿距;Z_g 为被加工齿轮齿数;Z_t 为展成刀具头数。

使齿轮端面廓形移动参数 z_m 在一定范围内以很小的间距改变,旋转参数 ξ 也相应地改变,每次改变后对端面廓形上所有点矢量的起点和终点进行坐标变换及螺旋投影,可在展成刀具计算平面内得到一维点矢量族。展成磨削除了端面廓形的成形运动,还有齿轮齿面的展成运动,因此再对式(2.38)中齿轮的展成运动角度 ξ_1 进行离散,以固定步长进行变化,所有展成位置处的一维点矢量族构成最终的二维点矢量族。采用点矢量二次包络法完成对展成刀具廓形点的求取,通过编写循环程序实现图 2.29 中的二维点矢量族包络法。

2.4.3　计算实例及对比分析

为验证点矢量二次包络法的计算精度,分别对标准渐开线齿轮、鼓形修形齿轮及 K 形修形齿轮所对应的蜗杆砂轮廓形进行计算。被加工齿轮为标准圆柱斜齿轮,设计参数如表 2.2 所示。图 2.31(a)为齿形鼓形修形廓形,T_g 表示齿轮端面廓形长度,鼓度 C_a 设定为 $20\mu m$;图 2.31(b)为齿形 K 形修形廓形,K 形量 D_a 设定为 $10\mu m$。本实例中均采用左右齿面对称修形,当左右修形不对称时,需给出独立的修形参数。

表 2.2　计算实例中的设计参数

类别	参数名称	参数值
	法向模数 m_n/mm	4
	齿数 Z	48
齿轮参数	螺旋角 β/(°)	30
	法向压力角 α_n/(°)	20
	齿宽 b/mm	40

续表

类别	参数名称	参数值
蜗杆砂轮参数	齿向鼓形修形量 δ_c/mm	280
	顶圆直径 d_w/mm	160
配合参数	砂轮宽度 b_w/mm	29.068
	砂轮安装角 Γ/(°)	245.8513

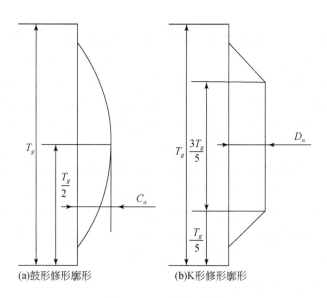

图 2.31　齿形修形曲线

　　将齿轮的端面廓形按照等长度方式进行离散,单侧廓形离散为 65 段,由 66 个离散点矢量构成。首先对标准廓形进行点矢量离散,再根据齿形修形曲线对各点矢量进行偏移,得到修形廓形的离散点矢量。将点矢量的一次包络运动轨迹离散为 100 段,二次包络运动轨迹离散为 150 段。先利用点矢量二次包络法正向计算蜗杆砂轮廓形,再利用蜗杆砂轮廓形反向计算齿轮廓形,如图 2.32 所示,并与已知齿轮廓形进行对比,验证点矢量二次包络法的计算精度。

　　1. 标准渐开线廓形

　　利用点矢量二次包络法对标准渐开线廓形进行正向计算及反向计算,结果如图 2.33 所示。反向计算齿轮廓形与已知齿轮廓形的法向误差如图 2.34 所示,误差最大值为 0.049μm。

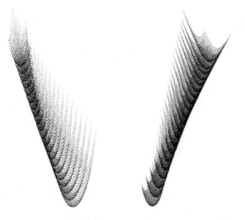

(a)正向计算砂轮廓形　　(b)反向计算齿轮廓形

图 2.32　计算平面上的二维点矢量族

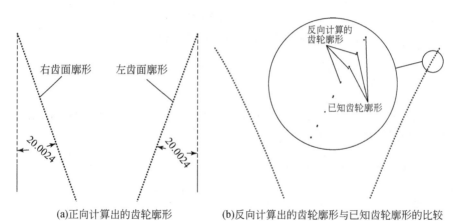

(a)正向计算出的齿轮廓形　　(b)反向计算出的齿轮廓形与已知齿轮廓形的比较

图 2.33　标准渐开线廓形正向计算和反向计算

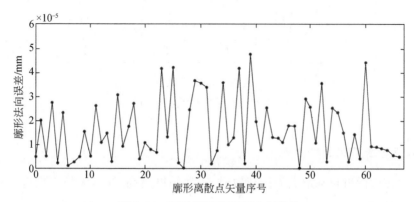

图 2.34　标准渐开线廓形法向误差

2. 鼓形修形廓形

当进行鼓形修形时,反向计算齿轮廓形与已知鼓形修形廓形的法向误差如图 2.35 所示,误差最大值为 $0.052\mu m$。

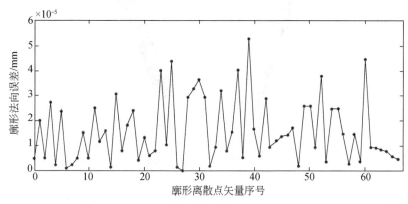

图 2.35　鼓形修形廓形法向误差

3. K 形修形廓形

当进行 K 形修形时,反向计算齿轮廓形与已知 K 形修形廓形的法向误差如图 2.36 所示,误差最大值为 $0.051\mu m$。

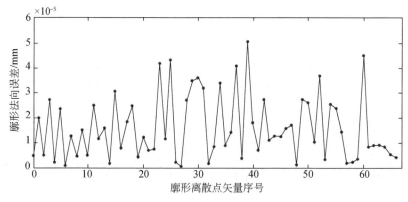

图 2.36　K 形修形廓形法向误差

4. 点矢量二次包络分析

(1)在进行齿轮廓形点矢量离散时,离散精度越高,在点矢量二次包络计算时得到的包络点越多,最终对所有包络点进行拟合时,拟合廓形与理论廓形间的误差越小,但计算量相应增大。因此,可根据计算机性能合理选择廓形离散精度。

（2）点矢量的展成运动包括一次包络运动和二次包络运动,在对点矢量运动轨迹进行离散过程中,需分别对两个运动轨迹进行离散。离散精度越高,在计算平面上形成二维点矢量族时,点矢量的分布越密集,得到的包络点也就越逼近理论包络点,即计算精度越高。因此,可根据计算精度要求合理选取点矢量的运动轨迹离散精度。

以标准渐开线齿轮的点矢量二次包络为例,分析运动轨迹离散精度与计算精度间的关系。当一次包络运动轨迹离散为 100 个离散点,二次包络运动轨迹分别离散为 50、100、200 个离散点时,反向计算的齿轮廓形与已知廓形比较的误差图如图 2.37 所示。

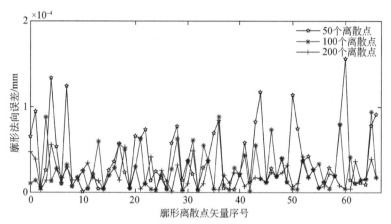

图 2.37　二次包络运动轨迹离散精度对计算结果精度的影响

当二次包络运动轨迹离散为 100 个离散点,一次包络运动轨迹分别离散为 50、100、200 个离散点时,反向计算的齿轮廓形与已知廓形比较的误差图如图 2.38 所示。

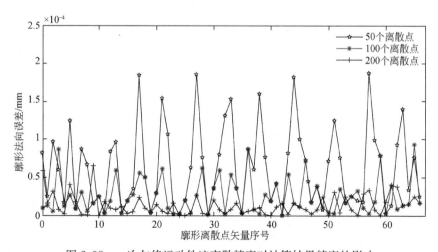

图 2.38　一次包络运动轨迹离散精度对计算结果精度的影响

参 考 文 献

[1] 章根国. 单螺杆压缩机专用加工机床蜗杆副发展现状研究[J]. 压缩机技术,2015,(2):
 61-64.

[2] 汤海川,郭枫. 基于齿轮修形的汽车变速器齿轮啸叫噪声改善研究[J]. 上海理工大学学报,
 2013,35(3):294-298.

[3] 梁锡昌. 修缘齿形的简易磨削[J]. 机械工人冷加工,1983,(1):24-25.

[4] 相涯. 渐开线圆柱齿轮齿向鼓形修形方法研究[J]. 机械传动,2018,42(6):49-52,107.

第3章　高性能齿轮加工原理误差消减方法

一方面,高性能齿轮的修形齿面缺乏标准螺旋曲面"自包络"特征,当前采用标准螺旋曲面的加工方式会产生"齿面扭曲"的工艺原理误差,导致全齿面理论修形精度无法保证;另一方面,作为齿轮粗加工的滚刀,其齿面为锥形螺旋面,多次刃磨后滚刀廓形精度下降迅速,会产生滚齿原理误差,影响后续磨齿工艺。同样为锥形螺旋面的插齿刀,一般采用大平面磨方式进行精加工,磨削原理的局限仍然存在原理性误差,降低了插齿刀精度。本章基于点矢量族包络计算理论,从综合考虑刀具廓形设计及轨迹规划角度探讨工艺原理误差消减方法,提出一种等后角的滚刀铲磨法以及插齿刀的锥形蜗杆砂轮磨削方法。

3.1　修形齿轮成形加工齿面扭曲消减方法

在修形齿轮加工中,存在各端面上切除量不均匀现象,导致齿轮廓形在齿向上发生扭转,称为齿面扭曲,其属于修形齿轮加工时的原理误差[1]。当不存在齿向修形时,齿轮齿面为标准螺旋面,各端面处的切除量相同。当存在齿向修形时,各端面处对应不同的修形量,导致切除量不均匀,从而引起齿面扭曲现象,如图 3.1 所示。

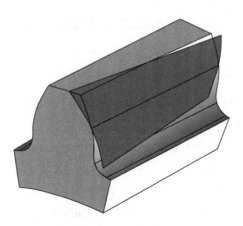

图 3.1　齿面扭曲现象

3.1.1　成形加工刀具包络面仿真

本节以成形砂轮磨削齿轮为例进行介绍。

1. 成形砂轮廓形与接触线的映射关系

在点矢量一次包络法计算过程中,旋转投影后的点矢量均保留了其投影前的原始空间位置信息。因此,可根据包络点确定其旋转投影前的空间位置坐标,其为螺旋齿面与成形砂轮的接触点,所有包络点对应的接触点构成成形加工时的瞬时接触线,如图 3.2 所示。利用瞬时接触线可进行包络过程的完整仿真。

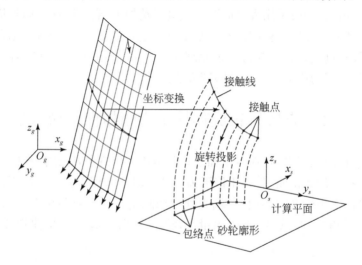

图 3.2　成形砂轮廓形与接触线间的映射关系

2. 修形齿轮成型磨的磨削接触线计算

根据成形砂轮廓形及成形加工刀具运动轨迹反向计算齿轮廓形,再利用齿轮廓形映射出对应的空间接触线。

将成形砂轮曲面上的点矢量表示在惯性坐标系 O_f 中的坐标变换方程为

$$\begin{cases} R_i^{(f)} = T_{fs} R_i^{(s)} \\ T_{fs} = \begin{bmatrix} \cos\delta_c & 0 & -\sin\delta_c & a+\Delta x \\ \sin\Gamma\sin\delta_c & \cos\Gamma & \sin\Gamma\cos\delta_c & 0 \\ \cos\Gamma\sin\delta_c & -\sin\Gamma & \cos\Gamma\cos\delta_c & 0 \\ 0 & 0 & 0 & 1 \end{bmatrix} \end{cases} \quad (3.1)$$

式中,$a+\Delta x$ 为砂轮与齿轮的中心距;δ_c 为齿向鼓形修形量;Γ 为砂轮安装角;T_{fs} 为砂轮坐标系到惯性坐标系的变换矩阵。

齿轮坐标系中螺旋投影公式为

$$\begin{cases} R_i^{(g)} = T_t(\phi) R_i^{(f)} \\ T_t(\phi) = \begin{bmatrix} \cos(\phi+\Delta c) & \sin(\phi+\Delta c) & 0 & 0 \\ -\sin(\phi+\Delta c) & \cos(\phi+\Delta c) & 0 & 0 \\ 0 & 0 & 1 & 0 \\ 0 & 0 & 0 & 1 \end{bmatrix} \end{cases} \tag{3.2}$$

式中，$\phi+\Delta c$ 为螺旋投影时绕齿轮轴线的旋转角度。

在修形齿轮加工时，反向计算齿轮廓形及接触线的方法类似于反向计算标准齿轮的廓形及接触线。其区别在于，在齿向修形时，X 轴存在附加转动量 Δx，中心距为 $a+\Delta x$；C 轴存在附加转动量 Δc，螺旋投影旋转角度为 $\phi+\Delta c$。

3. 成形砂轮包络面仿真过程

首先根据齿轮的齿向修形曲线，完成对砂轮的磨削运动轨迹的规划；然后利用点矢量一次包络法计算出砂轮在齿向上不同位置处的接触线；最后将所有的接触线构成砂轮的实际包络面(图 3.3)，即齿轮齿面。

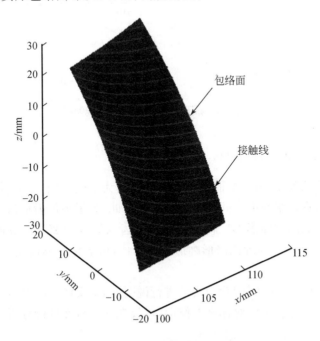

图 3.3　砂轮包络面仿真

仿真包络面是对砂轮理论运动过程的完整仿真,仿真过程不考虑机床几何误差等对砂轮运动位置精度的影响,是砂轮通过磨削运动轨迹包络出的理论齿面。包络面的仿真误差由形成包络面的接触线的疏密程度决定,因此需根据齿轮的齿宽和齿向修形曲线的变化趋势合理地选择沿齿宽方向的接触线计算步长,一般选取步长为 0.1~0.4mm。

图 3.4 为成形砂轮与齿面间的接触线,左右齿面上的接触线相对于原点对称。齿面上的接触线沿齿轮轴线 z_g 的宽度为 L_z,为了包络出完整齿宽的齿面,在齿宽方向上计算接触线的起始位置和终止位置需延长至齿轮的上端面和下端面以外的位置,延长距离为 L_z,并根据齿向修形曲线的变化趋势计算延长后的砂轮磨削起始位置和终止位置的修形量。延长后形成的砂轮包络面会超出齿轮的齿宽范围,因此只需要截取齿宽范围内有效的接触线构成最终的砂轮包络面。

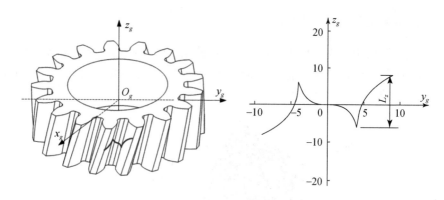

图 3.4　成形砂轮与齿面间的接触线

3.1.2　成形加工齿面扭曲分析

齿轮误差的评定是以端面廓形为基准的,其为平面曲线,点矢量一次包络法计算出的砂轮仿真包络面由空间接触线构成。因此,为了满足齿形误差评定准则,需提取仿真包络面的端面廓形。将齿轮齿面沿齿向等分为 20 份,提取出 21 个不同端面廓形(图 3.5),并与理论修形廓形进行对比,可显化修形齿轮成形磨削时的齿面误差。

以某一圆柱渐开线斜齿轮为实例进行说明,加工实例基本参数如表 3.1 所示,其中齿向修形为左右齿面对称鼓形修形,可仅选择右齿面进行分析。

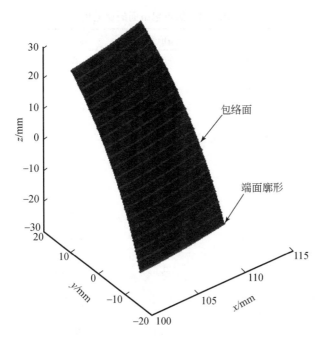

图 3.5　包络面上端面廓形的提取

表 3.1　加工实例基本参数

类别	参数名称	参数值
齿轮参数	法向模数 m_n/mm	3
	齿数 Z	70
	螺旋角 β/(°)	20
	法向压力角 α_n/(°)	20
	齿宽 b/mm	40
成形砂轮参数	齿向鼓形修形量 δ_c/mm	20
	顶圆直径 d_w/mm	231.5116
	砂轮宽度 b_w/mm	32
配合参数	砂轮安装角 Γ/(°)	20
	中心距 a/mm	227.4945

表 3.2 为在仿真包络面上提取的 21 个端面廓形的齿根、分度圆、齿顶处的误差值及廓形总误差值。仿真包络面的整体误差分布如图 3.6 所示。

表 3.2　仿真包络面的误差值

廓形序号	误差值/μm			廓形总误差/μm
	齿根	分度圆	齿顶	
1	4.98	−0.67	−7.31	−12.29
2	3.56	−0.29	−6.09	−9.65
3	2.23	−0.73	−9.43	−7.16
4	1.0	−0.73	−3.82	−4.82
5	−0.13	−0.61	−2.76	−2.63
6	−1.13	−0.6	−1.75	−0.62
7	−2.09	−0.62	−0.81	1.28
8	−2.95	−0.54	0.1	3.05
9	−3.71	−0.45	0.95	4.66
10	−4.39	−0.4	1.8	6.19
11	−4.98	−0.34	2.52	7.5
12	−5.47	−0.26	3.19	8.66
13	−5.86	−0.17	3.82	9.68
14	−6.16	−0.12	4.35	10.51
15	−6.44	−0.1	4.85	11.29
16	−6.65	0.11	5.29	11.85
17	−6.59	0.24	5.69	12.28
18	−6.51	0.26	6.03	12.54
19	−6.48	0.41	6.18	12.66
20	−6.23	0.57	6.4	12.63
21	−6.04	0.74	6.38	12.42

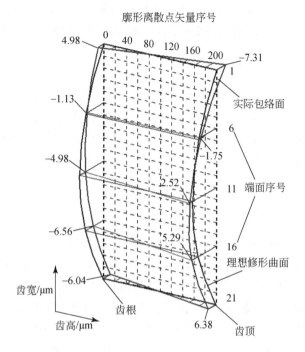

图 3.6　包络面整体误差分布

　　从仿真结果中可以看出,在各端面处,分度圆处的误差较小,齿根和齿顶处的误差较大,且齿根和齿顶处误差值的符号相反。因此,端面廓形误差主要为齿形斜率误差,齿形斜率误差为齿顶处的误差减去齿根处的误差,即整个齿形绕分度圆上的点发生了偏转,上端面廓形呈现整体负偏转,下端面廓形呈现整体正偏转,整个齿面呈扭曲状态(图 3.6),扭曲误差值为 24.7μm。此外,齿轮上、下端面处误差最大,如图 3.7 所示。

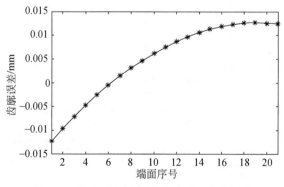

图 3.7　包络面各端面廓形总误差变化趋势

从包络面仿真结果可以看出,当加工修形齿轮时,按照常规的成形磨工艺加工会导致较大的齿面误差,形成齿面扭曲,严重地限制了齿轮的加工精度。

3.1.3　仿真包络面的误差影响因素分析

成形砂轮廓形与齿轮廓形为一对共轭廓形,因此齿轮的齿形修形不会引起齿面的原理误差[2]。在加工定导程螺旋齿面时,砂轮的标准运动轨迹也不会引起齿面误差。修形齿轮成形磨削过程中需要叠加附加运动,而附加运动会引起被加工齿面的原理误差。因此,在补偿包络面原理误差之前,需要对误差的来源进行梳理分析。

1. 接触线形态对齿面误差的影响

砂轮与齿面的接触线空间形态决定了齿轮的端面廓形,因此接触线直接影响着齿面误差。图 3.8 为齿轮的右齿面,a 表示齿轮齿顶,f 表示齿根,齿向修形为鼓形修形。在砂轮加工齿面过程中,廓形 1 的齿顶、分度圆、齿根分别对应于 3 条在齿向上位置不相同的接触线,各位置对应着不同的修形量及修形运动,导致齿轮廓形存在误差。fH_{a_1} 表示廓形 1 的齿形斜率误差,fH_{a_2} 表示廓形 2 的齿形斜率误差。从图 3.8 中分析可知,廓形 1 的斜率误差 fH_{a_1} 为负值,廓形 2 的斜率误差 fH_{a_2} 为正值,与包络面仿真实例计算结果吻合。

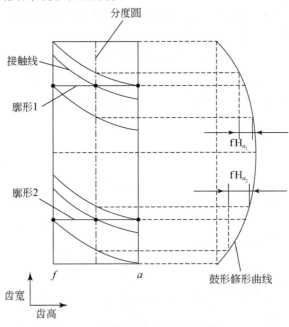

图 3.8　接触线引起的齿面误差

以齿轮上端面廓形为例,根据接触线形态和齿向修形曲线建立廓形误差的计算模型。如图 3.9 所示,三条接触线分别为廓形的齿顶、分度圆和齿根处的接触线,L_z 为接触线沿齿向的宽度,L_f 为接触线沿齿向从分度圆到齿根的宽度,L_a 为接触线沿齿向从齿顶到分度圆的宽度。$g(a)$、$g(r)$、$g(f)$ 分别表示齿顶、分度圆、齿根接触线对应的修形量,fH_r 表示廓形的总斜率误差,fH_a 表示齿顶斜率误差,fH_f 表示齿根斜率误差。

$$\begin{cases} fH_r = g(a) - g(f) \\ fH_a = g(a) - g(r) \\ fH_f = g(r) - g(f) \end{cases} \tag{3.3}$$

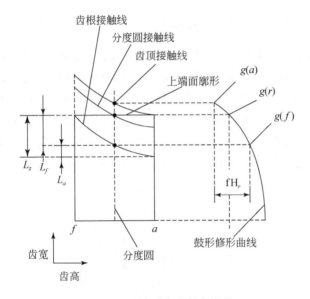

图 3.9　上端面廓形斜率误差

计算实例中,砂轮与齿面的接触线沿齿宽方向的宽度 L_z 为 6.56mm,L_a 为 3.58mm,L_f 为 2.98mm,齿向总的鼓形修形量 δ_c 为 20μm,则齿顶、分度圆、齿根处对应的修形量分别为

$$\begin{cases} g(a) = \delta_c - \delta_c \left[\dfrac{2(b/2 + L_a)}{b} \right]^2 \\ g(r) = \delta_c - \delta_c \left(\dfrac{b}{b} \right)^2 \\ g(f) = \delta_c - \delta_c \left[\dfrac{2(b/2 - L_f)}{b} \right]^2 \end{cases} \tag{3.4}$$

计算实例中,被加工齿轮的齿宽 b 为 40mm,将其代入式(3.4)得

$$\begin{cases} g(a) = -7.81 \\ g(r) = 0 \\ g(f) = 5.51 \end{cases} \tag{3.5}$$

因此,总斜率误差为 $-13.32\mu m$。采用同样方式可求出任意端面廓形的斜率误差。

在修形齿轮加工时,接触线与齿轮廓形不平行,齿轮廓形沿齿高方向上对应着不同的修形量,导致齿顶和齿根廓形间存在高度差。当降低接触线在齿向上的高度差 L_z 时,可减小齿面误差。因此,可通过改变接触线的形态达到减小齿面误差的目的。

2. X 轴附加转动对齿面误差的影响

X 轴附加转动不改变齿轮廓形形状,仅相当于改变加工时的中心距,即将齿轮廓形沿中心距方向(X 轴)进行偏移。如图 3.10 所示,廓形 1 表示标准中心距对应的齿轮廓形,廓形 2 表示砂轮存在附加转动量 Δx 时对应的齿轮廓形。齿轮廓形上各处的压力角不相同,从齿根到齿顶逐渐变大。当 X 轴附加转动 Δx 时,齿顶、齿根处廓形法向偏移距离 Δx_a 和 Δx_f 不相等。压力角越大,附加转动导致的偏移距离也越大。因此,廓形上各处的法向偏移距离不相同,引起齿轮廓形产生斜率误差。

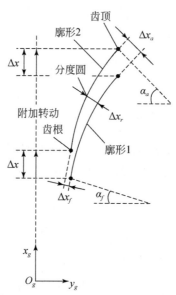

图 3.10　X 轴附加转动引起的齿面误差

在图 3.10 中,廓形 2 为廓形 1 沿 X 轴方向平移 Δx 距离后的端面廓形,Δx_r 表示端面廓形的齿向修形量,其与附加运动量 Δx 的关系可表示为

$$\Delta x = \frac{\Delta x_r}{\cos\beta\sin\psi} \tag{3.6}$$

式中,Δx_r 为端面处的齿向修形量;β 为齿轮的螺旋角;ψ 为齿轮廓形在节圆处的发生线与水平方向(X 轴)的夹角,其表达式为

$$\psi = \alpha_\tau + \frac{\pi}{2Z_g} \tag{3.7}$$

则齿形在齿顶、齿根处沿各自法向的偏移距离 Δx_a、Δx_f 分别为

$$\begin{cases} \Delta x_a = \Delta x \sin\alpha_a \\ \Delta x_f = \Delta x \sin\alpha_f \end{cases} \tag{3.8}$$

式中,α_a 为廓形齿顶处的法向与水平方向的夹角;α_f 为廓形齿根处的法向与水平方向的夹角。

夹角大小可根据渐开线函数求得,即

$$\begin{cases} \alpha_a = \mu + \theta_a \\ \alpha_f = \mu + \theta_f \end{cases} \tag{3.9}$$

式中,μ 为基圆上齿槽半角;θ_a 为廓形渐开线参数起始角;θ_f 为廓形渐开线参数终止角。

在计算实例中,α_a 为 17.91°、α_f 为 26.74°。齿宽中心截面的齿向修形量为 20μm,附加运动量 Δx 为 56.98μm。利用式(3.7)、式(3.8)计算出该端面处的偏移距离 Δx_a、Δx_f 分别为 25.64μm、17.52μm。

因此,由 X 轴附加运动引起的齿形斜率误差为

$$fH_r = \Delta x_a - \Delta x_f = 8.12\mu m \tag{3.10}$$

齿轮廓形在齿根和齿顶处的渐开线参数决定了 X 轴附加运动对齿形误差影响的大小,两者差距越大,廓形产生的齿形斜率误差越大。

3. C 轴附加转动对齿面误差的影响

C 轴附加转动可在齿槽的左右齿面上产生相反的齿向修形量,其等同于将齿轮廓形绕中心轴旋转角度 Δc,如图 3.11 所示。C 轴附加转动不改变齿轮廓形的形状和压力角,仅改变其相位,廓形 1 绕 C 轴旋转 Δc 形成廓形 2。r_f 表示齿根圆半径,r_a 表示齿顶圆半径。分度圆处的齿向修形量与 C 轴附加转动旋转角度 Δc 的关系可表示为

$$\Delta c = \frac{2\pi\Delta x_r}{\pi m_n Z_g \cos\alpha_\tau} \tag{3.11}$$

式中，α_τ 为齿轮的端面压力角；Z_g 为齿轮的齿数。

齿形在齿顶、齿根处的偏移距离 Δx_a、Δx_f 分别为

$$\begin{cases} \Delta x_a = r_a \Delta c \\ \Delta x_f = r_f \Delta c \end{cases} \tag{3.12}$$

在计算实例中，r_a 为 96.175mm、r_f 为 90.175mm。齿宽中心截面处的齿向修形量为 20μm，其对应的 C 轴附加转动旋转角度 Δc 为 0.0124°。利用式(3.12)可计算出偏移距离 Δx_a、Δx_f 分别为 20.8μm、19.5μm。

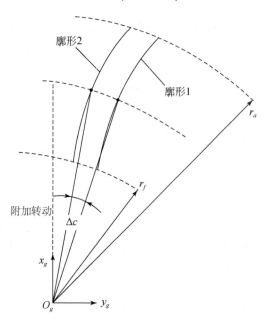

图 3.11 C 轴附加转动引起的齿面误差

因此，由 C 轴附加转动引起的齿形斜率误差为

$$fH_r = \Delta x_a - \Delta x_f = 1.3\mu m \tag{3.13}$$

齿轮的全齿高决定了 C 轴附加转动对齿形误差影响的大小，通常全齿高相比于分度圆半径较小，廓形产生的齿形误差也较小。

3.1.4 成形加工齿面误差消减方法

综上，接触线空间形态和 X 轴附加转动是引起齿面误差的主要因素。因此，可从误差根源出发，减小或消除由修形引起的齿面误差。

1. 减小接触线形态引起的齿面误差

相比于展成加工,成形加工在廓形修整及刀具姿态调整方面都具有很高的自由度。改变砂轮安装角,由齿轮廓形计算得到的砂轮廓形会发生变化,则由砂轮廓形求得的接触线也会发生变化,因此成形砂轮安装角对接触线的形态具有很重要的作用。

在加工过程中,可适当调整砂轮安装角 Γ,减小接触线沿齿向的高度差,从而减小齿面误差。在砂轮安装角重新调整后,需根据当前安装角重新计算砂轮廓形。以表 3.1 中参数为例分析接触线,图 3.12 反映了实例在砂轮安装角分别为 22.5°、20°、17.5°时接触线的位置及形状。当砂轮安装角为 22.5°时,接触线沿齿宽的高度差为 10.8mm;当砂轮安装角为 20°时,接触线的高度差为 6.56mm;当砂轮安装角为 17.5°时,接触线的高度差为 2.24mm。设砂轮安装角在 17.5°～22.5°逐步变化,计算相应的接触线高度差。图 3.13 为接触线高度差随砂轮安装角的变化趋势,显然接触线高度差先减小,后增大,由此可得出砂轮安装角最优值为 17.96°。从图 3.13 中可以看出,砂轮安装角对接触线的位置及空间形态有很大的影响。

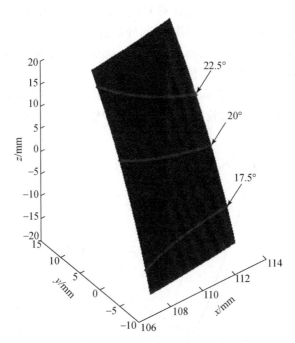

图 3.12　接触线的位置及形状

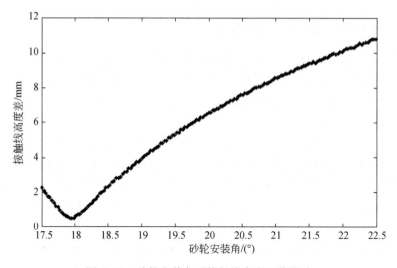

图 3.13　砂轮安装角对接触线高度差的影响

2. 减小 X 轴附加转动引起的齿面误差

在齿轮磨削过程中,成形砂轮廓形只能是固定的,而在加工修形齿轮时,由于存在 X 轴的附加转动量,在齿轮不同端面处形成的廓形不再相同。在计算砂轮廓形时,选取的齿轮廓形不同导致所算出的砂轮廓形也会存在差别。在工程应用中,需要对砂轮廓形进行优化处理,使齿面误差均匀分布。

等距选取齿向上 21 个齿向修形后的端面廓形,并计算对应的砂轮廓形;将 21个砂轮廓形表示在同一个砂轮轴截面上,形成砂轮整体廓形点云,如图 3.14(a)所

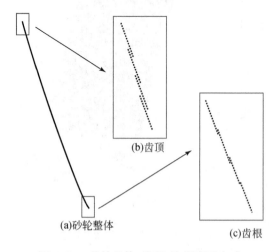

图 3.14　砂轮整体、齿顶、齿根廓形点云

示。图 3.14(b)、(c)分别表示砂轮齿顶、齿根处的廓形点云分布情况,从图中可以看出,每一个齿轮廓形点矢量对应的砂轮廓形点云均在一条直线上。将每个齿轮廓形对应的砂轮廓形点云作为优化区间,求取最优砂轮廓形点。

设某一优化区间中各砂轮廓形点的坐标为$(x(i),y(i))(i=1,2,3,\cdots)$。选取每个点云区间 x 坐标最大的点为特征点 $1(x(1)=\max x(i))$,x 坐标最小的点为特征点 $2(x(2)=\min x(i))$,再由两特征点计算点云区间的中间点作为优化的砂轮廓形拟合点,如图 3.15 所示。

$$\begin{cases} x_n=[x(1)+x(2)]/2 \\ y_n=[y(1)+y(2)]/2 \end{cases} \qquad (3.14)$$

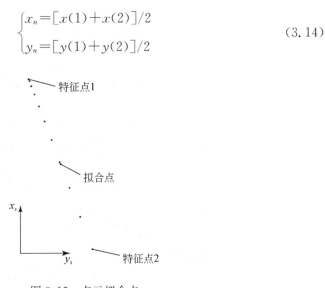

图 3.15　点云拟合点

同理,求解并拟合所有优化区间内的砂轮廓形拟合点,构成一条误差平均化的砂轮廓形曲线。

3.1.5　计算实例及结果分析

以表 3.1 中所示实例分析两种齿面误差减小方法的效果。

1. 砂轮安装角优化

优化后的砂轮安装角 Γ 为 $17.96°$,图 3.16(a)为仿真包络面从上端面到下端面的齿形误差变化趋势,图 3.16(b)显示了仿真包络面三个端面的齿形误差,其中廓形 1、廓形 11 和廓形 21 分别表示齿面的上、中、下三个端面廓形。

砂轮安装角优化后,齿轮的上、中、下三个端面的齿形误差分别为$-0.49\mu m$、$8.2\mu m$、$0.57\mu m$,齿面扭曲量为$-1.06\mu m$。由此可知,齿轮上、下端面的齿形误差

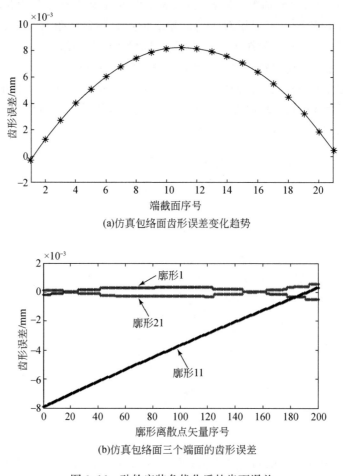

(a)仿真包络面齿形误差变化趋势

(b)仿真包络面三个端面的齿形误差

图 3.16　砂轮安装角优化后的齿面误差

基本得到消除,但齿宽中心处还存在残余误差,其主要由 X 轴附加转动量引起。因此,砂轮安装角优化可基本消除由接触线高度差产生的齿面误差。

2. 砂轮廓形优化

砂轮安装角优化后,在齿面上还残留着由 X 轴附加运动量引起的齿面误差。因此,还需要对砂轮廓形进行优化。图 3.17(a)为砂轮廓形优化后仿真包络面从上端面到下端面的齿形误差变化趋势,图 3.17(b)显示了仿真包络面三个端面的齿形误差,其中廓形 1、廓形 11 和廓形 21 分别表示齿面的上、中、下三个端面廓形。

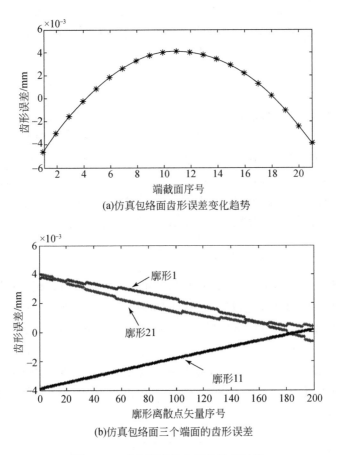

(a)仿真包络面齿形误差变化趋势

(b)仿真包络面三个端面的齿形误差

图 3.17 砂轮廓形优化后的齿面误差

砂轮廓形优化后,齿轮上、下端面的齿形误差分别为 $-4.43\mu m$、$3.68\mu m$;齿轮中间截面的齿形误差为 $4.12\mu m$;最大齿形误差降为 $4.43\mu m$,减少了 46%;齿面扭曲量为 $-0.75\mu m$。由此可知,砂轮廓形优化可有效消除由 X 轴附加运动量引起的齿面误差。

3.2 修形齿面展成加工误差消减方法

3.2.1 修形齿面展成加工误差分析及建模

在成形加工中,接触线的空间形态及 X 轴附加运动是引起齿面误差的主要因素。在展成加工修形斜齿轮时,齿面也会产生扭曲现象。现阶段齿轮的测量一般只在某一齿宽位置(通常为齿宽中间位置)测量齿形误差,其测量结果不能真实反映齿面扭曲情况,故实际生产中的齿面扭曲现象往往被忽略。下面以蜗杆砂轮展成磨削修形斜齿轮为例进行详细说明。

1. 蜗杆砂轮展成磨齿时的接触迹计算

当采用点矢量二次包络法计算蜗杆砂轮廓形及反向计算齿轮廓形时,经过坐标变换和螺旋投影后的点矢量均保留了其原始的位置坐标信息。因此,可利用包络点反映射出螺旋投影前的位置坐标,其为螺旋齿面与蜗杆砂轮的实际接触点,所有包络点对应的接触点构成展成加工时的接触迹。借鉴 3.1 节中给出的成形砂轮包络面仿真方法,结合修形时蜗杆砂轮的磨削轨迹,计算在齿宽不同位置处的接触迹,并利用所有的接触迹对蜗杆砂轮包络面进行仿真分析。

2. 展成加工时齿面扭曲产生原因分析

当蜗杆砂轮磨削齿轮时,蜗杆砂轮与齿轮啮合为点接触。接触点随着齿面进入啮合到脱离啮合的过程而连续变化,从而在齿面上形成一条接触迹。在齿轮坐标系中,将接触迹表示在齿轮的基圆柱切平面内,如图 3.18 所示,并将齿轮的齿面展开为平面矩形,齿面的齿高和齿宽分别为 L_α、L_β,其中 L_α 表示接触迹沿径向的长度,L_β 表示齿面沿轴线方向的宽度。齿面上的接触迹与端面廓形间的夹角为齿轮的基圆螺旋角 β_b,接触迹上点 P_f、P_r、P_a 分别表示齿轮的齿根圆、分度圆、齿顶圆处的接触点。

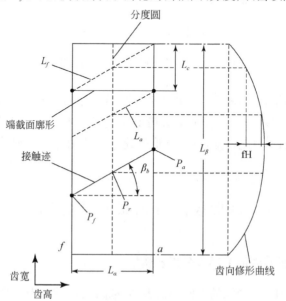

图 3.18　齿面上的接触迹

蜗杆砂轮沿着齿轮齿向运动,会在齿面上形成一条条接触迹。因接触迹与齿轮端面的夹角始终为 β_b,故蜗杆砂轮沿齿轮宽度方向的连续运动在齿面上形成一系列相互平行的接触迹,所有的接触迹构成被加工的齿面。一条接触迹对应的蜗杆砂轮的位置是相同的,因此同一条接触迹上所有接触点在齿面上的高度相同,即对应相同的齿向修形量。

由于齿轮的端面廓形与接触迹之间存在角度 β_b,同一个齿轮端面廓形是由不同的接触迹共同形成的。图 3.18 所示的接触迹 L_f、L_a 分别为端面廓形的齿根、齿顶对应的接触迹,其位于齿轮齿向上的不同位置,分别对应着不同的齿向修形量,由此在齿轮端面廓形的齿根和齿顶处产生高度差 fH,引起了齿轮的齿形误差。齿向修形曲线沿齿宽方向具有渐变性,因此齿轮的端面齿形误差也是一个渐变的过程。

由上面的分析可知,端面齿形误差量的大小主要是由齿向修形曲线上的高度差 fH 决定的,而高度差 fH 可通过修形曲线方程和接触迹沿齿宽方向的长度 L_c 计算得到。长度 L_c 由啮合线的长度和夹角 β_b 决定,当被加工齿轮的螺旋角较大时,引起的齿形误差量也较大;当被加工齿轮为直齿轮时,其角度 β_b 为 0,则不会引起齿形误差。因此,齿向修形直齿轮不存在齿面扭曲现象。

3.1 节针对修形齿轮成形磨削时齿面误差产生的原因进行了研究,除了接触线形态,加工刀具的附加运动也会引起齿面误差。然而,成形砂轮廓形为一条反渐开线曲线,而蜗杆砂轮廓形近似为一条直线,其整个廓形上的压力角变化很小。因此,蜗杆砂轮磨齿过程中的齿面误差只是由接触线的空间形态引起的,刀具的附加运动不会引起齿面误差。

3. 齿面扭曲量的计算模型

齿轮误差是指同一端面廓形上齿顶误差与齿根误差之差[3]。由于齿面的各个端面廓形均存在齿形误差,而且齿形误差随着齿向修形曲线连续变化,一般齿面的上、下端面处的齿形误差的绝对值最大,而且上、下端面处的齿形误差一个为正值,另一个为负值。通常,齿面扭曲量以上、下端面廓形处的最大齿形误差的差值评定。

在蜗杆砂轮双面磨削齿轮过程中,某一瞬时啮合线在齿轮左右齿面上分别形成一个接触点,啮合线与齿轮的端面间存在夹角 β_b,因此左右齿面的接触点在齿宽方向上存在高度差,如图 3.19 所示。当蜗杆砂轮在齿宽某一位置处做展成运动时,分别在齿槽的左右齿面上形成一条接触迹,两条接触迹在分度圆处的接触点沿齿宽方向的高度差为 $2S_v$。

$$S_v = \frac{\pi m_n \sin\beta_b}{4} \tag{3.15}$$

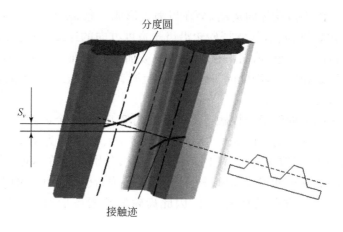

图 3.19　左右齿面接触迹高度差

在计算齿面的扭曲量时,首先根据图 3.18 中的齿形误差产生机理计算齿面上、下端面处的齿形误差值。以右旋齿轮为例,分析齿槽左右齿面上接触迹与齿形误差的关系。在图 3.20 中,左边矩形为齿轮齿槽的左齿面,右边矩形为齿轮齿槽的右齿面,当蜗杆砂轮运动至齿轮宽度中心处时,在齿槽的左右齿面上分别形成接触迹 1 和接触迹 2,两条接触迹沿齿宽方向的高度差为 $2S_v$。

图 3.20 中,B_1B_2 表示蜗杆砂轮与齿轮啮合时的啮合线长度,其中 B_1P 表示分度圆接触点与齿顶圆接触点间的啮合线长度,PB_2 表示分度圆接触点与齿根圆接触点间的啮合线长度。根据空间啮合关系计算出砂轮与齿轮的啮合线长度为

$$\begin{cases} B_1P = \dfrac{r_{b1}(\tan\alpha - \tan\alpha_1)}{\sin\lambda_{o1}} \\ PB_2 = \dfrac{r_{b2}(\tan\alpha' - \tan\alpha_2)}{\sin\lambda_{o2}} \\ B_1B_2 = \dfrac{r_{b1}(\tan\alpha - \tan\alpha_1)}{\sin\lambda_{o1}} + \dfrac{r_{b2}(\tan\alpha' - \tan\alpha_2)}{\sin\lambda_{o2}} \end{cases} \tag{3.16}$$

式中,r_{b1} 为齿轮的基圆半径;α 为齿轮齿顶圆压力角;α_1 为齿轮分度圆压力角;λ_{o1} 为齿轮的基圆导程角;r_{b2} 为蜗杆砂轮的基圆半径;α' 为砂轮齿顶圆压力角;α_2 为砂轮分度圆压力角;λ_{o2} 为砂轮的基圆导程角。

啮合线沿齿宽方向的长度为

$$\begin{cases} L_a = B_1P\sin\beta_b \\ L_f = PB_2\sin\beta_b \\ L_c = B_1B_2\sin\beta_b \end{cases} \tag{3.17}$$

式中,L_a 为接触迹的齿顶部分沿齿宽方向的长度;L_f 为接触迹的齿根部分沿齿宽方向的长度;L_c 为接触迹沿齿宽方向的总长度。

当蜗杆砂轮沿齿向运动时,同时在齿轮左右齿面上产生接触迹,因此左右齿面上接触迹的齿顶、齿根部分沿齿宽方向的长度相等。

设右齿面为齿向鼓形修形,建立图 3.20 所示的右齿面上、下端面处的齿形误差模型。其中,上端面廓形的齿根和齿顶分别对应接触迹 3 和 4,下端面廓形的齿根和齿顶分别对应接触迹 5 和 6。

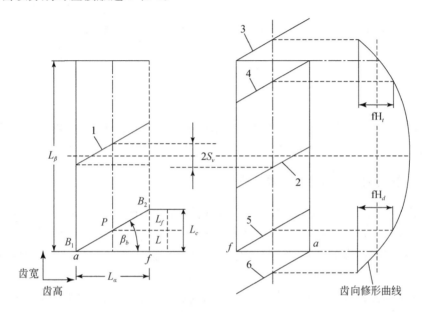

图 3.20　接触迹与齿形误差的关系

接触迹 3 和 4 在分度圆处对应的修形量分别为

$$\delta_c(3)=\delta_c-\delta_c\left[\frac{2(b/2+L_f)}{b}\right]^2 \tag{3.18}$$

$$\delta_c(4)=\delta_c-\delta_c\left[\frac{2(b/2-L_a)}{b}\right]^2 \tag{3.19}$$

式中,δ_c 为齿向总修形量;b 为齿轮齿宽。

上端面廓形的齿形误差值为

$$\begin{aligned} fH_t &=\delta_c(4)-\delta_c(3) \\ &=\delta_c\left[\frac{2(b/2+L_f)}{b}\right]^2-\delta_c\left[\frac{2(b/2-L_a)}{b}\right]^2 \end{aligned} \tag{3.20}$$

同理,接触迹 5 和 6 在分度圆处对应的修形量分别为

$$\delta_c(5)=\delta_c-\delta_c\left[\frac{2(-b/2+L_f)}{b}\right]^2 \tag{3.21}$$

$$\delta_c(6)=\delta_c-\delta_c\left[\frac{2(-b/2-L_a)}{b}\right]^2 \tag{3.22}$$

下端面廓形的齿形误差值为

$$fH_d = \delta_c(6) - \delta_c(5)$$
$$= \delta_c\left[\frac{2(-b/2+L_f)}{b}\right]^2 - \delta_c\left[\frac{2(-b/2-L_a)}{b}\right]^2 \qquad (3.23)$$

则右齿面的扭曲量可表示为

$$T_R = fH_t - fH_d$$
$$= \delta_c\left[\frac{2(b/2+L_f)}{b}\right]^2 - \delta_c\left[\frac{2(b/2-L_a)}{b}\right]^2 - \delta_c\left[\frac{2(-b/2+L_f)}{b}\right]^2 + \delta_c\left[\frac{2(-b/2-L_a)}{b}\right]^2$$

$$= \frac{8\delta_c}{b}(L_f+L_a)$$

$$(3.24)$$

由式(3.24)可知,齿面扭曲量的大小正比于齿向总修形量 δ_c 和接触迹沿齿宽方向的总长度 L_c,反比于齿宽 b。

3.2.2　展成加工齿面误差消减方法

3.1 节、3.2.1 节对齿面扭曲的产生机理进行了研究并建立了扭曲量计算模型,齿向修形斜齿轮在传统的展成加工过程中必然会产生齿面扭曲现象,且不同截面处齿形误差在齿宽方向上连续变化。端面齿形误差由齿顶和齿根处的接触点高度差引起,该误差为齿形斜率误差,可将齿形斜率误差转换为齿形的压力角误差,通过补偿蜗杆砂轮压力角的方式实现对齿轮压力角的补偿。因此,可采用补偿齿轮所有端面压力角的方式来纠正齿面扭曲现象。

当蜗杆砂轮对角磨削齿轮时,蜗杆砂轮在进行磨削冲程的同时,砂轮还会沿自身轴线(Y 轴)做连续窜刀运动。根据 Z 轴与 Y 轴之间的对角比确定齿轮端面与蜗杆砂轮轴截面间的对应关系,将砂轮的磨削冲程轨迹离散成一系列位置点,分别计算各个磨削位置处齿轮左右廓形的压力角误差值,再反向补偿对应的蜗杆砂轮轴截面处的廓形压力角。齿轮左右齿面廓形压力角误差沿齿宽方向是连续变化的,因此对应的蜗杆砂轮廓形压力角补偿值沿砂轮宽度方向也是连续变化的。

蜗杆砂轮磨削工艺一般分为粗磨、精磨两个步骤,因此将蜗杆砂轮在宽度方向上划分为粗磨区、精磨区及中间过渡区(图 3.21),利用对角磨削原理使得齿轮端面与蜗杆砂轮轴截面呈严格的对应关系。在砂轮的整个宽度上根据粗磨、精磨时的对角比及其与齿轮啮合时的啮合线沿轴线的长度进行磨削分区。其中,中间过渡区(P_3-P_4)的长度为啮合线沿砂轮轴线的长度,粗磨区(P_2-P_3)、精磨区(P_4-P_5)的长度由其对应的对角比 D 及磨削冲程长度 L 决定。对于磨削余量,粗磨大于精磨。因此,设定粗磨区的长度大于精磨区的长度,通常选取精磨区对角比 D_2 为 1.2~1.5,再根据长度关系计算粗磨区对角比 D_1。

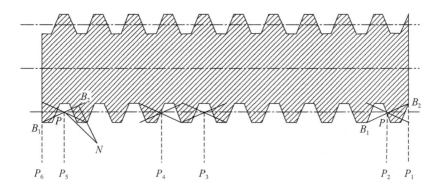

图 3.21　蜗杆砂轮宽度方向上磨削分区

图 3.21 中, N 表示啮合线, B_1、B_2 分别表示啮合线的两端, P 表示两条啮合线的交点。蜗杆砂轮分区后各段长度分别为

$$\begin{cases} L_{P_1P_2}=L_{PB_2}\cos\lambda_b \\ L_{P_5P_6}=L_{PB_1}\cos\lambda_b \\ L_{P_3P_4}=L_{P_1P_2}+L_{P_5P_6} \\ L_{P_4P_5}=LD_2 \\ L_{P_2P_3}=LD_1 \end{cases} \tag{3.25}$$

式中, λ_b 为蜗杆砂轮的基圆导程角。

根据砂轮轴截面与齿轮端面的严格对角比关系,利用各齿轮端面处左右齿面廓形的斜率误差值计算出对应的砂轮廓形压力角补偿值,在砂轮修整过程中相应地改变砂轮的廓形压力角。针对左右齿面廓形斜率误差值的不同情况,分别采用两种齿面扭曲补偿方式:第一种为偏转金刚滚轮的方式,用于左右齿面廓形的斜率误差值呈相反数的情况;第二种为改变蜗杆砂轮轴向导程的方式,用于左右齿面廓形的斜率误差值相同的情况。

1. 偏转金刚滚轮

采用第一种齿面扭曲补偿方法,在砂轮修整过程中,通过连续偏转金刚滚轮的摆角(图 3.22),使砂轮的左右齿面廓形压力角呈相反数变化,以补偿齿轮磨削时产生的扭曲。当滚轮向右偏转角度 $\Delta\alpha$ 时,砂轮的左齿面廓形压力角减小 $\Delta\alpha$,右齿面廓形压力角增大 $\Delta\alpha$;当滚轮向左偏转角度 $\Delta\alpha$ 时,砂轮左齿面廓形压力角增大 $\Delta\alpha$,右齿面廓形压力角减小 $\Delta\alpha$。因此,可得滚轮偏转角度 $\Delta\alpha$ 与齿轮左右齿面廓形斜率误差的关系为

$$\Delta\alpha = \arctan\left(\frac{\Delta\alpha_l - \Delta\alpha_r}{2L_c}\right) \tag{3.26}$$

式中，$\Delta\alpha_l$ 为齿轮左齿面廓形的斜率误差值；$\Delta\alpha_r$ 为齿轮右齿面廓形的斜率误差值；L_c 为齿轮的廓形长度。

由图 3.22(a)中金刚滚轮偏转示意图可看出，滚轮的偏转中心存在偏移量，因此当滚轮偏转角度 $\Delta\alpha$ 时，其初始节线宽度中心点会发生偏移，如图 3.22(b)所示。修整砂轮时为保证砂轮的导程及螺旋角不发生改变，需要对偏转后滚轮节线宽度中心点位置误差进行补偿。将滚轮的偏转看成刚体的旋转，建立位置误差计算模型，最后采用移动砂轮的方式完成位置误差补偿。图 3.22 中，O 表示滚轮的偏转中心，A 表示偏转前节线宽度中心点，B 表示偏转后节线宽度中心点，x_0 表示滚轮旋转中心 X 轴的偏移量，y_0 表示滚轮旋转中心 Y 轴的偏移量，$\Delta\alpha$ 表示滚轮偏转角度，r_1 表示滚轮的节圆半径，Δx_1、Δy_1 表示滚轮节线宽度中心点位置误差值，分别计算如下：

$$r = \sqrt{(x_0 + r_1)^2 + y_0^2} \tag{3.27}$$

$$\theta_1 = \arctan\left(\frac{x_0 + r_1}{y_0}\right) \tag{3.28}$$

$$\theta_2 = \theta_1 - \Delta\alpha \tag{3.29}$$

$$\begin{cases} \Delta x_1 = r(\sin\theta_2 - \sin\theta_1) \\ \Delta y_1 = r(\cos\theta_2 - \cos\theta_1) \end{cases} \tag{3.30}$$

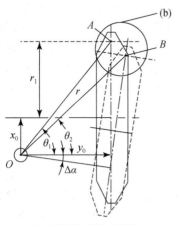

(a)金刚滚轮偏转示意图

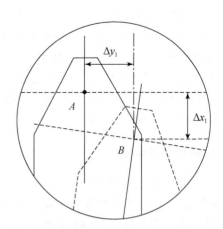

(b)初始节线宽度中心点偏移示意图

图 3.22　金刚滚轮偏转示意图

按上述方法进行第一次位置误差补偿后,可使节线宽度中心点 A、B 重合。但还必须对滚轮的位置进行二次补偿,保证滚轮在当前偏转角度下,其节线与左右廓形的交点重合于未进行偏转前的交点,使得偏转后的滚轮位置满足以下两个条件:

(1)滚轮偏转后节线处齿宽等于偏转前节线处齿宽。

(2)偏转后节线与左右廓形的交点到齿宽中心点距离相等。

建立滚轮齿形及节线的偏转模型,如图 3.23(a)所示,根据几何关系,计算滚轮当前节线宽度中心点的位置误差二次补偿量。

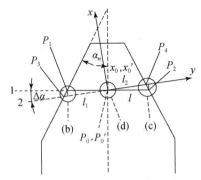

(a)滚轮齿形及节线的偏转模型

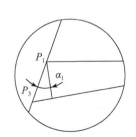

(b)垂直于线2的辅助线1

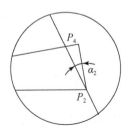

(c)垂直于线2的辅助线2

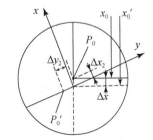

(d)滚轮偏转前后节线的齿宽中心点

图 3.23　滚轮齿形及节线的偏转模型

在图 3.23(a)中,线 1 表示偏转前滚轮节线,线 2 表示偏转后滚轮节线,P_1、P_3 分别表示偏转前后节线与左廓形的交点,P_2、P_4 分别表示偏转前后节线与右廓形的交点,α_n 为滚轮廓形的压力角,P_0、P_0' 分别表示滚轮偏转前后节线的齿宽中心点,如图 3.23(d)所示。

根据图 3.23 中的几何关系计算位置误差二次补偿量,其计算公式如下:

$$l = \frac{\pi m_n}{4} \tag{3.31}$$

$$x_0 = \frac{\pi m_n}{4\tan\alpha_n} \tag{3.32}$$

式中，m_n 为齿轮法向模数；α_n 为金刚滚轮压力角。

为求 l_1、l_2 的长度，需作垂直于线 2 的辅助线，如图 3.23(b)、(c)所示，则有

$$\begin{cases} \alpha_1 = \alpha_n + \Delta\alpha \\ \alpha_2 = \alpha_n - \Delta\alpha \end{cases} \tag{3.33}$$

假设节线 2 沿竖直方向的移动量为 Δx，则有

$$x_0' = x_0 + \Delta x \tag{3.34}$$

$$\begin{cases} l_1 = x_0'\tan\alpha_n\left[\cos\Delta\alpha + \sin\Delta\alpha\tan(\alpha_n + \Delta\alpha)\right] \\ l_2 = x_0'\tan\alpha_n\left[\cos\Delta\alpha - \sin\Delta\alpha\tan(\alpha_n - \Delta\alpha)\right] \end{cases} \tag{3.35}$$

由滚轮位置调整条件(1)可知，需满足 $l_1 + l_2 = 2l$，可求出值 x_0' 为

$$x_0' = \frac{\pi m_n}{2\tan\alpha_n\{2\cos\Delta\alpha + \sin\Delta\alpha[\tan(\alpha_n + \Delta\alpha) - \tan(\alpha_n - \Delta\alpha)]\}} \tag{3.36}$$

最终可得滚轮位置二次补偿量为

$$\begin{cases} \Delta x_2 = (x_0' - x_0)\cos\Delta\alpha \\ \Delta y_2 = (x_0' - x_0)\sin\Delta\alpha + \dfrac{l_1 - l_2}{2} \end{cases} \tag{3.37}$$

经过对滚轮位置误差的两次补偿，能够保证在不改变砂轮齿形的前提下，精确地改变蜗杆砂轮的左右廓形压力角，实现对相应齿轮截面廓形斜率误差的补偿。

2. 改变蜗杆砂轮轴向导程

采用第二种齿面扭曲补偿方法，在砂轮修整过程中，通过改变砂轮的轴向导程使砂轮的左右廓形压力角同时增大或减小，以补偿齿轮磨削时产生的扭曲。当增大蜗杆砂轮轴向导程时，砂轮的轴向齿厚相应增大，如图 3.24(a)所示，此时根据式(3.41)计算得到的砂轮螺旋角变小，在砂轮法向压力角不变的前提下引起砂轮的轴截面压力角增大，用于补偿被加工齿轮的左右齿面廓形压力角同时减小的误差量；同理，当减小蜗杆砂轮轴向导程时，砂轮轴向齿厚相应减小，如图 3.24(b)所示，引起蜗杆砂轮的螺旋角增大和轴截面压力角减小，用于补偿被加工齿轮的左右齿面廓形压力角同时增大的误差量。基于这种原理，可根据齿轮廓形斜率误差计算得到误差补偿时的相关系数：

$$\Delta\alpha_2 = \frac{\Delta\alpha_l + \Delta\alpha_r}{2} \tag{3.38}$$

$$\Delta L = \frac{\Delta\alpha_2 L_d \sin\alpha_n}{L_c} \tag{3.39}$$

$$L_{d1} = L_d - \Delta L \tag{3.40}$$

$$\beta_1 = \arctan\left(\frac{\pi d}{L_{d1}}\right) \tag{3.41}$$

$$\alpha_\tau = \arctan\left[\frac{\tan\alpha_n}{\cos(\pi/2 - \beta_1)}\right] \tag{3.42}$$

式中，$\Delta\alpha_l$ 为齿轮左齿面廓形的斜率误差值；$\Delta\alpha_r$ 为齿轮右齿面廓形的斜率误差值；L_c 为齿轮的廓形长度；ΔL 为砂轮轴向导程变化量；L_{d1} 为补偿后砂轮的轴向导程；β_1 为补偿后砂轮的螺旋角；α_τ 为补偿后的砂轮轴截面廓形压力角。

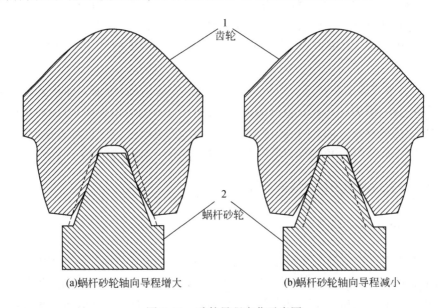

图 3.24　砂轮导程变化示意图

由以上公式可知，在齿轮的不同齿宽位置处，当其左右齿面廓形的斜率误差值发生变化时，对应的蜗杆砂轮的轴向导程及螺旋角也会改变，这种改变是通过在正常砂轮修整方式的基础上叠加附加运动实现的，附加运动应包括沿砂轮轴线（Y轴）方向的运动和砂轮位姿的偏转运动（A 轴）。

通过以上分析可知，第一种齿面扭曲补偿方法是针对齿轮左右齿面廓形斜率误差值呈相反数的情况；第二种齿面扭曲补偿方法是针对齿轮左右齿面廓形斜率误差值相同的情况。因此，将两种齿面扭曲补偿方法结合起来，能够实现左右齿面任意扭曲量的补偿。现阶段绝大部分齿轮的齿向修形为左右齿面对称修形，在齿宽不同位置处齿轮左右廓形的斜率误差呈近似相反数的关系，工程应用中一般只采用第一种齿面扭曲补偿方法便能够将齿面扭曲量纠正到一个较小的值。

3.3　滚刀铲磨原理误差及其消减方法

铲磨加工是齿轮滚刀制造工艺的最后一步,直接决定滚刀齿面的几何形状。齿轮滚刀的基本蜗杆上开有很多条容屑槽,用于形成切削刃口[4]。容屑槽有两种形式:螺旋槽和直槽,这两种形式的容屑槽均包括工作面(前刀面)和非工作面(齿背面)。前刀面与滚刀基本蜗杆螺旋面相交形成滚刀的理论刀刃。滚刀两侧刃口应准确分布在基本蜗杆螺旋面上,以便于切出正确的渐开线齿形。滚刀径向铲磨会造成齿侧面畸变,因此滚刀齿形合格长度非常短,重磨几次后滚刀精度下降较快。

为此,本节提出一种等后角滚刀铲磨法,相应地,等后角滚刀即指各重磨处后角保持不变的滚刀。目前在设计滚刀时,对初始刀刃的后角有要求,而对重磨处的后角并无具体要求。因此,传统滚刀与等后角滚刀具有一致的设计方法,只是齿顶曲线有所不同。等后角特性只能在提出的这种新的铲磨工艺中实现。

3.3.1　等后角滚刀齿顶曲线的求解

1. 滚刀的几何形状

一对相互啮合的渐开线圆柱齿轮,若其中一个齿轮具备切削所必需的初始刃口和造形后角,则其成为齿轮刀具,如齿轮滚刀。因此,滚刀切削齿轮的过程就相当于两个相错轴渐开线圆柱齿轮的啮合,并且渐开线滚刀就是由齿数较少的渐开线圆柱齿轮演变而来的。滚刀的外形类似于蜗杆,常见的蜗杆类型有阿基米德蜗杆、渐开线蜗杆、法向直廓蜗杆,分别对应着阿基米德滚刀、渐开线滚刀、法向直廓滚刀。

根据上述分析,只有用渐开线滚刀才可以加工出渐开线齿轮,然而渐开线滚刀的成形必须经过轴向铲齿工艺,但此类轴向铲齿机床结构复杂、操作不便,致使渐开线齿轮的使用并不普遍。如果将滚刀的法向截面齿形作为工件的基准齿形,那么可以得到法向直廓滚刀,这种滚刀加工方便、结构简单,但误差较大,因此也未能得到普及。以阿基米德蜗杆为基础的阿基米德滚刀,采用径向铲齿的方式获得刀齿,这种加工工艺操作便捷、误差较小,因此得到广泛使用,本节讨论的就是阿基米德滚刀。

在蜗杆上开容屑槽以形成切削刃口,同时进行铲齿可以形成刀具后角,这样便可以得到齿轮滚刀。当滚刀磨损后进行重磨时,后角的存在会减小滚刀外径及同一圆柱面上齿形的齿高和齿厚。此时为保证被切齿轮的齿高和齿厚,就需要较小滚刀与被切齿轮的中心距,滚刀的这种特征与变位斜齿轮相似。在理想情况下,滚刀的侧刃和后刀面必须保证滚刀重磨后各刀齿的侧切削刃形状不变,以便准确落在基本蜗杆的螺旋表面上,换言之,重磨后的滚刀和新滚刀要有相同的基本蜗杆螺旋面。

在铲磨加工时,砂轮高速旋转并相对于滚刀做径向铲背运动。与此同时,滚刀相对于砂轮做螺旋运动,滚刀自转一周,并同时沿轴向前进一个导程。如此就会铲磨出滚刀的侧铲螺旋面和齿背,并进一步在滚刀的齿背和两侧面得到后角。在图 3.25 中,铲磨侧面 4 和前刀面 2 的交线就是侧切削刃 3。滚刀两侧切削刃都应准确落在阿基米德基本蜗杆螺旋面上,这是切出正确齿形的最基本要求。

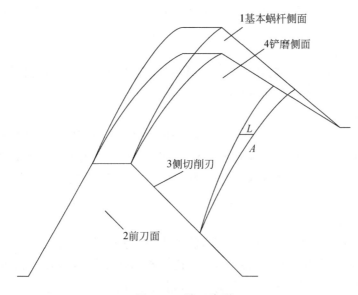

图 3.25　滚刀齿形

由以上分析可知,滚刀重磨后,仍能切出正确齿形需要满足以下两个条件:

(1)滚刀重磨后,各刀齿的侧切削刃的形状不变,只是沿滚刀轴向移动一个距离,而其他几何参数不变。

(2)滚刀的齿顶铲背量应与齿侧铲背量相配合,使滚刀刃磨后切出的齿轮仍可保持正确的齿高和齿厚。

2.齿侧曲面分析

前面提到,砂轮在高速旋转的同时还需要附加沿滚刀径向的铲磨运动。铲磨运动按其形式的不同可以分为径向铲齿和轴向铲齿。

1)径向铲齿

图 3.26(a)所示滚刀的轴向齿形为直线,这种形式的滚刀既可以采用径向铲齿法,也可以采用轴向铲齿法。图中的虚线表示重磨后的齿形,它相对于原齿形的径

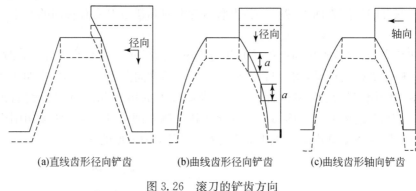

(a)直线齿形径向铲齿　　(b)曲线齿形径向铲齿　　(c)曲线齿形轴向铲齿

图 3.26　滚刀的铲齿方向

向和轴向各移动了一个距离。直线齿形中各点沿轴向移动的距离相等,因此新旧刀刃是相同的,符合滚刀重磨的要求。

2)轴向铲齿

图 3.26(b)所示滚刀的轴向齿形为曲线,此类齿形各点斜率不同,若采用径向铲齿,则重磨后的齿形与原齿形不一致,因此需要采用轴向铲齿,如图 3.26(c)所示,这样才能保证各点在轴向的移动距离相等。然而,分布在滚刀同一轴线的刀齿,其侧面并非都处于端面上,致使轴向铲齿容易受到相邻齿的影响。因此,轴向铲齿机床的结构复杂,应用少。

滚刀侧刃后角的存在和径向铲齿法的影响,造成滚刀齿侧螺旋面的变化。以右旋滚刀为例,其右侧铲曲面的导程 P_R 比基本蜗杆导程 P_0 大,左侧铲曲面的导程 P_L 比基本蜗杆导程 P_0 小,对于左旋滚刀,则刚好相反。

3. 等后角滚刀齿顶曲线的求解

等后角滚刀齿顶曲线设计取决于铲背量 K 及齿顶曲线各点对应的中心角。该设计问题可以抽象为:在已知曲线的始点和终点,以及曲线极角方向点斜率的情况下,求各点的极径。采用解析法求解非常困难,下面讨论齿顶曲线的数值解。

在已知滚刀铲背量 K、容屑槽数 Z、滚刀半径 r_a 的情况下,设计齿顶曲线 S,在后角相等以及转过一定角度后满足曲率半径减小值为 K。

首先建立图 3.27 所示的坐标系,其中,原点 O 位于滚刀轴线上。齿顶曲线 S 是待求的铲进运动轨迹。从起点到终点曲线 S 扫过的中心角度为 $2\pi/Z$,按角度将曲线 S 平均分为 n 段,每段对应的转角为 $\Delta = 2\pi/(Zn)$。

在 S 上存在 A、B 两点,且在 B 点处存在速度矢量 AC,若 n 足够大,则 S 在 B 点的切线可用矢量 AB 表示,那么滚刀后角为 AC 与 AB 的夹角 α_e。线段 BC 长度 K_{i+1} 为 A 点运动到 B 点的铲背量。

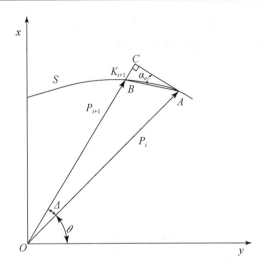

图 3.27　齿顶曲线坐标系

若已知 P_i，则 K_{i+1} 和 P_{i+1} 分别为

$$K_{i+1} = \|P_i\| \sin\Delta \tan\alpha_e \qquad (3.43)$$

$$P_{i+1} = \|P_i\| (1 - \sin\Delta \tan\alpha_e) \begin{bmatrix} \cos(\theta+\Delta) \\ \sin(\theta+\Delta) \end{bmatrix} \qquad (3.44)$$

下面给出曲线 S 上点的求解算法：

（1）设定最大外层循环次数，进入外层循环。

（2）当 $i=0$ 且 i 小于曲线 S 段数 n 时，进行内层循环：①根据 P_i 计算 P_{i+1} 和 K_{i+1}（P_0 根据 r_a 和 θ 初值确定）；②计算 $K' = K' + K_{i+1}$（K' 初始值为 0）；③增大转角 $\theta = \theta + \Delta$（θ 初始值为 $2\pi/Z$）。

（3）计算 K' 与 K 的误差，若误差小于设定值，则算法完成，循环结束并输出数据；若误差大于设定值，则调整后角 α_e，转步骤（1）继续循环。

通过该算法可以计算出 S 上的 $n+1$ 个点（包括起点），将这些点采用双圆弧法拟合得到曲线 S。曲线 S 为分段曲线，由直线（圆弧半径太大时）和圆弧组合而成，可以表示为 $S=f(\theta)$。

3.3.2　等后角铲磨的砂轮廓形

1. 坐标系的建立和变化

为了更加方便地确定滚刀和砂轮之间的相对运动关系，分别基于滚刀和砂轮以及它们的不同状态建立坐标系,推导坐标变换矩阵,以利于将在不同坐标系内建立的运动方程变换到同一坐标系内进行分析。

为兼顾坐标系间的旋转和移动,本书采用四阶矩阵建立铲磨运动中的坐标变换关系。

设点 P 在坐标系 $O_i - x_i y_i z_i$ 和 $O_j - x_j y_j z_j$ 中的径向矢量分别为 r_i 和 r_j,有

$$r_i = T_{ij} r_j \tag{3.45}$$

式中,$r_i = \begin{bmatrix} x_i \\ y_i \\ z_i \\ 1 \end{bmatrix}$;$r_j = \begin{bmatrix} x_j \\ y_j \\ z_j \\ 1 \end{bmatrix}$;$T_{ij} = \begin{bmatrix} \cos(x_i x_j) & \cos(x_i y_i) & \cos(x_i z_i) & a \\ \cos(y_i x_j) & \cos(y_i y_j) & \cos(y_i z_j) & b \\ \cos(z_i x_j) & \cos(z_i y_j) & \cos(z_i z_j) & c \\ 0 & 0 & 0 & 1 \end{bmatrix}$。

式中,T_{ij} 表示坐标系 $O_j - x_j y_j z_j$ 向坐标系 $O_i - x_i y_i z_i$ 的坐标变换矩阵,其中元素 a、b、c 表示原点 O_j 在坐标系 $O_i - x_i y_i z_i$ 中的坐标。

在滚刀铲磨时,滚刀相对砂轮做螺旋运动,而砂轮在高速旋转的同时做径向铲背运动。在滚刀铲磨运动关系中应用上述坐标变换通用四阶矩阵,并首先在右旋滚刀的铲磨运动过程中建立各个坐标系,如图 3.28 所示。

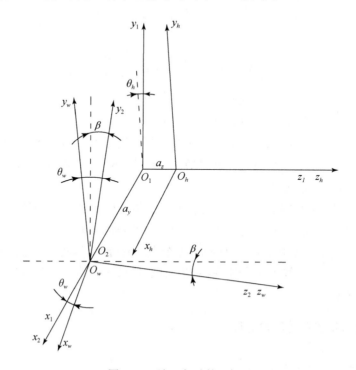

图 3.28　滚刀与砂轮坐标系

　　滚刀坐标系 $O_h - x_h z_h y_h$ 绕轴线 z_h 旋转一角度 θ_h 到坐标系 $O_1 - x_1 y_1 z_1$,同时由于滚刀存在螺旋角,原点在 z 轴方向上平移一距离 a_z;β 是砂轮的安装角,将坐标系 $O_1 - x_1 y_1 z_1$ 旋转角度 β 到砂轮坐标系 $O_2 - x_2 y_2 z_2$,此时 y 轴方向上的进给运动产生了距离 a_y;最后将坐标系 $O_2 - x_2 y_2 z_2$ 绕轴线 z 旋转一角度 θ_w 到砂轮坐标系 $O_w - x_w y_w z_w$。

　　以上坐标系变换中有三个中间坐标系,其变换矩阵分别用 $T_{\theta h}$、T_β、$T_{\theta w}$ 表示,则从滚刀坐标系 $O_h - x_h z_h y_h$ 到砂轮坐标系 $O_w - x_w y_w z_w$ 的变换矩阵为

$$T_{hw} = T_{\theta w} T_\beta T_{\theta h} = \begin{bmatrix} C & D & -\cos\theta_w \sin\beta & G \\ E & F & -\sin\theta_w \sin\beta & H \\ \sin\beta\cos\theta_h & -\sin\beta\sin\theta_h & \cos\beta & a_z\cos\beta \\ 0 & 0 & 0 & 1 \end{bmatrix} \quad (3.46)$$

式中

$$\begin{cases} C = \cos\theta_w \cos\beta\cos\theta_h - \sin\theta_w \sin\theta_h \\ D = -\cos\theta_w \cos\beta\sin\theta_h - \sin\theta_w \cos\theta_h \\ E = \sin\theta_w \cos\beta\cos\theta_h + \cos\theta_w \sin\theta_h \\ F = -\sin\theta_w \cos\beta\sin\theta_h + \cos\theta_w \cos\theta_h \\ G = -a_z\cos\theta_w \sin\beta + a_y\sin\theta_w \\ H = -a_z\sin\theta_w \sin\beta - a_y\cos\theta_w \end{cases} \quad (3.47)$$

　　对 T_{hw} 求逆,可得砂轮坐标系到滚刀坐标系的变换矩阵 T_{wh}。上述坐标变换关系,都将在解析法和数值法求解铲磨砂轮廓形的计算中得到应用。

2. 铲磨砂轮轮廓计算

　　铲磨加工原理上可归为成形磨削,铲磨用的砂轮廓形直接影响到滚刀齿侧曲面的加工精度,砂轮廓形的计算极为重要。可以采用本书提出的数字法或传统解析法进行计算。这里简单介绍解析法求解铲磨砂轮廓形。

　　从滚刀与砂轮相对运动的角度分析,滚刀铲磨加工与圆柱螺旋面磨削加工非常相似,不同之处仅在于铲磨时多了一个砂轮的径向铲进运动。圆柱螺旋面成形磨削的砂轮廓形求解较为简单,但对于滚刀铲磨,砂轮的铲进运动使得砂轮和滚刀轴线间的中心距 a_y 不断变化,进而造成滚刀与砂轮的空间接触线也不断变化,故需要在砂轮廓形求解过程中额外考虑中心距随转角变化的关系 $a_y = f(\theta)$。此外,

$a_y = f(\theta)$ 在阿基米德铲磨、指数铲磨和等后角铲磨中有所不同。

在假定铲磨时,滚刀以角速度 ω_g 绕其轴线旋转,在转过 θ_c 角后,砂轮沿滚刀轴向移动了 $-P_0\theta_c$,在径向上移动量 $a_y - a_0 = z_0\theta_c r(1 - \mathrm{e}^{-n\theta_c})/(2\pi)$($a_y$ 为轴间距,z_0 为滚刀齿数,n 为铲磨角),同时,砂轮绕其轴线做角速度为 ω_s 的回转运动。在滚刀铲磨过程中,当滚刀转过的角度为 θ_c 时,砂轮沿着滚刀的轴向和径向分别移动了 $-P_0\theta_c$ 和 $a_y - a_0 = z_0\theta_c r(1 - \mathrm{e}^{-n\theta_c})/(2\pi)$($a_y$ 为轴间距,z_0 为滚刀齿数,n 为铲磨角),利用滚刀计算刀刃主要模型参数如下。

滚刀前角相关参数为

$$\begin{cases} e = r_a\sin\gamma \\ \gamma_x = \arcsin(e/r_x) \end{cases} \tag{3.48}$$

滚刀齿形上一点的空间法向矢量为

$$\begin{cases} n_x = -P_0\cos\theta_c\tan\alpha_0 + x + P_2 \\ n_y = -P_0\sin\theta_c\tan\alpha_0 + y \\ n_z = -y\cos\theta_c\tan\alpha_0 + (x + P_2)\sin\theta_c\tan\alpha_0 \end{cases} \tag{3.49}$$

滚刀与砂轮的空间接触方程为

$$n_x(a_y - y) + n_y(x - z\tan\beta) - n_z(a_y - y) = 0 \tag{3.50}$$

在接触方程中代入计算滚刀刀刃的相关参数,就可以求出 θ_c 的值。

将 θ_c 代入滚刀到砂轮的坐标变换方程中,即可在砂轮空间求出相应的坐标 (x_w, y_w, z_w)。该坐标变换方程如下:

$$T_{hw} = T_{\theta w} T_\beta T_{\theta h} = \begin{bmatrix} C & D & -\cos\theta_w\sin\beta & G \\ E & F & -\sin\theta_w\sin\beta & H \\ \sin\beta\cos\theta_h & -\sin\beta\sin\theta_h & \cos\beta & a_z\cos\beta \\ 0 & 0 & 0 & 1 \end{bmatrix} \tag{3.51}$$

将坐标 (x_w, y_w, z_w) 投影到某一轴截面中,就可以得到砂轮廓形上的对应点坐标,投影关系如下:

$$\begin{cases} z_s = z_w \\ x_s = \sqrt{x_w^2 + y_w^2} \end{cases} \tag{3.52}$$

将滚刀轴向齿形离散为 N 个点,根据上述步骤可以分别求出砂轮廓形上的对应点,再通过曲线拟合就可得到最终的砂轮廓形。

3.3.3 对比验证

本节对同一型号滚刀的阿基米德铲磨和等后角铲磨分别进行计算,以验证等后角滚刀铲磨法的可靠性。实验滚刀选取图 3.29 所示的剃前滚刀,其参数如表 3.3 所示。

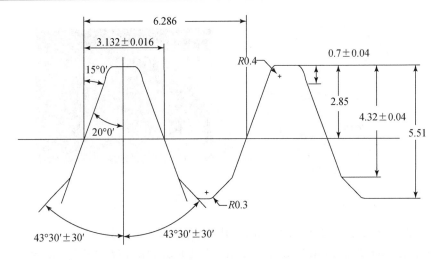

图 3.29　某型剃前滚刀基本齿形(单位:mm)

表 3.3　滚刀及铲磨砂轮参数

参数名称	参数值
法向模数 m_n	2mm
螺旋头数 z_0	1
螺旋升角 β	1°40′
节圆半径 r_h	34.5mm
容屑槽数 Z	16(直槽)
导程 p	6.286mm
铲背量 K	3mm
前角 δ	0
后角 α_e	12°
砂轮轴倾角 σ	1°40′
砂轮直径 D_s	45mm
中心距 a	54.85mm

　　首先需要设计特定的凸轮用以产生砂轮径向铲进运动,根据等后角铲磨曲线及匀速转动原则将凸轮的工作曲线设定为 270°,回程曲线为 90°,如图 3.30 所示。

　　传统的阿基米德滚刀铲磨床不适合进行加工验证,高精度全自动数控铲磨床虽然精度高,但其数控模块的封闭性导致难以实现人工控制铲进运动方式,也不适用于这种加工实验。半自动数控铲磨床是最优选择,由数控系统控制滚刀与砂轮的相对运动,由凸轮产生砂轮的径向铲进运动,用离线数控砂轮修整机对砂轮进行修形。

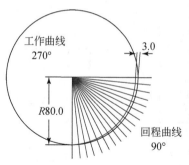

图 3.30　等后角凸轮

此型滚刀齿全长 $l_h = 9.82\text{mm}$。几处重磨误差分别为 0mm（新刀刃处）、1.96mm（$l_h/5$）、3.27mm（$l_h/3$）、4.91mm（$l_h/2$）、5.41mm（$l_h/2+0.5\text{mm}$），不同重磨角位置的刀刃节圆处齿形误差如表 3.4 所示。

表 3.4　刀刃节圆处齿形误差

铲磨法	齿形	齿形误差/μm				
		0mm	1.96mm	3.27mm	4.91mm	5.41mm
等后角铲磨	左侧	1.1	2.0	1.8	3.5	5.1
	右侧	1.0	1.6	2.2	2.7	3.6
阿基米德铲磨	左侧	1.3	2.3	4.3	5.0	6.2
	右侧	1.2	2.1	2	2.7	4

由表 3.4 可知，在等后角铲磨中，滚刀齿形合格长度大于 1/2 齿长；相比之下，阿基米德铲磨在 1/2 齿长处的齿形误差仅能满足 AA 级滚刀要求《磨前齿轮滚刀》(JB/T 7968—1999)。

研究发现，等后角铲磨的重磨误差明显小于阿基米德铲磨，可有效提高齿轮滚刀的齿形精度及齿形合格长度，表明等后角铲磨在降低齿形重磨误差的有效性方面具有较高的工程应用价值。

3.4　插齿刀磨削原理误差消减方法

插齿刀是一种齿轮形或齿条形齿轮加工刀具，常用于加工内、外啮合的直齿和斜齿圆柱齿轮。为形成刀具后角，其齿面选用锥形螺旋面，并沿轴向形成一定锥度。目前，插齿刃磨仍以大平面磨削为主。

大平面砂轮磨齿是利用齿条与齿轮啮合的原理，以大平面砂轮的磨削面为"假想齿条"的一个齿面,用展成法加工齿轮。大平面砂轮的工作面就相当于"假想齿条"的一个牙的侧面,并在工作过程中保持位置固定不动。由于砂轮直径有限,其实际参与磨削部分仅为靠近砂轮外径的部分区域,而且由于砂轮直径的限制,其仅能实现某一端面廓形的正确磨削。因此,其余齿面存在残留,造成误差。

针对大平面磨削插齿刀存在理论误差及效率低的问题,本书基于插齿刀产形原理,结合插齿刀的几何特点和蜗杆砂轮的形状,提出插齿刀的锥形蜗杆砂轮磨削方法。

3.4.1　插齿刀的产形原理

插齿刀廓形可看作由产形齿条包络而成,其特点在于齿条截平面与插齿刀轴线相交,形成刀具后角,如图 3.31 所示。图中,P 平面经过产形齿条几何中心;产形齿条相对 YOZ、XOZ 平面的倾斜角分别为 β_c 和 α_p。产形齿条在 P 平面内的锥角为 θ。

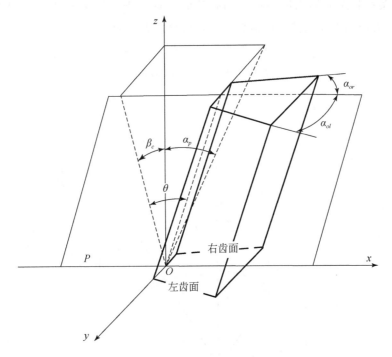

图 3.31　插齿刀产形原理

根据图示几何关系,插齿刀锥角满足

$$\tan\theta = \tan\alpha_p \cos\beta_c \tag{3.53}$$

在垂直于插齿刀轴线的截面内,产形齿条齿形角恒定。根据啮合原理,插齿刀的压力角与该截面上产形齿条齿形角相等。设插齿刀法向分度圆压力角为 α_n,则

产形齿条刀在垂直于分度面的截面上的左右侧齿形角 α_{ol}、α_{or} 可分别表示为

$$\tan\alpha_{ol}=\frac{\sin\alpha_n\cos\theta+\cos\alpha_n\sin\theta\sin\beta_c}{\cos\beta_c\cos\alpha_n} \tag{3.54}$$

$$\tan\alpha_{or}=\frac{-\sin\alpha_n\cos\theta+\cos\alpha_n\sin\theta\sin\beta_c}{\cos\beta_c\cos\alpha_n} \tag{3.55}$$

当齿条作为刀具加工齿轮时,不论是否为变位齿轮,啮合线的空间位置始终保持不变,齿轮的节圆与其分度圆重合,其啮合角恒等于分度圆压力角。只是在加工变位齿轮时,齿条为非标准安装,齿条的节线与其中线不再重合。在齿条加工插齿刀时,可以看作同时加工无数个变位齿轮,各变位齿轮的基本参数一致,通过运动切出齿数相同的标准齿轮、正变位齿轮、负变位齿轮,它们的齿廓是相同基圆上的渐开线,齿形一致,只是取渐开线的不同部位作为齿廓。在插齿刀上,分度圆大小相同,节圆与分度圆重合,节圆柱与分度圆柱重合。产形齿条截面如图 3.32 所示,产形齿条在截面上的廓形与插齿刀轴线间的夹角则为插齿刀节圆处螺旋角。因此,插齿刀截面上左右侧的螺旋角 β_{ol}、β_{or} 可分别表示为

$$\tan\beta_{ol}=\tan\beta_c+\tan\alpha_p\tan\alpha_{ol} \tag{3.56}$$

$$\tan\beta_{or}=\tan\beta_c-\tan\alpha_p\tan\alpha_{or} \tag{3.57}$$

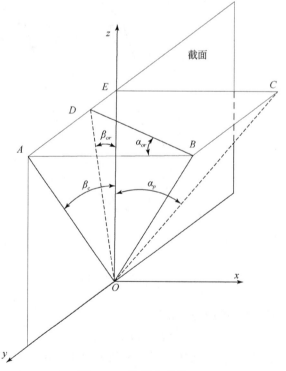

图 3.32　产形齿条截面

3.4.2　磨削插齿刀的锥形蜗杆砂轮设计

1. 锥形蜗杆砂轮的提出

基于前述插齿刀的产形原理,将产形齿条齿面作为插齿刀与蜗杆砂轮的中间平面,建立蜗杆砂轮刀具,把砂轮看作双边齿条刀,把蜗杆砂轮轴截面侧面齿廓看作直齿条,其参数由产形齿条的参数确定。

锥形蜗杆砂轮磨削插齿刀原理示意图如图 3.33 所示。AD 是平面 S 与分度面 O 的交线,AC 为竖直面与分度面 O' 的交线,并且 AC 平行于蜗杆砂轮轴线。由图 3.33 可知,蜗杆砂轮的母线与轴线不平行,在轴截面 S 内有一夹角 γ,其可视为蜗杆的锥角。因此,磨削插齿刀的砂轮不再是传统的圆柱砂轮,而是存在锥角的蜗杆砂轮。蜗杆砂轮锥角由砂轮的安装角 Γ、轴向后角 α_p 确定,可表示为

$$\tan\gamma = \sin\Gamma\tan\alpha_p \tag{3.58}$$

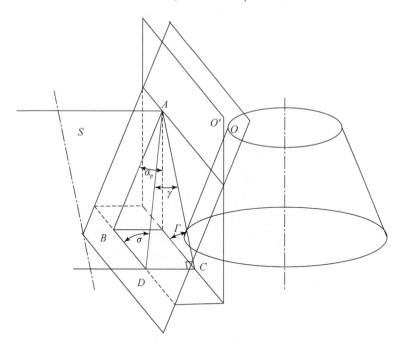

图 3.33　锥形蜗杆砂轮磨削插齿刀原理示意图

砂轮锥角的存在,保证了锥形蜗杆砂轮与插齿刀的产形齿条间的线接触,进而实现了在产形齿条面上砂轮接触线和插齿刀接触线相交。

2. 锥形蜗杆砂轮参数设计

锥形蜗杆砂轮关键参数主要包括砂轮锥角、齿形角和导程。其中,砂轮锥角的确定方法已在前面介绍。现主要介绍齿形角和导程的确定方法,其设计流程如图 3.34 所示。其中,线 AD 为锥形砂轮节圆锥与产形齿条的切线。因此,过直线 AD 的产形齿条截面廓形即为锥形蜗杆砂轮的轴向齿形。P 为砂轮的导程,σ 为直线 AD 在产形齿条分度面上与水平线的夹角。

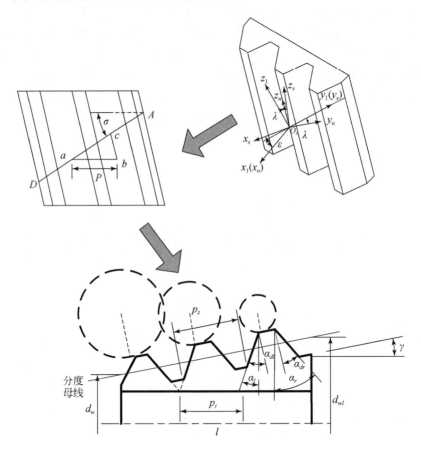

图 3.34　锥形砂轮主要参数设计流程

在产形齿条截面上过切线 AD 建立图 3.34 所示的坐标系。其中,x_n 轴垂直于齿条截面,z_n 轴与齿条齿向线平行。y_1 轴与切线 AD 重合,同时 x_1 与 x_n 共线。因此,轴 z_1、z_n 间的夹角为砂轮的导程角 λ。坐标系 S_s 的 $x_s O_s y_s$ 面过砂轮轴线,轴 x_1、x_s 间的夹角 ε 为产形齿条截面与砂轮轴截面夹角的余角,可以表示为

$$\varepsilon = 90° - \arccos \frac{\sqrt{\tan^2\alpha_p + \left(\dfrac{\cos\alpha_p + \sin\alpha_p}{\tan\Gamma}\right)^2}}{\sqrt{\left(\dfrac{2}{\tan\Gamma}\right)^2 + \tan^2\alpha_p + \left(\dfrac{1 - \tan\alpha_p}{\tan\Gamma}\right)^2}} \tag{3.59}$$

根据几何关系,坐标系 S_n 与 S_1、S_1 与 S_s 间的齐次变换矩阵可分别表示为

$$M_{1n} = \begin{bmatrix} 1 & 0 & 0 & 0 \\ 0 & \cos\lambda & \sin\lambda & 0 \\ 0 & \sin\lambda & \cos\lambda & 0 \\ 0 & 0 & 0 & 1 \end{bmatrix} \tag{3.60}$$

$$M_{s1} = \begin{bmatrix} \cos\varepsilon & 0 & \sin\varepsilon & 0 \\ 0 & 1 & 0 & 0 \\ -\sin\varepsilon & 0 & \cos\varepsilon & 0 \\ 0 & 0 & 0 & 1 \end{bmatrix} \tag{3.61}$$

进一步可以确定坐标系 S_n 与 S_s 间的变换矩阵 M_{sn} 为

$$M_{sn} = M_{s1} \cdot M_{1n} = \begin{bmatrix} \cos\varepsilon & \sin\varepsilon\sin\lambda & \sin\varepsilon\cos\lambda & 0 \\ 0 & \cos\lambda & \sin\lambda & 0 \\ -\sin\varepsilon & \sin\lambda\cos\varepsilon & 0 & 0 \\ 0 & 0 & 0 & 1 \end{bmatrix} \tag{3.62}$$

在坐标系 S_n 中产形齿条左右齿廓的法向量可以分别表示为 n_{nl}、n_{nr}:

$$n_{nl} = (\sin\alpha_n, -\cos\alpha_n, 0), \quad n_{nr} = (\sin\alpha_n, \cos\alpha_n, 0) \tag{3.63}$$

在坐标系 S_s 中,n_{nl}、n_{nr} 可以表示为

$$n_{l/r} = M_{sn} \cdot n_{nl/nr} \tag{3.64}$$

轴截面 S 在产形齿条中截出的齿廓在 S_s 坐标系 (x_s, y_s) 平面内,垂直于 S_s 坐标系的 z_s 轴,并且垂直于齿廓法向量 $n_{l/r}$,则齿廓的方向向量 $a_{l/r}$ 为

$$a_{l/r} = n_{l/r} \times (0, 0, 1) \tag{3.65}$$

进一步,可以确定锥形砂轮轴截面廓形的左右齿形角 $a_{d(l/r)}$ 为

$$\tan\alpha_{dl} = \frac{\sin\alpha_n\cos\varepsilon}{\sin\varepsilon\sin\lambda\sin\alpha_n - \cos\lambda\cos\alpha_n} \tag{3.66}$$

$$\tan\alpha_{dr} = \frac{\sin\alpha_n\cos\varepsilon}{\sin\varepsilon\sin\lambda\sin\alpha_n + \cos\lambda\cos\alpha_n} \tag{3.67}$$

为保证锥形蜗杆砂轮的包络面与产形齿条形面一样,应通过产形齿条的齿距参数求解锥形蜗杆砂轮的导程。根据图 3.34,蜗杆砂轮轴截面的齿形角参数等与齿条分别对应,则砂轮导程 P_z 和产形齿条的导程 P 应具有如下关系:

$$P_z = \frac{P\cos\beta_c}{\sin(\beta_c - \sigma)} \tag{3.68}$$

由于 σ 根据蜗杆砂轮分度圆直径的不同而变化,对于锥形蜗杆砂轮,实际上锥形蜗杆砂轮不同轴截面的分度圆直径是连续渐变的,设砂轮小端的分度圆直径为 d_w,则距离小端轴向距离为 l 轴截面的分度圆直径应为

$$d_{w-l} = d_w + 2l\tan\gamma \tag{3.69}$$

根据式(3.68)和式(3.69)可以确定锥形蜗杆砂轮的螺旋角为

$$\beta_s = \arctan\left(\frac{\pi d_{w-l}}{P_z}\right) \tag{3.70}$$

由式(3.70)可知,锥形蜗杆的导程及螺旋角随砂轮分度圆半径的变化而改变。因此,可通过选择蜗杆分度圆直径的平均值 d_s 近似计算其螺旋角或导程。针对蜗杆砂轮的类型,选取合适的蜗杆砂轮头数和分度圆直径,应尽可能选取头数较少的蜗杆砂轮,可最大限度地减小由蜗杆砂轮锥度引起的螺旋角误差及轴向导程误差。实际生产中,由于砂轮头数少且锥角较小,有效利用最小直径为 210mm,为了简化锥形蜗杆模型,也为了便于进行修整和磨削加工,设定蜗杆砂轮在每一次修整过程中的导程固定,再确定锥形蜗杆砂轮的螺旋角及其他参数。

3.4.3　锥形砂轮磨削插齿刀运动分析

1. 磨削初始位姿计算

图 3.35 为锥形蜗杆砂轮磨削插齿刀运动示意图。l_1 为砂轮的冲程运动轨迹,l_2 为砂轮节圆与插齿刀分度圆的切线,另外插齿刀的当前截面分度圆与蜗杆节线的切触点在插齿刀与蜗杆砂轮的中心连线 AB 上。r_w 为锥形砂轮当前截面的分度圆半径,r_g 为插齿刀节圆半径。

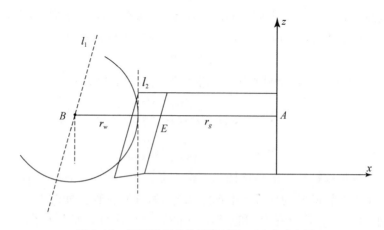

图 3.35　锥形蜗杆砂轮磨削插齿刀运动示意图

　　根据图 3.35 中的几何关系，需要调整锥形蜗杆砂轮沿 x 轴及沿 y 轴的位置。调整后其沿 x 轴的距离 E_x 为

$$E_x = r_g + r_w \tag{3.71}$$

其沿 y 轴的距离 E_y 表示为

$$E_y = \frac{\beta \pi r_w}{360°} \tag{3.72}$$

在插齿刀任意轴截面内，蜗杆中心 B 与插齿刀中心 A 的中心距为

$$E = \sqrt{E_x^2 + E_y^2} = \sqrt{(r_g + r_w)^2 + \left(\frac{\beta \pi r_w}{360°}\right)^2} \tag{3.73}$$

　　求出相对位置的计算公式，利用公式计算中心距，确定锥形蜗杆砂轮与齿轮的初始相对位置。

　　为保证砂轮齿面与插齿刀齿面在任意接触点处螺旋线切线方向一致，需使锥形蜗杆砂轮相对插齿刀轴线处于合适安装角度。基于图 3.33 可建立锥形蜗杆砂轮相对插齿刀的安装模型，如图 3.36 所示。锥形蜗杆砂轮在机床竖直平面内倾斜 Γ 角安装，β_c 为插齿刀螺旋线垂直面上的螺旋角，β_s 为砂轮螺旋角，为使相切的螺旋线平行，和普通圆柱蜗杆砂轮磨削一样，Γ 应满足

$$\Gamma = \pm(90 - \beta_s) \mp \beta_c \tag{3.74}$$

式中，"$\pm$"的正号（负号）分别对应蜗杆的左旋（右旋）；"$\mp$"的负号（正号）分别对应插齿刀与蜗杆的螺旋线具有相同（相反）方向的情况。

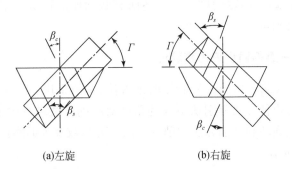

(a)左旋　　　　　　　　　(b)右旋

图 3.36　锥形砂轮安装示意图

2. 磨削运动模型

　　为实现插齿刀的正确磨削，锥形蜗杆及插齿刀间应严格保持正确的运动关系。在磨削中，其运动包括蜗杆砂轮的径向进给运动（X 轴）、蜗杆砂轮的旋转运动（B 轴）、沿工件切向运动（Y 轴）、沿工件轴向运动（Z 轴）、工件的回转运动（C 轴）。各轴间的运动关系通过设定 EGB 实现。

在插齿刀磨削中,需在机床 EGB 中建立两个联动模型。一个是展成加工联动模型,实现锥形蜗杆砂轮与插齿刀的连续分度及准确啮合。在展成运动中,Y 轴、Z 轴、B 轴为主动轴,C 轴为跟随轴,其联动关系如下:

$$C = K_1 B + K_2 Y + K_3 Z \tag{3.75}$$

另一个是锥形蜗杆砂轮窜刀模型,主要为各移动轴之间的联动关系传动比,其中 Y 轴、Z 轴为主动轴,X 轴为跟随轴,考虑到锥形蜗杆砂轮的锥角和齿轮的后角,其联动关系为

$$X = K_4 Y \tag{3.76}$$

$$X = K_5 Z \tag{3.77}$$

式(3.75)~式(3.76)中的各系数为

$$K_1 = \frac{z_s}{z_c} \tag{3.78}$$

$$K_2 = \frac{360°\tan\beta_s \cdot z_s}{\pi d_s z_c} \tag{3.79}$$

$$K_3 = \frac{360°\tan\beta_c}{\pi d_c} \tag{3.80}$$

$$K_4 = \tan\gamma \tag{3.81}$$

$$K_5 = \tan\alpha_p \tag{3.82}$$

式中,z_s、z_c 分别为砂轮的头数和插齿刀的齿数;d_s、d_c 分别为砂轮和插齿刀的分度圆直径;γ 为锥形蜗杆砂轮的锥角。上述所有联动比的正负都需要根据具体各机床轴方向的正负确定。

3.4.4 锥形蜗杆磨削插齿刀仿真验证

针对提出的插齿刀锥形蜗杆砂轮磨削方法,本节采用三维实体布尔运算仿真和数字运算仿真两种方法分别从不同的角度对磨削方法进行验证,验证磨削运动几何学原理的准确性和磨削方法的精度。插齿刀参数及锥形蜗杆砂轮参数分别如表 3.5、表 3.6 所示。

表 3.5 插齿刀参数

参数名称	参数符号	参数值
齿数	z_c	26
法向模数	m_n	5
法向压力角	α_{no}	17.5°
轴向后角	α_p	8.62740°
螺旋角	β_c	21°(左旋)

续表

参数名称	参数符号	参数值
齿宽	b_c	18mm
分度圆直径	d_c	139.249mm
端面最大变位系数	x_{max}	0.509931
端面最小变位系数	x_{min}	0
端面左齿面齿形角	α_{ol}	18.78660373°
端面右齿面齿形角	α_{or}	18.20145284°
左齿面基圆	d_{ol}	131.8304514mm
右齿面基圆	d_{or}	132.2815553mm

表 3.6　锥形蜗杆砂轮参数

参数名称	参数符号	参数值
头数	z_s	1
轴向宽度	b_s	120mm
平均分度圆直径	d_s	250mm
螺旋角	β_s	88.8540°(左旋)
轴向锥角	γ	2.949815°
最小端分度圆直径	d_w	243.816458mm
最小端齿顶圆直径	d_a	253.816458mm
最小端齿根圆直径	d_f	231.316458mm
轴向导程	p_{z1}	15.7112mm
左齿面沿轴向齿形角	α_l	14.672025°
右齿面沿轴向齿形角	α_r	20.018115°
安装角	Γ	−19.854°

注:蜗杆砂轮的齿顶圆与齿根圆直径采用法面模数,齿顶高系数取标准值,顶隙系数取标准值。

1. 基于三维建模软件的磨削仿真

在三维软件模型中,首先分别建立锥形蜗杆砂轮和齿坯的模型,然后按照计算好的起始中心距装配,对其相对啮合位置进行调整,最后使用三维软件自带的宏程序命令功能,编写程序对建立的数学模型进行调用完成仿真工作。该磨削仿真的加工基本原理基于布尔运算,切除工件上与砂轮模型产生干涉的部分,仿真结果如图 3.37 所示。

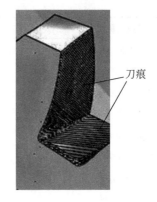

图 3.37　二维加工仿真结果

　　连续的布尔运算模拟了数控蜗杆砂轮磨齿机实际切削加工插齿刀的过程,刀痕则反映出蜗杆砂轮与插齿刀连续展成啮合时的接触迹。根据仿真结果,完整的齿面被加工,不存在严重干涉。进一步提取加工齿面的端面,将其与理论端面廓形进行对比,如图 3.38 所示。通过对比实际廓形与理论廓形间的法向误差,结果显示左右廓形误差绝对值都不超过 0.01mm,而且仿真廓形精度可以通过减小砂轮旋转步进角来提高。

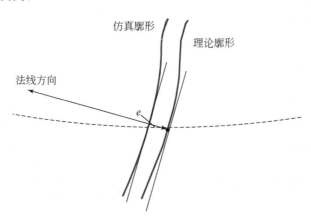

图 3.38　廓形误差测量

2. 磨削过程的数值仿真

　　根据齿轮啮合原理,两共轭曲面在接触点的单位法向矢量和接触点的相对运动速度始终满足一定的关系,通过保持该关系,利用计算机数学软件计算数学关系式求解与锥形蜗杆共轭的齿面,则可得被磨齿面。

由于锥形蜗杆砂轮与插齿刀齿面间是点接触,基于啮合方程可以得到锥形蜗杆砂轮与插齿刀齿面啮合过程中的接触迹,如图 3.39 所示。通过螺旋投影,可由接触迹得到端面廓形。

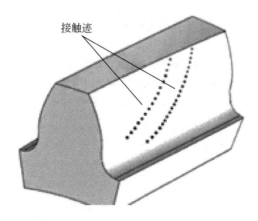

图 3.39　齿面接触迹

图 3.40 为左右齿廓同理论廓形间的法向误差。结果显示,齿底到齿顶的误差呈抛物线趋势变化,渐开线齿底段误差逐渐变大,在中间某一点达到最大,此后在渐开线齿顶段误差又逐渐减小,但此时渐开线齿顶段误差无法减小到零。

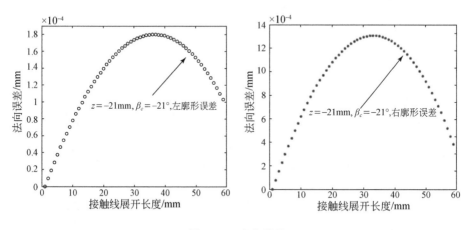

图 3.40　法向误差

仿真结果验证了所提方法的有效性,该方法能有效消减插齿刀大平面磨削带来的误差。

参 考 文 献

[1] 何坤,李国龙,杜彦斌,等.基于多轴附加运动优化的成形磨削修形齿面扭曲消减方法[J].计算机集成制造系统,2019,25(8):1946-1955.

[2] 何坤,李国龙,蒋林,等.基于数字法的成形砂轮廓形计算及包络面仿真[J].机械工程学报,2018,54(1):205-213.

[3] Yang S Y,Chen W F. Modeling and experiment of grinding wheel axial profiles based on gear hobs[J]. Chinese Journal of Aeronautics,2020,34(6):141-150.

[4] 何高伟,陈扬枝.砂轮位置误差对圆柱线齿轮齿形影响的分析[J].现代制造工程,2020,(10):18-25.

第 4 章　数控制齿机床多源误差建模方法及补偿技术

多轴数控制齿机床多源误差数目众多且相互耦合,显著影响制齿机床的加工精度。加工误差的主要来源包括机床几何误差、热致变形误差(简称热误差)、力致变形误差(简称力致误差)、伺服控制误差、振动误差、随机误差等。其中,机床几何误差一般指由机床零部件原始制造、安装或磨损引起的系统性误差,特点是不随短时间而变化或变化微小,属于机床静态误差或准静态误差,也经常被细分为部件安装几何误差和运动轴运动几何误差等;热误差包括整机热误差、功能部件热误差、切削热误差等,具有时滞时变、非稳态、多向耦合及复杂非线性等特征;力致误差是指制齿时切削力、部件装夹力、惯性力等引起的整机或部件变形误差,属于机加工动态误差;伺服控制误差是指运动轴的伺服控制参数(位移、速度、加速度)波动或异常等引起的制齿误差;振动误差则是指机床功能部件(主轴、丝杠、轴承等)运动引起的局部或整机振动及切削颤振等引起的制齿误差;随机误差则指其他不可控、不可重复因素对制齿精度的影响,如工件的安装误差等。本章研究制齿机床多源误差建模方法及补偿技术,实现高性能齿轮高效精密加工,保证齿轮加工精度和齿轮表面服役性能。

4.1　数控制齿机床几何误差建模及敏感性分析

4.1.1　数控制齿机床几何误差建模

数控制齿机床几何误差是齿轮加工误差的一项重要来源。几何误差是指机床自身部件的几何尺寸缺陷、部件与部件之间的装配缺陷等因素引起的部件间相对运动的不精确性,这种不精确性通过机床运动链传递到刀具和工件上,导致刀具在工件上的实际切削位置与理论切削位置产生误差,反映到工件齿轮上就产生了齿轮加工误差。因此,全面剖析制齿机床各个运动部件的几何误差,并建立精确的机床几何误差模型是进行齿轮加工误差预测和补偿的重要前提。制齿机床的几何误差模型与具体机床结构有关,本章以典型制齿机床结构为例,分析机床各运动部件的几何误差项并建立机床几何误差模型。

图 4.1 为具有串联结构的典型数控制齿机床结构,其运动部件包括 X 轴、Y 轴、Z 轴 3 个直线运动轴和 A 轴、B 轴、C 轴 3 个回转运动轴,按照一定顺序依次连

接,形成图 4.2 所示的典型制齿机床运动链。其中,B 轴为刀具主轴,依据制齿机床类型(滚齿机、蜗杆砂轮磨齿机、成形磨齿机)安装不同的加工刀具。

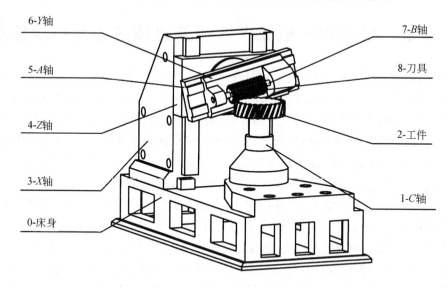

图 4.1　典型数控制齿机床结构

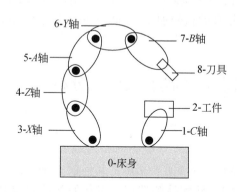

图 4.2　典型制齿机床运动链

严格来说,机床各轴部件只要存在相对运动,就一定存在误差,因此制齿机床的 6 个运动轴误差为机床几何误差的全部来源。B 轴为刀具主轴,制造精度通常很高,因此可以忽略其误差,在建立机床几何误差模型时只考虑 X 轴、Z 轴、A 轴、Y 轴、C 轴 5 个轴。如图 4.1 所示,建立机床参考坐标系,其与机床床身固连,方向与机床坐标系方向相同;设定各轴局部坐标系分别与各轴固连,在机床初始位置,各轴局部坐标系方向与参考坐标系方向相同,并且 X 轴、Z 轴、A 轴、Y 轴坐标系原点与参考坐标系原点重合,位于 A 轴回转轴线上,C 轴坐标系原点位于 C 轴回转轴线上。制齿机床各运动轴包含的几何误差元素如下。

(1) X 轴:6 项位置相关几何误差元素 $\delta_x(x)$、$\delta_y(x)$、$\delta_z(x)$、$\varepsilon_x(x)$、$\varepsilon_y(x)$、$\varepsilon_z(x)$。

(2) Z 轴:6 项位置相关几何误差元素 $\delta_x(z)$、$\delta_y(z)$、$\delta_z(z)$、$\varepsilon_x(z)$、$\varepsilon_y(z)$、$\varepsilon_z(z)$,1 项位置无关几何误差元素 φ_{yz}。

(3)A 轴：6 项位置相关几何误差元素 $\delta_x(a)$、$\delta_y(a)$、$\delta_z(a)$、$\varepsilon_x(a)$、$\varepsilon_y(a)$、$\varepsilon_z(a)$，4 项位置无关几何误差元素 δ_{ya}、δ_{za}、φ_{ya}、φ_{za}。

(4)Y 轴：6 项位置相关几何误差元素 $\delta_x(y)$、$\delta_y(y)$、$\delta_z(y)$、$\varepsilon_x(y)$、$\varepsilon_y(y)$、$\varepsilon_z(y)$，2 项位置无关几何误差元素 φ_{zy}、φ_{xy}。

(5)C 轴：6 项位置相关几何误差元素 $\delta_x(c)$、$\delta_y(c)$、$\delta_z(c)$、$\varepsilon_x(c)$、$\varepsilon_y(c)$、$\varepsilon_z(c)$，4 项位置无关几何误差元素 δ_{xc}、δ_{yc}、φ_{xc}、φ_{yc}。

共计 41 项几何误差元素，包含 30 项位置相关几何误差元素及 11 项位置无关几何误差元素。其中，$\delta_i(j)(i=x,y,z;j=x,y,z,a,c)$ 为与 j 轴位置相关的沿 i 方向的线性误差，$\varepsilon_i(j)$ 为与 j 轴位置相关的绕 i 方向的转角误差，$\delta_{ij}(i=x,y,z;j=a,c)$ 为与 j 轴位置无关的沿 i 方向的定位误差，$\varphi_{ij}(i=x,y,z;j=z,a,y,c)$ 为与 j 轴位置无关的绕 i 方向的垂直度误差。

制齿机床是一类多体系统，机床各轴是该多体系统中的典型体，而典型体之间的位姿关系可由齐次坐标变换矩阵来描述。理想情况下，多体系统两相邻典型体的位姿关系可由各相邻体局部坐标系间的齐次坐标变换矩阵直接表示，当存在误差时，两相邻典型体间的位姿关系需要考虑各项几何误差元素的影响。引入静止位姿矩阵 T_p、静止位姿误差矩阵 T_{pe}、运动位姿矩阵 T_s 及运动位姿误差矩阵 T_{se}，以描述几何误差元素作用下相邻典型体间的位姿关系。其中，静止位姿矩阵 T_p 描述机床各轴在初始位置时相邻典型体局部坐标系间的位姿关系；静止位姿误差矩阵 T_{pe} 描述机床各轴在初始位置时位置无关误差对相邻典型体局部坐标系间位姿关系的影响；运动位姿矩阵 T_s 描述相邻典型体在机床运动指令下的变换矩阵；运动位姿误差矩阵 T_{se} 描述位置相关误差对相邻典型体运动后位姿关系的影响。若以刀具为传递终点，则典型制齿机床运动链为

工件→C 轴→床身→X 轴→Z 轴→A 轴→Y 轴→B 轴→刀具

使用图 4.2 中标号表示各典型体间局部坐标系的变换顺序：

2→1→0→3→4→5→6→7→8

由以上可以推导出完整的相邻体间变换矩阵：

$$T_{jk}=T_{jkp}T_{jkpe}T_{jks}T_{jkse} \tag{4.1}$$

在得到机床所有相邻体间变换矩阵后，通过矩阵运算可得到用于描述刀具相对于床身的齐次变换矩阵，以及用于描述齿轮工件相对于床身的齐次变换矩阵：

$$T_{08}=T_{03}T_{34}T_{45}T_{56}T_{67}T_{78} \tag{4.2}$$

$$T_{02}=T_{01}T_{12} \tag{4.3}$$

再次运算即可得到机床刀具相对于工件的位姿变换矩阵，其可以通过机床指令位置计算得到相应位置的刀具相对工件的实际位姿：

$$T_{wt_d}=T_{28}=T_{02}^{-1}T_{03}T_{34}T_{45}T_{56}T_{67}T_{78}=T_{12}^{-1}T_{01}^{-1}T_{03}T_{34}T_{45}T_{56}T_{67}T_{78} \tag{4.4}$$

式中，w 为工件；t_d 为刀具；T_{wt_d} 为刀具相对于工件的实际位姿变换矩阵。

　　为计算得到机床指令位置下的刀具相对工件的理想位姿，利用前述的相邻体静止位姿矩阵与运动位姿矩阵，采用同样的推导方法可得到其具体表达式：

$$T_{wt_d} = T_{28i} = T_{02i}^{-1} T_{03i} T_{34i} T_{45i} T_{56i} T_{67i} T_{78i} = T_{12i}^{-1} T_{01i}^{-1} T_{03i} T_{34i} T_{45i} T_{56i} T_{67i} T_{78i}$$

$$(4.5)$$

式中，i 为机床处于理想状态，不存在任何误差；T_{wt_di} 为刀具相对于工件的理想位姿变换矩阵。

　　假定机床的指令位置用 I 来表示，具体表达式如下：

$$I = \begin{bmatrix} x & y & z & a & b & c \end{bmatrix}^T \qquad (4.6)$$

　　任意 I 对应的机床刀具相对工件的实际位姿变换矩阵可由 $T_{wt_d}(I)$ 表示，可令

$$T_{wt_di}(I) = \begin{bmatrix} R_i(I) & P_i(I) \\ 0 & 1 \end{bmatrix} \qquad (4.7)$$

式中，$R_i(I) = \begin{bmatrix} R_{11i}(I) & R_{12i}(I) & R_{13i}(I) \\ R_{21i}(I) & R_{22i}(I) & R_{23i}(I) \\ R_{31i}(I) & R_{32i}(I) & R_{33i}(I) \end{bmatrix}$；$P_i(I) = \begin{bmatrix} P_{xi}(I) \\ P_{yi}(I) \\ P_{zi}(I) \end{bmatrix}$；$P_i$ 为位置向量；R_i 为方向向量；$T_{wt_d}(I)$ 为 I 对应的机床刀具相对工件的理想位姿变换矩阵。

　　对于空间位置误差，可由式(4.7)直接计算得到，几何误差元素都属于微小误差，因此几何误差元素相乘产生的高阶小量都可以忽略，于是可以通过忽略高阶小量简化空间误差模型。直接计算得到空间姿态误差非常困难，且其矩阵表达形式也不能直接应用于误差补偿，因此本节提出一种更为简便的空间姿态误差表述方法。

　　假设刀具相对工件的实际姿态矩阵如式(4.8)所示。描述刀具相对于工件的姿态矩阵有 6 项约束条件，只有 3 项独立元素，因此可以提取 3 项独立矩阵元素以对姿态进行描述，从而得到空间姿态误差的表述：

$$R(I) = \begin{bmatrix} R_{11}(I) & R_{12}(I) & R_{13}(I) \\ R_{21}(I) & R_{22}(I) & R_{23}(I) \\ R_{31}(I) & R_{32}(I) & R_{33}(I) \end{bmatrix} \qquad (4.8)$$

　　取 $O(I) = \begin{bmatrix} R_{22}(I) \\ R_{31}(I) \\ R_{12}(I) \end{bmatrix}$，$O_i(I) = \begin{bmatrix} R_{22i}(I) \\ R_{31i}(I) \\ R_{12i}(I) \end{bmatrix}$，$O_e(I) = O(I) - O_i(I) = \begin{bmatrix} R_{22e}(I) \\ R_{31e}(I) \\ R_{12e}(I) \end{bmatrix}$，与

空间位置误差的计算相似，忽略高阶小量，对式(4.8)简化后得到空间姿态误差。

　　综上所述，机床刀具相对于工件的位姿可以通过一个简单的矩阵来描述，同样空间误差模型也通过一个简单的矩阵来描述。实际位姿矩阵与理想位姿矩阵描述如下：

$$T_{\text{act}}(I) = \begin{bmatrix} P(I) \\ O(I) \end{bmatrix} \tag{4.9}$$

$$T_{\text{nom}}(I) = \begin{bmatrix} P_i(I) \\ O_i(I) \end{bmatrix} \tag{4.10}$$

4.1.2　数控制齿机床几何误差敏感性分析

1. 误差模型简化及敏感性分析方法

制齿机床多源几何误差(简称机床多源误差)数目众多且存在复杂的耦合效应,几何误差间的相互作用可能导致制齿误差大幅增加,但如果对几何误差进行合理分配,可在一定程度上消减制齿误差。对机床多源误差形成机理进行分析,推导机床多源误差对齿轮加工误差的链式传播模型,并对齿面成形过程进行数值仿真等,以构建制齿机床多源误差模型,该模型实质上是一个高阶非线性的多输入多输出系统。其中,输入为多源误差的所有误差项,输出为工件齿轮的误差分量,包括工件坐标系 x、y、z 坐标轴方向上的三个位置误差分量 δ_x、δ_y、δ_z 和绕 x、y、z 坐标轴旋转方向上的三个姿态误差分量 ε_x、ε_y、ε_z,此外输出也可以定义为齿廓误差、螺旋线误差、齿距误差等。一般地,若以 $G_T = (x_1, x_2, x_3, \cdots, x_m)^{\mathrm{T}}$ 表示多源误差齿面误差集,其中 $x_1, x_2, x_3, \cdots, x_m$ 表示 m 项多源误差,$E_{\text{gear}} = (\delta_x, \delta_y, \delta_z, \varepsilon_x, \varepsilon_y, \varepsilon_z)^{\mathrm{T}}$ 表示制齿误差输出向量,其中 $\delta_x, \delta_y, \delta_z, \varepsilon_x, \varepsilon_y, \varepsilon_z$ 表示 6 项齿轮误差分量,则制齿机床多源误差模型可简化为

$$E_{\text{gear}} = f(G_T) \tag{4.11}$$

对多轴数控制齿机床而言,影响制齿加工精度的多源误差数目一般有几十乃至数百项,不仅每项误差对加工精度的影响不同,误差与误差间的相互作用对加工误差的影响也存在耦合效应,而且各误差项精度控制的难易程度也存在极大差异。因此,为节约机床设计制造成本并最大限度地提高制齿精度,建立机床多源误差模型并进行关键误差辨识与补偿至关重要。但由于误差项目众多且误差间的耦合效应复杂,如何准确有效地识别出影响制齿精度的关键误差显得十分困难。

目前,基于机床误差模型进行敏感性分析是关键误差辨识的一种重要途径。根据敏感性分析的范围,可将其分为局部敏感性分析和全局敏感性分析。局部敏感性分析侧重于检验单参数对模型输出的独立影响,而全局敏感性分析则同时检验多参数对模型输出的综合影响以及参数间的耦合效应对模型输出的影响。对于局部敏感性分析,如利用加工误差对多源误差求偏导等,由于缺少对参数的概率分布与随机特征的考量,分析结果只包含局部梯度信息,对制齿误差的敏感性分析结果不完全可信。因此,对于制齿机床多源误差模型,一般采用全局敏感性分析方法

进行敏感指数计算及关键误差辨识,常用的方法包括 Morris 法、Sobol 法、EFAST 法等。本节以数控成形磨齿机为例,基于已建立的几何误差-齿面误差模型,分别利用 Morris 法和 Sobol 法进行敏感性分析及关键误差识别。

2. 基于 Morris 法的误差敏感性分析

针对数控成形磨齿机,基于已建立的机床几何误差-刀具空间误差模型,通过磨削轨迹离散化和接触线数值计算,构建数控成形磨齿机几何误差-齿面误差模型,该模型以机床几何误差 $G=(x_1,x_2,x_3,\cdots,x_m)^{\mathrm{T}}$ 为输入,以齿面误差 $E_{TS}=(\delta_x,\delta_y,\delta_z,\varepsilon_x,\varepsilon_y,\varepsilon_z)^{\mathrm{T}}$ 为输出,将齿面误差简化为

$$E_{TS}=f(G) \tag{4.12}$$

Morris 法主要致力于分析输入参数在全局范围内变化时对输出参数的影响。其设计理念基于基本效应,每次运行中仅单个输入参数值有所不同。假设误差项 x_i 的基本效应服从分布 F_i,则测得的该分布的均值 μ_i 和标准差 σ_i 作为敏感指数,即可定量描述该误差项的敏感性大小。μ_i 越大,该误差项对齿面误差的影响越大;σ_i 越大,该误差项与其他误差项的耦合作用越大。Morris 法分析过程中存在随机误差,因此实际操作中需要独立重复多次求取敏感指数平均值。

在齿面误差模型中,首先将每个误差项的取值范围映射到区间 $[0,1]$,然后将其离散化,保证每个误差项只能从 $\{0,\Delta_e,2\Delta_e,\cdots,1\}$ 中取值,其中 $\Delta_e=1/(q-1)$,q 代表每个误差项的采样数。构成的随机采样矩阵为

$$G_0=\begin{bmatrix} x_1 & x_2 & \cdots & x_m \end{bmatrix}^{\mathrm{T}} \tag{4.13}$$

若仅将误差项 x_i 的取值变化 Δ_e,则 x_i 的基本效应为

$$\mathrm{EE}_i=\frac{f(x_1,x_2,\cdots,x_i+\Delta_e,\cdots,x_m)-f(x_1,x_2,\cdots,x_i,\cdots,x_m)}{\Delta_e} \tag{4.14}$$

Morris 法的具体分析步骤如下:

(1)构造 m 维对角矩阵 D^*,其对角元素为等概率随机生成的 $+1$ 或 -1,并生成元素均为 1 的严格下三角矩阵 $S_{(m+1)\times m}$;同时建立 $l\times m$ 的单位矩阵 E,其中 $l=m+1$,则随机化矩阵 E^* 为

$$E^*=(2S-E)D^*+E \tag{4.15}$$

(2)生成几何误差的基值向量 G^*,其中每个误差项的值都随机均匀采样于 $\{0,\Delta_e,2\Delta_e,\cdots,1\}$ 中。

(3)生成 m 维随机置换矩阵 P^*,该矩阵的每行、每列只有一个元素为 1,其余元素均为 0。因此,随机采样矩阵 S^* 为

$$S^*=\left(E_{l,1}G^*+\frac{\Delta_e}{2}E^*\right)P^* \tag{4.16}$$

D^*、G^*、P^* 都是相互独立的随机矩阵,因此由其生成的 S^* 自然也是随机矩

阵,并且该矩阵的每相邻两行间只有一个误差项的取值不同,且差异值为 Δ_e。假定相邻两行只有第 i 列元素相差 Δ_e,则误差项 x_i 的基本效应为

$$EE_i = \frac{f(x_1, x_2, \cdots, x_{i1}, \cdots, x_m) - f(x_1, x_2, \cdots, x_{i2}, \cdots, x_m)}{\Delta_e} \tag{4.17}$$

因此,若将 S^* 中所有相邻行元素作为模型的输入误差向量,则 m 个误差项的基本效应均可求得。

(4)根据设定的循环采样次数 SN,重复步骤(1)至步骤(3)计算误差项 x_i 的基本效应 N 次,从而获得每个误差项的 SN 个基本效应。

(5)按式(4.18)计算每个误差项基本效应的均值 μ_i 和标准差 σ_i 并将其作为敏感指数:

$$\begin{cases} \mu_i = \dfrac{1}{SN} \sum_{j=1}^{SN} EE_{ij} \\[2mm] \sigma_i = \sqrt{\dfrac{1}{SN} \sum_{j=1}^{SN} (EE_{ij} - \mu_i)^2} \end{cases} \tag{4.18}$$

(6)根据敏感指数判断并比较所有几何误差项的敏感性大小。

由于输入几何误差取值区间对敏感性分析结果的影响很大,其概率分布必须提前测定。针对 5 轴数控成形磨齿机,利用雷尼绍 XL-80 激光干涉仪和 QC10 球杆仪在机床全工作空间内测得 33 项几何误差的分布情况。根据测量结果,位移误差和角度误差可视作分别均匀分布于 $[0\mu m, 20\mu m]$ 和 $[0°, 0.029°]$,故据此对步骤(3)中的随机采样矩阵 S^* 进行映射修正,得到新的采样矩阵 MS^*。同时,为便于比较各误差项对齿面误差影响的相对大小,在步骤(5)中,需根据式(4.19)对求得的均值 μ_i 和标准差 σ_i 进行归一化处理,得到归一化均值 M_{μ_i} 和标准差 M_{σ_i} 分别为

$$\begin{cases} M_{\mu_i} = \dfrac{1}{m} \sum_{i=1}^{m} \mu_i \\[2mm] M_{\sigma_i} = \dfrac{1}{m} \sum_{i=1}^{m} \sigma_i \end{cases} \tag{4.19}$$

由于每个误差项的采样数 q 和判定误差项基本效应分布的循环采样次数 SN 直接影响着修正 Morris 法的计算效率,经过多次重复试验可知,当 SN=50 时,能在较短时间内求得收敛精度较高的误差项归一化敏感指数,包括均值 M_{μ} 和标准差 M_{σ}。为系统全面地分析和辨识每个方向上的关键误差,分别以 6 个齿面误差分量 $(\delta_x, \delta_y, \delta_z, \varepsilon_x, \varepsilon_y, \varepsilon_z)$ 为分析目标,根据修正 Morris 法的步骤独立进行全局敏感性分析。

例如,以齿面接触点群在工件坐标系 x 方向上的齿面误差分量 δ_x 为分析目标,具体敏感性分析流程如下:首先,由于误差项数 $m=33$,可根据修正 Morris 法构造随

化矩阵 $E^*_{34\times33}$；其次，令每个几何误差的值分别随机均匀采样于 $\{0,\Delta_e,2\Delta_e,\cdots,1\}$，其中对于位移误差，$\Delta_e=1/(q-1)\times20\mu\mathrm{m}$，对于角度误差，$\Delta_e=1/(q-1)\times0.029°$，从而生成几何误差基值向量 $G^*_{33\times1}$；再次，利用随机化矩阵 $E^*_{34\times33}$、基值向量 $G^*_{33\times1}$ 和随机置换矩阵 $P^*_{33\times33}$，构造随机采样矩阵 $S^*_{34\times33}$，同时由于 $S^*_{34\times33}$ 中的每一行元素均可作为 33 项几何误差值输入几何误差-齿面误差模型，得到相应的 x 方向上的齿面误差分量 δ_x，并且相邻行元素只有某列元素相差 Δ_e，故 33 项几何误差的基本效应均可根据式(4.17)求得；最后，根据设定的循环采样次数 SN，独立重复计算出每个误差项的 SN 个基本效应，并利用式(4.18)和式(4.19)求得每个误差项基本效应的归一化均值 M_{μ_i} 和标准差 M_{σ_i}，将其作为敏感指数来比较和辨识相应的关键误差项。

如图 4.3 所示，以 33 项几何误差构成的误差序列为横坐标，以敏感指数 M_μ 和 M_σ 为纵坐标，绘制齿面误差分量 δ_x 的敏感指数图。在误差序列中，第 1~6 项误差表示 X 轴的 6 项几何误差 $(\delta_x(x),\delta_y(x),\delta_z(x),\varepsilon_x(x),\varepsilon_y(x),\varepsilon_z(x))$；第 7~13 项误差表示 Z 轴 7 项几何误差 $(\delta_x(z),\delta_y(z),\delta_z(z),\varepsilon_x(z),\varepsilon_y(z),\varepsilon_z(z),\varphi_{yz})$；第 14~23 项误差表示 A 轴 10 项几何误差 $(\delta_x(a),\delta_y(a),\delta_z(a),\varepsilon_x(a),\varepsilon_y(a),\varepsilon_z(a),\delta_{ya},\delta_{za},\varphi_{ya},\psi_{za})$；第 24~33 项误差表示 C 轴 10 项几何误差 $(\delta_x(c),\delta_y(c),\delta_z(c),\varepsilon_x(c),\varepsilon_y(c),\varepsilon_z(c),\delta_{xc},\delta_{yc},\varphi_{xc},\varphi_{yc})$。同理，以齿面误差在工件坐标系另外 5 个自由度方向上的误差分量 $(\delta_y,\delta_z,\varepsilon_x,\varepsilon_y,\varepsilon_z)$ 为分析目标绘制敏感指数图，如图 4.4~图 4.8 所示。

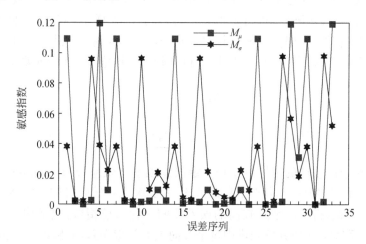

图 4.3　齿面误差分量 δ_x 的敏感指数图

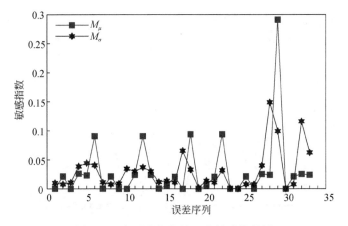

图 4.4　齿面误差分量 δ_y 的敏感指数图

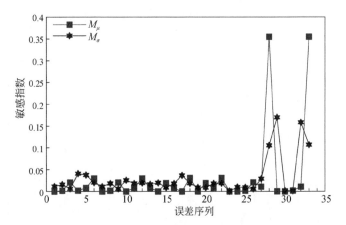

图 4.5　齿面误差分量 δ_z 的敏感指数图

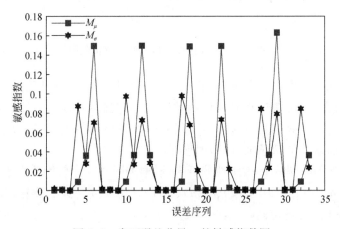

图 4.6　齿面误差分量 ε_x 的敏感指数图

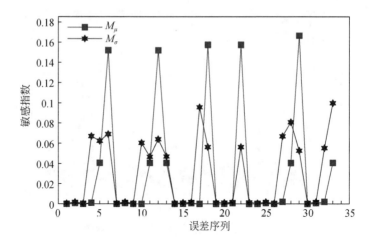

图 4.7　齿面误差分量 ε_y 的敏感指数图

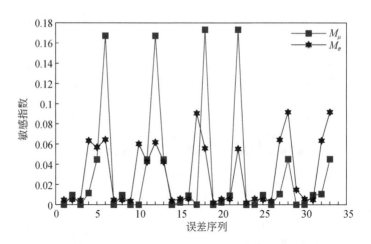

图 4.8　齿面误差分量 ε_z 的敏感指数图

根据图 4.3～图 4.8，针对任意齿面误差分量，比较各项几何误差的敏感指数 M_μ 和 M_σ 的大小，可辨识得到相应的关键误差和强耦合误差。同时，运动轴的误差敏感指数可通过叠加其包含的多项误差的敏感指数得到，比较敏感指数大小可辨识得到齿面误差的敏感轴，也即敏感部件。

以齿面误差分量 δ_x 的敏感性分析为例，根据图 4.3 比较均值大小，辨识得到的关键误差为 $\delta_x(x)$、$\varepsilon_y(x)$、$\delta_x(z)$、$\delta_x(a)$、$\delta_x(c)$、$\varepsilon_y(c)$、δ_x、φ_x。比较标准差大小，辨识得到的强耦合误差为 $\varepsilon_x(x)$、$\varepsilon_x(z)$、$\varepsilon_x(a)$、$\varepsilon_x(c)$、$\varepsilon_y(c)$、φ_x、φ_{yc}。同时，各轴的误差敏感性排序为 $C>X>A>Z$。因此，为减小齿面误差分量 δ_x，应着重补偿修正

上述误差项,并合理强化 C 轴和 X 轴精度。同理,根据图 4.4～图 4.8,其余 5 个齿面误差分量对应的关键误差序列、强耦合误差序列以及敏感部件序列均可辨识,结果详见表 4.1。其中,对于齿面误差分量 ε_x、ε_y 和 ε_z,角度误差间的耦合作用比较强。

表 4.1　各齿面误差分量的关键误差识别结果

齿面误差分量	关键误差	强耦合误差	部件敏感性排序
δ_x	$\delta_x(x)$,$\varepsilon_y(x)$,$\delta_x(z)$,$\delta_x(a)$,$\delta_x(c)$,$\varepsilon_y(c)$,δ_{xc},φ_{xc}	$\varepsilon_x(x)$,$\varepsilon_x(z)$,$\varepsilon_x(a)$,$\varepsilon_x(c)$,$\varepsilon_y(c)$,φ_{xc},φ_{yc}	$C>X>A>Z$
δ_y	$\varepsilon_z(x)$,$\varepsilon_z(z)$,$\varepsilon_y(a)$,φ_{ya},$\varepsilon_z(c)$	$\varepsilon_x(a)$,$\varepsilon_y(c)$,$\varepsilon_z(c)$,φ_{xc},φ_{yc}	$C>A>X>Z$
δ_z	$\varepsilon_y(c)$,φ_{yc}	$\varepsilon_y(c)$,$\varepsilon_z(c)$,φ_{xc},φ_{yc}	$C>A>Z>X$
ε_x	$\varepsilon_z(x)$,$\varepsilon_z(z)$,$\varepsilon_y(a)$,φ_{ya},$\varepsilon_z(c)$	所有角度误差	$A>C>Z>X$
ε_y	$\varepsilon_z(x)$,$\varepsilon_z(z)$,$\varepsilon_y(a)$,φ_{ya},$\varepsilon_z(c)$	所有角度误差	$A>C>Z>X$
ε_z	$\varepsilon_y(x)$,$\varepsilon_z(x)$,$\varepsilon_z(z)$,$\varepsilon_y(a)$,φ_{ya}	所有角度误差	$A>Z>X>C$

为验证关键误差识别的准确性,本节提出一种关键误差修正仿真方法。该方法针对某齿面误差分量的关键误差进行虚拟修正,假设关键误差被完美修正为零,而其余误差数值保持不变,通过观察 6 个齿面误差分量的误差消减率验证识别结果的准确性。误差消减率表示关键误差修正后各齿面误差分量的减少值占修正前齿面误差分量原始值的百分比。其中,被修正的齿面误差分量的误差消减率称为主误差消减率。主误差消减率的数值越大,表明辨识的关键误差对该齿面误差分量的影响越大,辨识结果越可靠。关键误差修正后,各齿面误差分量的误差消减率如表 4.2 所示。

表 4.2　各齿面误差分量的误差消减率　　　　　(单位:%)

修正误差分量	误差分量					
	δ_x	δ_y	δ_z	ε_x	ε_y	ε_z
δ_x	87.27	5.09	92.57	7.49	8.63	7.61
δ_y	4.69	43.01	6.25	76.41	74.42	64.15
δ_z	-85.93	-16.46	89.77	-22.61	-22.87	-20.94
ε_x	4.69	43.01	6.25	76.41	74.42	64.15
ε_y	4.69	43.01	6.25	76.41	74.42	64.15
ε_z	5.59	50.86	6.26	72.45	70.70	64.15

由表 4.2 可知,对某齿面误差分量的少数几项关键误差修正后,主误差消减率达 40% 以上,误差分量的数值均大幅减小,证实了关键误差与齿面精度间的强相

关性。以齿面误差分量 δ_x 的关键误差修正为例,当 $\delta_x(x)$、$\varepsilon_y(x)$、$\delta_x(z)$、$\delta_x(a)$、$\delta_x(c)$、$\varepsilon_y(c)$、δ_{zx}、φ_x 共 8 项关键误差被修正时,该分量的主误差消减率高达 87.27%,说明这 8 项关键误差对齿面误差分量 δ_x 的影响远大于其余 25 项误差,证实了关键误差辨识结果的准确性和可靠性。但必须注意,由于几何误差项间的耦合效应,对单个齿面误差分量的关键误差进行修正可能导致其他齿面误差分量数值的增加。因此,在后续的部件精度强化和误差精确补偿中,必须综合考虑所有齿面误差分量的变化情况,使齿面精度得以全方位提升。

3. 基于 Sobol 法的误差敏感性分析

Sobol 法是一种基于方差分解的全局敏感性分析方法,通过计算单参数、多参数、参数间相互作用对输出方差的贡献,评估各参数的敏感性。对评估模型是否为线性、单调性模型以及输入的分布特征没有要求,且能分析单个参数的主效应、全效应及多个参数的耦合效应对模型输出的影响。

基于数控成形磨齿机的几何误差-齿面误差模型,关键误差的辨识过程可拆分为针对各齿面误差分量的独立敏感性分析过程。以齿面误差分量 $\delta_x = f(G)$ 为例,假设输入误差独立且均匀分布于 m 维单位超空间 $\Omega^m = (x_i \mid 0 \leqslant x_i \leqslant 1, i=1,2,3,\cdots, m)$,则 $f(G)$ 可分解为

$$\delta_x = f(G) = f_0 + \sum_{i=1}^{m} f_i(x_i) + \sum_{i<j}^{m} f_{ij}(x_i, x_j) + \cdots + f_{1,2,\cdots,m}(x_1, x_2, \cdots, x_m)$$

$$(4.20)$$

式中,f_0 为常量;$f_i(x_i)$ 为变量 x_i 的函数;$f_{ij}(x_i, x_j)$ 为变量 x_i 和 x_j 的联合函数。

同理,其余高阶函数项具有类似的定义。需要注意的是,该分解式中的各子函数项是相互正交的,也即每个子函数项对其自变量的积分为 0,即

$$\int_0^1 f_{i_1,i_2,\cdots,i_w}(x_{i_1}, x_{i_2}, \cdots, x_{i_w})\,\mathrm{d}x_g = 0 \qquad (4.21)$$

式中,$g = i_1, i_2, \cdots, i_w$。根据条件期望的定义,各子函数也等价于

$$\begin{cases} f_0 = E(\delta_x) \\ f_i(x_i) = E(\delta_x \mid x_i) - f_0 \\ f_{ij}(x_i, x_j) = E(\delta_x \mid x_i, x_j) - f_0 - f_i - f_j \end{cases} \qquad (4.22)$$

式中,f_0 为所有输入参数作用下的全效应;$f_i(x_i)$ 为 x_i 的独立效应;$f_{ij}(x_i, x_j)$ 为 x_i 和 x_j 的耦合效应,其余高阶函数项具有类似的定义。

所有输入参数相互独立且具有随机特征,因此 $\delta_x = f(G)$ 是平方可积的。

$$\int_{\varOmega^m} f^2(G)\,\mathrm{d}G - f_0^2 = \sum_{w=1}^{m}\sum_{i_1<i_2<\cdots<i_w}^{m} \int f_{i_1,i_2,\cdots,i_w}^2\,\mathrm{d}x_{i_1}\,\mathrm{d}x_{i_2}\cdots\mathrm{d}x_{i_w} \tag{4.23}$$

需要注意的是,式(4.23)的左边表示 $f(G)$ 的方差,右边的各项表示函数分解后各子项的方差,也即方差分解过程。该式可简化为

$$V = \sum_{i=1}^{m} V_i + \sum_{i<j}^{m} V_{ij} + \cdots + V_{1,2,\cdots,m} \tag{4.24}$$

式中

$$V_i = \mathrm{Var}_{x_i}(E_{G_{\sim i}}(\delta_x\,|\,x_i))$$
$$V_{ij} = \mathrm{Var}_{x_{ij}}(E_{G_{\sim ij}}(\delta_x\,|\,x_i,x_j)) - V_i - V_j \tag{4.25}$$

式中,Var 表示求取方差;$G_{\sim i}$ 为除 x_i 外的全部输入参数;V 为模型输出总方差;V_i 为由参数 x_i 独立引起的模型输出方差;V_{ij} 为由参数 x_i 和 x_j 间的耦合效应引起的模型输出方差。

此外,为衡量参数 x_i 对模型输出方差的独立影响,定义参数 x_i 的一阶敏感指数为

$$S_i = \frac{V_i}{V} \tag{4.26}$$

同时,为衡量参数 $x_{i_1},x_{i_2},\cdots,x_{i_w}$ 间的耦合效应对模型输出方差的影响,定义 w 阶敏感指数为

$$S_{i_1,i_2,\cdots,i_w} = \frac{V_{i_1,i_2,\cdots,i_w}}{V} \tag{4.27}$$

式中,$1\leqslant i_1<i_2<\cdots<i_w\leqslant m$。由方差分解的等式可知,敏感指数应该满足以下条件:

$$\sum_{i=1}^{m} S_i + \sum_{1\leqslant i<j\leqslant m} S_{ij} + \cdots + S_{1,2,\cdots,m} = 1 \tag{4.28}$$

此外,考虑到参数 x_i 的独立效应以及与其他任意参数组合的耦合效应对输出方差的综合影响,定义参数 x_i 的全局敏感指数为

$$S_{Ti} = \frac{E_{G_{\sim i}}(\mathrm{Var}_{x_i}(\delta_x\,|\,G_{\sim i}))}{V} = 1 - \frac{\mathrm{Var}_{G_{\sim i}}(E_{x_i}(\delta_x\,|\,G_{\sim i}))}{V} \tag{4.29}$$

其中,存在如参数 x_i 和 x_j 间的耦合效应对输出方差的影响会在 S_{Ti} 和 S_{Tj} 被重复计算的情况,故而所有参数的全局敏感指数之和应该大于 1。

为计算上述提及的敏感指数,一般采用蒙特卡罗积分法对式(4.29)中的多维积分进行估计。蒙特卡罗积分法实质上是一种随机采样估计法,因此合理可靠的采样序列是保证敏感指数计算效率和准确性的关键。通常由随机函数生成采样序列,但该序列存在受计算机 CPU 位数限制的周期性的缺点,是伪蒙特卡罗序列。故而利用准蒙特卡罗序列进行替换。该采样序列均匀分布于概率空间,不是单纯

的网格划分,而是利用本质随机的巧妙方法去填满输入参数超空间,此处不进行详细介绍。

　　基于改进 Sobol 法进行敏感指数计算的流程图如图 4.9 所示,该过程以齿面误差分量 $\delta_x = f(G)$ 为例。

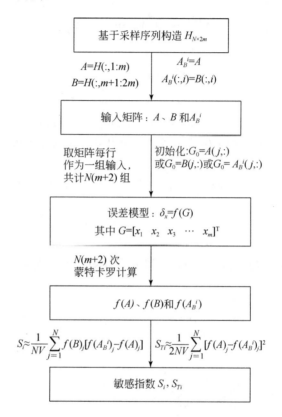

图 4.9　基于改进 Sobol 法进行敏感指数计算的流程图

　　(1)基于采样序列生成随机采样矩阵 $H_{N \times 2m}$,该矩阵是由考虑输入几何误差项的概率分布构造的。其中,N 表示每个参数的采样数,m 表示参数数量。

　　(2)根据随机采样矩阵 $H_{N \times 2m}$ 构建输入矩阵 $A_{N \times m}$、$B_{N \times m}$ 和 $(A_B^i)_{N \times m}$。将 $H_{N \times 2m}$ 的前 m 列作为矩阵 A,后 m 列作为矩阵 B,并构建 m 个衍生矩阵 A_B^i,它除了第 i 列等于矩阵 B 的第 i 列,其余的列均来自矩阵 A。

　　(3)将输入矩阵的每一行作为一组输入参数,共有 $N(m+2)$ 组。将由 A、B 和 A_B^i 拆解出的每一组输入参数分别代入误差模型 $\delta_x = f(G)$ 中,计算 $N(m+2)$ 次,得到相应的误差值 $f(A)$、$f(B)$、$f(A_B^i)$。利用蒙特卡罗估计算式计算参数的敏感指数,包括一阶敏感指数和全局敏感指数。

$$\begin{cases} S_i = \dfrac{\mathrm{Var}_{x_i}(E_{G_{\sim i}}(\delta_x \mid x_i))}{V} \approx \dfrac{1}{NV} \sum_{j=1}^{N} f(B)_j \left[f(A_B^i)_j - f(A)_j \right] \\ S_{Ti} = \dfrac{E_{G_{\sim i}}(\mathrm{Var}_{x_i}(\delta_x \mid G_{\sim i}))}{V} \approx \dfrac{1}{2NV} \sum_{j=1}^{N} \left[f(A)_j - f(A_B^i)_j \right]^2 \end{cases} \quad (4.30)$$

因此,对于齿面误差分量 δ_x,设置合适的敏感阈值便可对关键误差进行辨识。此外,为辨识得到对 δ_x 影响最大的敏感部件,可将部件所包含的所有误差项的全局敏感指数之和作为部件敏感指数。例如,具有 r 项几何误差的部件的敏感指数定义为

$$S_{mc} = \sum_{i=1}^{r} S_{Ti} \quad (4.31)$$

根据已测定的几何误差概率分布,以砂轮位置(709.7784,−17.7358,50)为例,随机采样序列的详细概率分布如表 4.3 所示。

表 4.3　输入几何误差的随机采样序列概率统计

参数序列	几何误差	平均值 /$10^3[\mu m/(°)]$	方差 /$10^6[\mu m/(°)^2]$	参数序列	几何误差	平均值 /$10^3[\mu m/(°)]$	方差 /$10^6[\mu m/(°)^2]$
x_1	$\delta_x(x)$	9.6563	31.9033	x_{18}	$\varepsilon_y(a)$	14.4582	66.3875
x_2	$\delta_y(x)$	10.1188	31.0230	x_{19}	$\varepsilon_z(a)$	14.8163	65.4578
x_3	$\delta_z(x)$	9.9313	32.3761	x_{20}	δ_{ay}	10.3438	31.9033
x_4	$\varepsilon_x(x)$	14.1718	65.1000	x_{21}	δ_{az}	10.2688	31.4336
x_5	$\varepsilon_y(x)$	14.6731	66.9889	x_{22}	β_{az}	13.8316	65.4578
x_6	$\varepsilon_z(x)$	14.2792	64.2556	x_{23}	γ_{ay}	14.6015	63.8920
x_7	$\delta_x(z)$	9.9188	32.9055	x_{24}	$\delta_x(c)$	10.1188	31.0230
x_8	$\delta_y(z)$	9.8063	31.1402	x_{25}	$\delta_y(c)$	9.6563	31.9033
x_9	$\delta_z(z)$	9.8938	31.7289	x_{26}	$\delta_z(c)$	9.9938	32.5527
x_{10}	$\varepsilon_x(z)$	13.8316	65.4578	x_{27}	$\varepsilon_x(c)$	14.2971	66.6292
x_{11}	$\varepsilon_y(z)$	14.6731	66.9889	x_{28}	$\varepsilon_y(c)$	14.1180	66.4272
x_{12}	$\varepsilon_z(z)$	14.2792	64.2556	x_{29}	$\varepsilon_z(c)$	14.2792	64.2556
x_{13}	S_{zx}	14.3687	64.2556	x_{30}	δ_{cx}	10.1813	32.3168
x_{14}	$\delta_x(a)$	9.8063	31.1402	x_{31}	δ_{cy}	9.6563	31.9033
x_{15}	$\delta_y(a)$	9.9313	32.3761	x_{32}	α_{cy}	14.4761	65.1000
x_{16}	$\delta_z(a)$	9.9188	32.9055	x_{33}	β_{cx}	13.8316	65.4578
x_{17}	$\varepsilon_x(a)$	14.3687	64.2556	—	—	—	—

针对其他 5 个齿面误差分量(δ_y、δ_z、ε_x、ε_y、ε_z),也进行类似的敏感性分析,可得相应的一阶敏感指数 S_i 和全局敏感指数 S_{Ti},具体数值如图 4.10~图 4.15 所示。

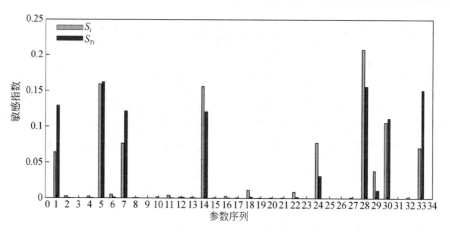

图 4.10　齿面误差分量 δ_x 的敏感指数图

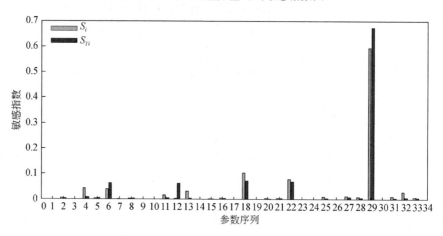

图 4.11　齿面误差分量 δ_y 的敏感指数图

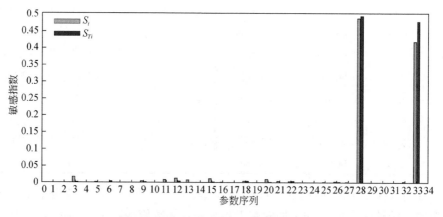

图 4.12　齿面误差分量 δ_z 的敏感指数图

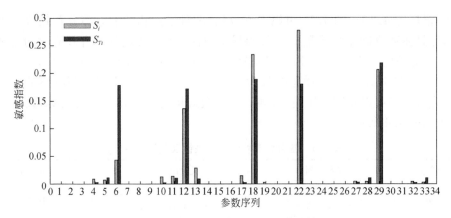

图 4.13　齿面误差分量 ε_x 的敏感指数图

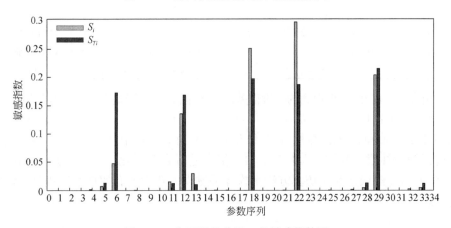

图 4.14　齿面误差分量 ε_y 的敏感指数图

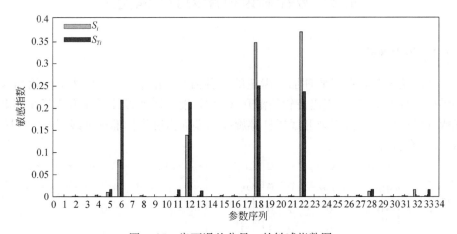

图 4.15　齿面误差分量 ε_z 的敏感指数图

　　根据图 4.10～图 4.15 可以发现,尽管两种敏感指数的总体分布趋势大体一致,但具体数值仍存在显著差异,该差异是由误差与误差间的耦合效应对制齿精度的影响导致的。例如,对于齿面误差分量 δ_x,X 轴附属的误差项 $\delta_x(x)$ 的一阶敏感指数为 0.0639,但是全局敏感指数为 0.1294。因此,在关键误差和敏感部件辨识时,为考虑多项误差耦合作用的影响,选择全局敏感指数作为评价指标,具体识别结果如表 4.4 所示。

表 4.4　各齿面误差分量的关键误差和敏感部件

误差分量	参数序列	关键误差	敏感部件
δ_x	x_1, x_5, x_7, x_{14}, x_{24}, x_{28}, x_{30}, x_{33}	$\delta_x(x)$, $\varepsilon_y(x)$, $\delta_x(z)$, $\delta_x(a)$, $\delta_x(c)$, $\varepsilon_y(c)$, δ_{xc}, φ_{xt}	X 轴,C 轴
δ_y	x_6, x_{12}, x_{18}, x_{22}, x_{29}	$\varepsilon_z(x)$, $\varepsilon_z(z)$, $\varepsilon_y(a)$, φ_{yu}, $\varepsilon_z(c)$	C 轴
δ_z	x_{28}, x_{33}	$\varepsilon_y(c)$, φ_{yc}	C 轴
ε_x	x_6, x_{12}, x_{18}, x_{22}, x_{29}	$\varepsilon_z(x)$, $\varepsilon_z(z)$, $\varepsilon_y(a)$, φ_{yu}, $\varepsilon_z(c)$	A 轴,C 轴
ε_y	x_6, x_{12}, x_{18}, x_{22}, x_{29}	$\varepsilon_z(x)$, $\varepsilon_z(z)$, $\varepsilon_y(a)$, φ_{yu}, $\varepsilon_z(c)$	A 轴,C 轴
ε_z	x_5, x_6, x_{12}, x_{18}, x_{22}	$\varepsilon_y(x)$, $\varepsilon_z(x)$, $\varepsilon_z(z)$, $\varepsilon_y(a)$, φ_{yu}	A 轴

　　由表 4.4 可知,辨识得到的关键误差涵盖了全部 33 项误差中的 13 项,包括 $\delta_x(x)$、$\varepsilon_y(x)$、$\varepsilon_z(x)$、$\delta_x(z)$、$\varepsilon_z(z)$、$\delta_x(a)$、$\varepsilon_y(a)$、φ_{yu}、$\delta_x(c)$、$\varepsilon_y(c)$、$\varepsilon_z(c)$、δ_{xc} 和 φ_{yu},识别的敏感部件为 C 轴和 A 轴。显然,在后续误差精准消减过程中,应该对这 13 项关键误差进行精确补偿,同时对 C 轴和 A 轴的精度进行合理强化。此外,与 Morris 法相同,可采用关键误差修正仿真方法来检验关键误差辨识的有效性和准确性,此处不再赘述。

4.2　数控制齿机床刀具误差建模

4.2.1　滚刀误差

　　齿轮滚刀是按范成原理加工齿轮的一种刀具,相当于一个与被切齿轮相啮合的蜗杆。理论上,要加工出齿轮的渐开线齿形,滚刀切削刃必须准确地落在其渐开线蜗杆螺旋面上。滚刀渐开线蜗杆螺旋面的端面齿廓为标准渐开线,如图 4.16 所示,其参数方程为

$$r_p(\varphi_h) = \begin{bmatrix} \cos\mu_h & -\sin\mu_h & 0 & 0 \\ \sin\mu_h & \cos\mu_h & 0 & 0 \\ 0 & 0 & 1 & 0 \\ 0 & 0 & 0 & 1 \end{bmatrix} \begin{bmatrix} x_{rp} \\ y_{rp} \\ z_{rp} \\ 1 \end{bmatrix} = \begin{bmatrix} r_{bh}[\cos(\mu_h+\varphi_h)+\varphi_h\sin(\mu_h+\varphi_h)] \\ r_{bh}[\sin(\mu_h+\varphi_h)-\varphi_h\cos(\mu_h+\varphi_h)] \\ 0 \\ 1 \end{bmatrix}$$

$$(4.32)$$

式中，r_{bh} 为滚刀渐开线蜗杆基圆半径；μ_h 的表达式为

$$\mu_h = -\text{sgn}(\varphi_h)\left(\frac{\pi}{2N_h} + \text{inv}\alpha_{th}\right), \quad \text{inv}\alpha_{th} = \tan\alpha_{th} - \alpha_{th} \tag{4.33}$$

式中，N_h 为滚刀头数；α_{th} 为滚刀端面压力角；φ_h 为渐开线展开角；对于右齿面 I，$\text{sgn}(\varphi_h) = -1$，对于左齿面 II，$\text{sgn}(\varphi_h) = 1$。

由式(4.32)可得滚刀渐开螺旋面上一点到滚刀轴线的径向距离为

$$r_h = \sqrt{x_p^2 + y_p^2} = \sqrt{\varphi_h^2 r_{bh}^2 + r_{bh}^2} \tag{4.34}$$

式中，x_p 为滚刀端截面齿廓 x 向坐标；y_p 为滚刀端截面齿廓 y 向坐标。

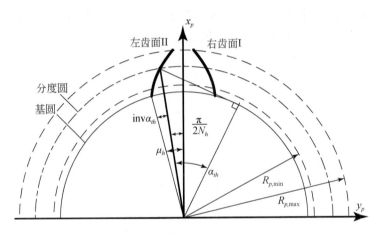

图 4.16 渐开线滚刀端截面齿廓

如图 4.17 所示，建立滚刀固定坐标系 $S_h(O_h - x_h y_h z_h)$，初始时齿廓坐标系 S_p 与端面坐标系 S_h 重合，令滚刀端面齿廓沿滚刀轴向相对端面坐标系做螺旋运动，端面齿廓在空间扫掠形成的轨迹曲面就是滚刀渐开螺旋齿面，其参数表达式为

$$r_h(\varphi_h, \theta_h) = T_h p r_p = \begin{bmatrix} r_{bh}\left[\cos(\theta_h + \mu_h + \varphi_h) + \varphi_h\sin(\theta_h + \mu_h + \varphi_h)\right] \\ r_{bh}\left[\sin(\theta_h + \mu_h + \varphi_h) - \varphi_h\cos(\theta_h + \mu_h + \varphi_h)\right] \\ p_h\theta_h \\ 1 \end{bmatrix} \tag{4.35}$$

$$T_{hp} = \begin{bmatrix} \cos\theta_h & -\sin\theta_h & 0 & 0 \\ \sin\theta_h & \cos\theta_h & 0 & 0 \\ 0 & 0 & 1 & p_h\theta_h \\ 0 & 0 & 0 & 1 \end{bmatrix} \tag{4.36}$$

式中，p_h 为滚刀螺旋参数。

当齿轮滚刀为多头滚刀($N_h > 1$)时，相邻同侧齿面间隔一个轴向齿距 p_{ax}，其第 i_h 头($i_h = 0, 1, 2, \cdots, N_h - 1$)的齿面参数表达式为

$$r_h(\varphi_h,\theta_h)=\begin{bmatrix}x_{rh}\\y_{rh}\\z_{rh}\\1\end{bmatrix}=\begin{bmatrix}r_{bh}\left[\cos(\theta_h+\mu_h+\varphi_h)+\varphi_h\sin(\theta_h+\mu_h+\varphi_h)\right]\\r_{bh}\left[\sin(\theta_h+\mu_h+\varphi_h)-\varphi_h\cos(\theta_h+\mu_h+\varphi_h)\right]\\p_h\theta_h+i_h p_{ax}\\1\end{bmatrix} \tag{4.37}$$

齿面单位法向量为

$$n_h=c_1\left[p_h\sin(\theta_h+\mu_h+\varphi_h)\quad -p_h\cos(\theta_h+\mu_h+\varphi_h)\quad r_{bh}\quad 0\right]^{\mathrm{T}} \tag{4.38}$$

$$c_{2,1}=\frac{\mathrm{sgn}(p_h)\,\mathrm{sgn}(\varphi_h)}{\sqrt{p_h^2+r_{bh}^2}} \tag{4.39}$$

这里引入 p_h 的符号函数 $\mathrm{sgn}(p_h)$ 是为了抵消滚刀旋向改变导致的滚刀齿面单位法向量方向变化,使其单位法向量始终指向齿面之外。

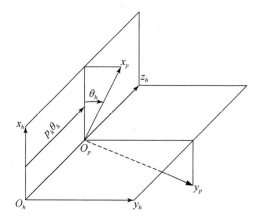

图 4.17　生成滚刀渐开螺旋面

理想情况下,滚刀切削刃应该准确地落在基本蜗杆的渐开螺旋面上,然而实际情况是滚刀存在设计和制造方面的误差,实际滚刀切削刃会偏离渐开螺旋面,落在误差螺旋面上,如图 4.18 所示。

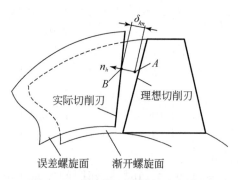

图 4.18　滚刀渐开螺旋面法向误差

假设误差螺旋面与渐开螺旋面间的法向误差为 $\delta_{hn}(\varphi_h,\theta_h)$，则误差螺旋面的参数表达式为

$$r_h^{(e)}(\varphi_h,\theta_h)=r_h(\varphi_h,\theta_h)+\delta_{hn}(\varphi_h,\theta_h)n_h(\varphi_h,\theta_h) \tag{4.40}$$

$$r_h^{(e)}(\varphi_h,\theta_h)=\begin{bmatrix} r_{bh}\cos(\theta_h+\mu_h+\varphi_h)+c_{rhe}\sin(\theta_h+\mu_h+\varphi_h) \\ r_{bh}\sin(\theta_h+\mu_h+\varphi_h)-c_{rhe}\cos(\theta_h+\mu_h+\varphi_h) \\ p_h\theta_h+i_h p_{ax}+c_{2,1}r_{bh}\delta_{hn} \\ 1 \end{bmatrix} \tag{4.41}$$

式中

$$c_{rhe}=c_{2,1}p_h\delta_{hn}+r_{bh}\varphi_h \tag{4.42}$$

4.2.2　成形砂轮误差

砂轮作为磨齿加工的关键刀具,在实际磨削加工前和加工中,均需按照成形砂轮设计廓形,进行反复粗修和精修,以达到理想的齿轮磨削精度。然而,在砂轮安装及多轴联动修整过程中,易产生安装和运动误差,导致砂轮实际廓形与设计廓形之间存在差异,致使磨齿加工精度降低。为定量表征砂轮实际廓形与设计廓形之间的偏离程度,需要对砂轮进行误差建模。

对于成形磨齿加工,典型的砂轮是盘状的,可抽象为一个中心对称的回转体。砂轮外表面可视作由砂轮轴向廓形绕轴线旋转扫掠而成,因此砂轮误差模型可以通过砂轮轴向廓形误差模型进行旋转变换构建。如图 4.19 所示,典型的砂轮轴向廓形由多条直、曲线段首尾相接组合构成,包括渐开线段 AB、EF,过渡圆弧线段 BC、DE,以及直线段 CD。

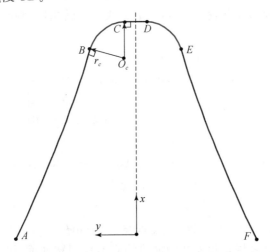

图 4.19　砂轮轴向廓形示意图

受砂轮安装误差以及修整轴运动误差等因素的协同影响,修整后的轴向实际廓形与设计廓形之间的误差如图 4.20 所示。

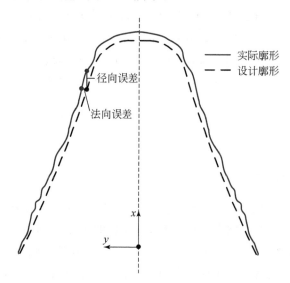

图 4.20　砂轮轴向廓形误差示意图

以 u 表示砂轮廓形参数,可设砂轮轴向廓形的参数方程为

$$\begin{cases} x_{ap} = x(u) \\ y_{ap} = y(u) \end{cases} \tag{4.43}$$

以齐次坐标 $r_{ap} = \begin{bmatrix} x_{ap} & y_{ap} & 0 & 1 \end{bmatrix}^{\mathrm{T}}$ 表示砂轮轴向廓形,若将砂轮轴向廓形绕其轴线旋转扫掠形成砂轮廓形,以参数 ϕ 表示回转角度,则砂轮廓形的参数方程可表示为

$$\begin{cases} r_w = T_w(\phi) r_{ap} \\ T_w(\theta) = \begin{bmatrix} \cos\phi & \sin\phi & 0 & 0 \\ 0 & 1 & 0 & 0 \\ 0 & -\sin\phi & \cos\phi & 0 \\ 0 & 0 & 0 & 1 \end{bmatrix} \end{cases} \tag{4.44}$$

以 $r_w = \begin{bmatrix} x_w & y_w & z_w & 1 \end{bmatrix}^{\mathrm{T}}$ 表示砂轮廓形的齐次坐标,其参数方程也可表示为

$$\begin{cases} x_w = x_{ap}\cos\phi + y_{ap}\sin\phi \\ y_w = y_{ap} \\ z_w = y_{ap}\cos\phi - x_{ap}\sin\phi \end{cases} \tag{4.45}$$

砂轮廓形是由参数 u 和 ϕ 共同描述的双参数回转曲面,可表示为 $r_w(u,\varphi)$,则砂轮曲面的单位法向矢量可根据式(4.46)计算得到:

$$n_w(u,\phi) = \cfrac{\cfrac{\partial r_w(u,\phi)}{\partial u} \times \cfrac{\partial r_w(u,\phi)}{\partial \phi}}{\left| \cfrac{\partial r_w(u,\phi)}{\partial u} \times \cfrac{\partial r_w(u,\phi)}{\partial \phi} \right|} \qquad (4.46)$$

若以 $r'_{ap} = [x'_{ap} \quad y'_{ap} \quad 0 \quad 1]^{\mathrm{T}}$ 表示砂轮轴向实际廓形,则砂轮轴向廓形误差可表示为

$$\Delta r_{ap} = [\Delta x_{ap} \quad \Delta y_{ap} \quad 0 \quad 0]^{\mathrm{T}} = r'_{ap} - r_{ap} \qquad (4.47)$$

式中

$$\begin{cases} \Delta x_{ap} = x'_{ap} - x_{ap} \\ \Delta y_{ap} = y'_{ap} - y_{ap} \end{cases}$$

若以 $r'_w = [x'_w \quad y'_w \quad z'_w \quad 1]^{\mathrm{T}}$ 表示砂轮实际廓形,则砂轮廓形误差可表示为

$$\Delta r_w = [\Delta x_w \quad \Delta y_w \quad \Delta z_w \quad 0]^{\mathrm{T}} = r'_w - r_w \qquad (4.48)$$

式中

$$\begin{cases} \Delta x_w = x'_w - x_w \\ \Delta y_w = y'_w - y_w \\ \Delta z_w = z'_w - z_w \end{cases}$$

4.2.3　蜗杆砂轮误差

蜗杆砂轮由金刚滚轮成形加工而成,滚轮由齿轮成形加工而成,则蜗杆砂轮可看成二次成形加工而得,相应地,蜗杆砂轮廓形可看成点矢量族二次包络形成,从而实现齿面创成计算的数字化。在具体计算时,选取齿轮某一端截面为计算平面,将砂轮廓形上的离散点矢量经回转运动形成的点矢量族表示在齿轮坐标系,并沿齿面螺旋投影到计算平面。

采用点矢量族二次包络,可实现砂轮廓形、齿轮廓形的数字化计算。在接触迹数字化计算时,利用包络点在二维点矢量族中的序号反向映射至投影前的位置坐标即得到接触点,所有包络点对应的接触点形成接触迹,如图 4.21 所示。所有运动位置处的接触迹最终构成砂轮的包络面,即被加工出的齿面,如图 4.22 所示。

在蜗杆砂轮磨削过程中,砂轮截面廓形通过二次包络运动映射在齿面上形成接触迹。在机床处于理想状态下(不存在误差),改变砂轮与齿轮的轴向高度差,可以在齿轮各齿宽高度上得到空间形态完全相同的多组接触迹,形成完整的齿面包络过程。实际情况下,刀具廓形与运动轨迹均存在误差,刀具廓形误差在整个包络运动中对多组接触迹姿态的影响相同,而运动误差由于机床材料、装配、发热等,在整个包络过程中的不同位置影响不同。

齿面是螺旋曲面,接触迹是齿面上的空间区间,因此难以对接触迹进行直接测量,工程中一般直接对齿形和齿向误差进行测量。沿齿宽方向截取多个截面测量,

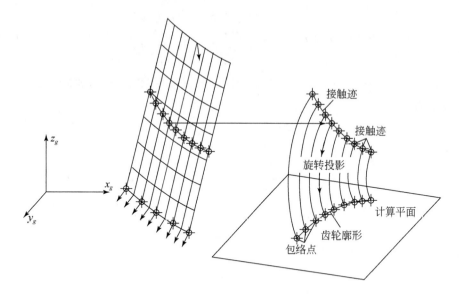

图 4.21　齿轮端面廓形与接触迹间的映射关系

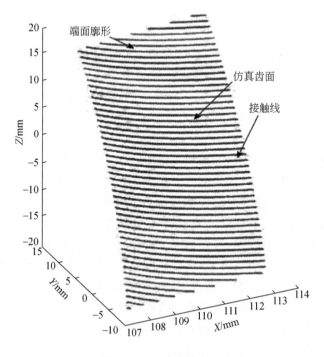

图 4.22　反求齿轮齿面

每个截面齿形误差均反映刀具误差与运动误差的综合效果,截面间齿形误差则仅反映运动误差的效果,如图 4.23 所示。

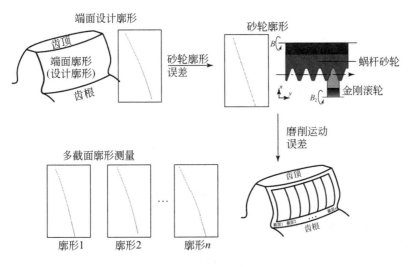

图 4.23　齿轮端面廓形生成原理

对 n 组齿形测量结果进行离散化处理,并运用点矢量包络法,分别求截面廓形对应的 n 组砂轮廓形,对砂轮廓形进行反向包络获得 n 组理论加工廓形。

由于齿形误差不完全由刀具廓形误差组成,还包含了机床运动轴运动误差以及各种无规律随机误差,分别通过对砂轮点进行修整和机床几何误差补偿实现刀具误差与机床运动误差的消减,而部分随机误差在整个磨削及砂轮修整过程中无规律出现。机床几何误差一般在非磨削过程可以通过激光干涉仪、球杆仪等工具进行测量及辨识,并在数控系统提供的误差模块中直接进行补偿。随机误差在系统中无法测量,一般难以补偿,还会与其他误差耦合,加大了其他误差的补偿难度。随机误差一般呈正态分布,其绝对值在一定范围内,且算数平均值随着观测次数的增加而趋近于零。因此,本书采用具有正态分布特性的随机数代替随机误差进行仿真,以进行齿形误差分离方法研究。反向补偿廓形如图 4.24 所示。

综合考虑蜗杆砂轮磨削过程,随机误差主要分布在两个阶段:砂轮修整阶段与齿轮磨削阶段。在砂轮修整阶段,随机误差导致砂轮修整之后与理论设计廓形存在误差;在齿轮磨削阶段,被修整砂轮的廓形误差与随机误差共同导致被加工齿轮廓形与理论设计廓形的误差,此阶段磨削完整齿面需要砂轮在 Z 轴方向运动,不同高度上随机误差不同,故齿面不同截面廓形不完全相同。

对以上过程建立函数模型,齿轮端面廓形即设计廓形表示为 r_{gi},压力角表示为 α_0,通过点矢量包络法(表示为 F)求得对应理论砂轮廓形 r_{wi},砂轮修整阶段存在压

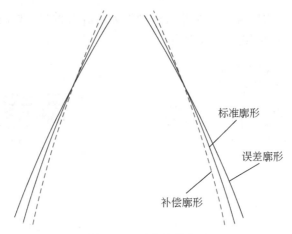

图 4.24　反向补偿廓形

力角误差 $\Delta\alpha$，修整后得到有误差的砂轮实际廓形 r_w，r_{wi} 与 r_w 可分别表示为

$$r_{wi} = F(r_{gi}) \tag{4.49}$$

$$r_w = F(r_{wi}, \Delta a) \tag{4.50}$$

在磨削阶段，使用包含误差的实际砂轮廓形 r_w 对齿轮进行磨削去除加工，去除算法为点矢量包络反向计算过程，记为 F_r，过程存在随机误差 Δg，磨削后对齿轮工件多截面进行测量，得到实际端截面廓形 r_n（$n=1,2,3,\cdots$，表示截面序号），有

$$r_n = F_r(r_w, \Delta g) \tag{4.51}$$

假设砂轮修整、磨削过程均不存在随机误差，则磨削过程中可得到理想齿轮齿形 r_0 为

$$r_0 = F_r(r_{wi}) \tag{4.52}$$

相比磨削过程的误差 Δg，砂轮修整误差 $\Delta\alpha$ 在磨削过程中对砂轮产生的廓形误差保持稳定不变，且磨削过程中砂轮转速非常高，磨削接触迹几乎在瞬间形成，同一条接触迹所有点的误差与对应的机床运动误差相同，这是磨削过程随机误差能够分离的重要前提，在随机误差分离过程中，将同接触迹误差相同简化为同截面相同，在此基础上进行误差分离。

砂轮修整方法有成形修整和点修整，分别如图 4.25 和图 4.26 所示。基于点矢量包络法求得其对应的砂轮截面廓形，对磨削后 n 组误差廓形进行光滑拟合并在同一平面内对其进行离散化处理，采用最小二乘法对点云数据进行曲线拟合，获得平均廓形 $\overline{r}_w = R(r_{w1}, r_{w2}, r_{w3}, \cdots)$，$\overline{a}$ 表示平均砂轮廓形的压力角，如图 4.27 所示，R 表示最小二乘法。对比初始设计廓形（端面廓形）对应的理论砂轮廓形，反向设计压力角 $\alpha_c = 2\alpha_0 - \overline{a}$，并结合齿数、模数等基本参数重新设计虚拟齿形代替原设计齿形进行再次砂轮修整、齿轮磨削及截面测量，获得平均廓形 $\overline{r}_g$。

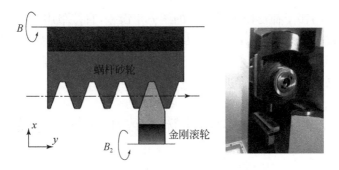

图 4.25　成形修整

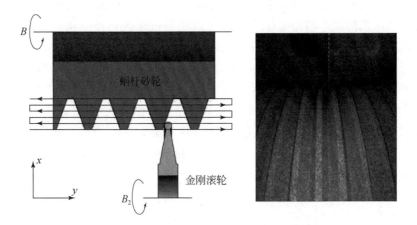

图 4.26　点修整

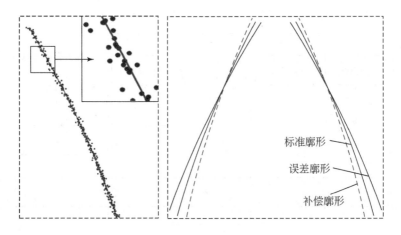

图 4.27　反向廓形补偿原理

本步骤目的在于补偿修整过程中的压力角误差,直接采用成形滚轮进行修整,相当于补偿过程中的粗补偿。以 $\bar{r}_g$ 为理论廓形,据此反向设计一虚拟齿形 r_c 作为再次加工的理论设计廓形,并再次基于点矢量包络法求得补偿后的砂轮廓形 $r_{wc}=F(r_c)$,采用点修整方法对 r_{wc} 进行修整。

4.3　数控制齿机床力致几何误差建模

4.3.1　数控制齿机床切削力致机床几何误差模型

本小节以滚齿机为例,说明数控制齿机床切削力致机床几何误差建模方法。传统的机床几何误差模型基于多体系统理论对机床的拓扑结构进行描述,但在实际应用中,变换矩阵参数过多,导致滚齿空间啮合方程难以求解。考虑到实际工程应用与生产需求,可建立基于有限元法的制齿机床整机力致误差模型。

如图 4.28 所示,采用有限元法建立制齿机床整机力致误差模型,可获得在切削力作用下滚刀、工件位置的相对关系。忽略床身微小变形,将其床身坐标系 0 设为参考坐标系,令滚刀上任一啮合点 H_6 在床身坐标系 0 下的坐标为 $H_0(x_0, y_0, z_0)$,i_6、j_6、k_6 分别为滚刀坐标系 6 下三个坐标轴的单位矢量,i_0、j_0、k_0 分别为坐标系 0 下三个坐标轴的单位矢量,且 $\overline{O_0O_6}=(l_x, l_y, l_z)$,整理可得

$$\begin{bmatrix} x_0 \\ y_0 \\ z_0 \\ 1 \end{bmatrix} = \begin{bmatrix} x_i & x_j & x_k & l_x \\ y_i & y_j & y_k & l_y \\ z_i & z_j & z_k & l_z \\ 0 & 0 & 0 & 1 \end{bmatrix} \begin{bmatrix} x_6 \\ y_6 \\ z_6 \\ 1 \end{bmatrix} = T_{06} \begin{bmatrix} x_6 \\ y_6 \\ z_6 \\ 1 \end{bmatrix} \tag{4.53}$$

式中,T_{06} 为从滚刀坐标系 6 到坐标系 0 的实际位姿变换矩阵。

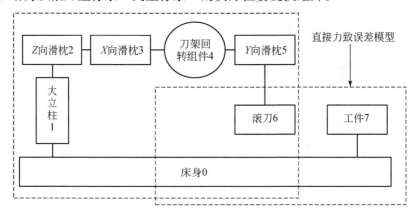

图 4.28　力致误差重构模型

进行制齿机床整机力致误差分析,可得到滚削力致误差下滚刀坐标系 6 和工件坐标系 7 到坐标系 0 的齐次变换矩阵 T_{06} 和 T_{07},因此力致误差建模处理后的重构模型为"6-0-7",如图 4.28 所示,则力致误差作用下滚刀坐标系 6 到工件坐标系 7 的齐次坐标变换矩阵为

$$T_{76} = T_{70} T_{06} = (T_{07})^{-1} T_{06} \tag{4.54}$$

与经过拓扑矩阵变换得到的机床几何误差模型相比,式(4.53)虽然没有考虑机床中间环节部件间的相对位置变换,但是将其转化为各部件位置误差对滚刀位置的影响,有效避免了传统误差模型中复杂的误差测量与参数辨识过程,且力致误差方程求解方便,增强了其在实际工程应用中的可操作性。

4.3.2　数控制齿机床切削力致机床几何误差有限元分析

构建基于有限元法的制齿机床整机力致误差模型并进行求解,得到在切削力作用下的整机变形场分布云图,同时能够获得机床各组件在全局坐标系下的误差值,如图 4.29 所示。整机力致误差分析结果表明,滚齿机床的力致变形主要产生于刀架装配组件、工件及夹具上,其中最大力致变形发生于滚刀面上,最大变形量为 1.64×10^{-2} mm。

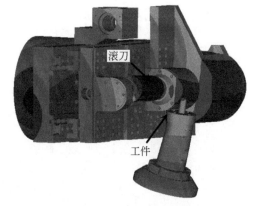

(a)整机有限元分析结果图　　　　　　(b)刀架与工件的有限元分析结果(放大至8000倍)

图 4.29　有限元分析结果

整理上述结果,根据误差模型重构方法可计算得到滚刀和工件切削点在全局坐标系下的绝对误差值和相对误差值,同时可得滚刀和工件的误差值与切削力之间的映射关系,如图 4.30 所示。

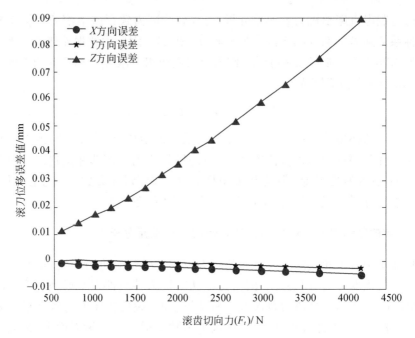

(a)滚齿切向力与滚刀位移误差映射关系

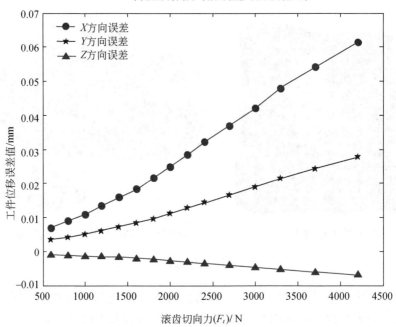

(b)滚齿切向力与工件位移误差映射关系

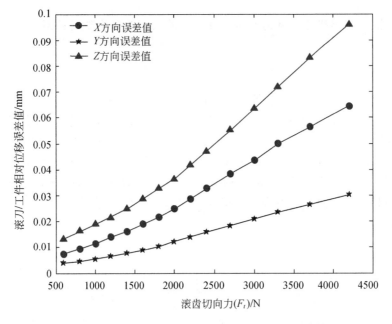

(c)滚齿切向力与滚刀/工件相对位移误差映射关系

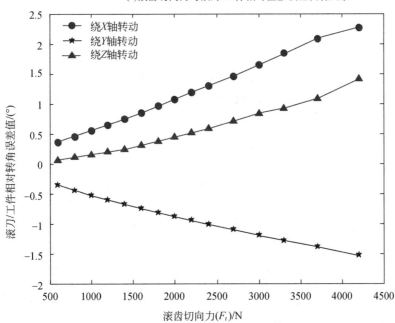

(d)滚齿切向力与滚刀/工件相对转角误差映射关系

图 4.30　滚刀和工件的误差值与切削力之间的映射关系

4.3.3 数控制齿机床切削力致机床几何误差与齿轮精度映射关系

1. 滚齿加工过程的双自由度啮合分析

如图 4.31 所示的滚齿加工空间啮合坐标系,构建滚刀固定坐标系为 S_h $(O_h - x_h y_h z_h)$,工件固定坐标系为 $S_p (O_p - x_p y_p z_p)$,两坐标系 z 轴之间的夹角为 Σ,中心距为 a;坐标系 $S_1 (O_1 - x_1 y_1 z_1)$ 与滚刀固连,在滚齿加工过程中随滚刀绕 z_h 轴转动,角速度为 ω_1;坐标系 $S_2 (O_2 - x_2 y_2 z_2)$ 与工件固连,在滚齿过程中随工件绕 z_p 轴连续转动,角速度为 ω_2,同时以速度 v 沿 z_p 轴正向匀速移动。当滚刀与工件运动到图示位置时,滚刀绕 z_h 轴转至 φ_1 角,工件绕 z_p 轴转至 φ_2 角,工件沿 z_p 轴正向移动 l。

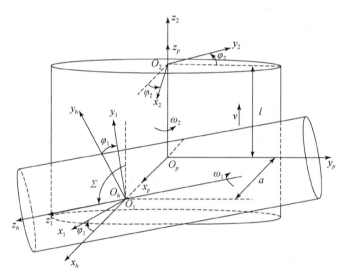

图 4.31　滚齿加工空间啮合坐标系

根据空间齐次坐标变换原理可知,坐标系 $S_2 (O_2 - x_2 y_2 z_2)$ 与坐标系 $S_1 (O_1 - x_1 y_1 z_1)$ 的转换关系为

$$T_{21} = T_{2p} T_{ph} T_{h1} \tag{4.55}$$

计算可得

$$T_{21} = \begin{bmatrix} \cos\varphi_1 \cos\varphi_2 + \cos\Sigma \sin\varphi_1 \sin\varphi_2 & -\cos\varphi_2 \sin\varphi_1 + \cos\Sigma \cos\varphi_1 \sin\varphi_2 & -\sin\Sigma \sin\varphi_2 & a\cos\varphi_2 \\ \cos\Sigma \cos\varphi_2 \sin\varphi_1 - \cos\varphi_1 \sin\varphi_2 & \cos\Sigma \cos\varphi_1 \cos\varphi_2 + \sin\varphi_1 \sin\varphi_2 & -\cos\varphi_2 \sin\Sigma & -a\sin\varphi_2 \\ \sin\Sigma \sin\varphi_1 & \cos\varphi_1 \sin\Sigma & \cos\Sigma & -l \\ 0 & 0 & 0 & 0 \end{bmatrix}$$

$$\tag{4.56}$$

此处采用渐开线右旋圆柱蜗杆齿面,其齿侧面 I 和 II 方程[1]为

$$\begin{cases} x_1 = r_{b1}\cos(\theta+\mu) + u\cos\lambda_{b1}\sin(\theta+\mu) \\ y_1 = r_{b1}\sin(\theta+\mu) - u\cos\lambda_{b1}\cos(\theta+\mu) \\ z_1 = -u\sin\lambda_{b1} + p_1\theta \end{cases} \tag{4.57}$$

$$\begin{cases} x_1 = r_{b1}\cos(\theta+\mu) + u\cos\lambda_{b1}\sin(\theta+\mu) \\ y_1 = -r_{b1}\sin(\theta+\mu) + u\cos\lambda_{b1}\cos(\theta+\mu) \\ z_1 = u\sin\lambda_{b1} - p_1\theta \end{cases} \tag{4.58}$$

$$\mu = \frac{\pi}{2N_1} - \tan\alpha_{t1} + \alpha_{t1} \tag{4.59}$$

式中,r_{b1} 为基圆柱半径;λ_{b1} 为螺旋线导程角;p_1 为螺旋参数,$p_1 = r_{b1}\tan\lambda_{b1}$;$\alpha_{t1}$ 为端截面内齿形角,$\alpha_{t1} = \arccos(r_b/r_p)$;$N_1$ 为蜗杆头数;u、θ 为齿面廓形参数。

齿侧面 I 单位法向矢量[1]为

$$n_1 = (n_{x1}, n_{y1}, n_{z1}) = (-\sin\lambda_{b1}\sin(\theta+\mu), \sin\lambda_{b1}\cos(\theta+\mu), -\cos\lambda_{b1}) \tag{4.60}$$

此处采用运动法求解渐开线滚刀滚齿啮合方程,令渐开线滚刀齿侧面 Σ_1 的方程为 $r_1(u,\theta)$,其单位法向矢量可表示为 $n_1(u,\theta)$,在图 4.31 中,齿侧面 Σ_1 与其单位法向矢量 n_1 在工件坐标系 $S_2(O_2-x_2y_2z_2)$ 中分别为

$$\begin{cases} r_2(u,\theta,\varphi_1,\varphi_2) = T_{21}(\varphi_1,\varphi_2)r_1(u,\theta) \\ n_2(u,\theta,\varphi_1,\varphi_2) = T_{21}(\varphi_1,\varphi_2)n_1(u,\theta) \end{cases} \tag{4.61}$$

则滚刀相对于工件在啮合点的速度[2]为

$$\begin{cases} V_{21} = \dfrac{\partial r_2}{\partial \varphi_1} \\ V_{22} = \dfrac{\partial r_2}{\partial l} \end{cases} \tag{4.62}$$

参考滚齿法加工传动链关系[2],有

$$\varphi_2 = i_{21}\varphi_1 + i_{2v}l \tag{4.63}$$

式中

$$i_{21} = N_1/N_2 \tag{4.64}$$

$$i_{2v} = 2\sin\beta_{p2}/(m_nN_2) \tag{4.65}$$

式中,N_1 为滚刀头数;N_2 为工件齿数;i_{21} 为滚齿传动比;m_n 为滚刀法向模数;β_{p2} 为齿轮分度圆螺旋角。

由于滚齿加工过程可以看作滚刀与工件做无侧隙强制啮合的过程,其啮合条

件可表示为

$$\begin{cases} V_{21}n_2=0 \\ V_{22}n_2=0 \end{cases} \tag{4.66}$$

综合求解式(4.66)可得啮合方程 I 为

$$\cos(\theta+\mu+\varphi_1)=\csc\Sigma(i_{21}\cot\lambda_{b1}\cos\Sigma-i_{2v}r_{b1})/i_{21} \tag{4.67}$$

同理,可得啮合方程 II 为

$$\cos(\theta+\mu-\varphi_1)=\csc\Sigma(i_{21}\cot\lambda_{b1}\cos\Sigma-i_{2v}r_{b1})/i_{21} \tag{4.68}$$

2. 力致机床几何误差的滚齿加工仿真

力致机床几何误差的滚齿加工仿真需要已知滚齿加工参数。不失一般性,采用表 4.5 所示滚齿加工参数对力致机床几何误差进行仿真。

表 4.5　滚齿加工参数

参数名称	参数值	参数名称	参数值
滚刀旋向	右旋	齿轮变位系数 x/mm	0
滚刀法向模数 m_n/mm	3	齿顶高系数 h_a^*	1
滚刀头数 N_1	3	顶系系数 c^*	0.25
滚刀外径 D_h/mm	80	齿形修正系数	1
滚刀分度圆法向压力角 α_n/(°)	20	滚刀转速 n_h/(r/min)	636.94
滚刀螺旋升角 λ_{p1}/(°)	7.2	轴向进给速度 S/(mm/r)	2.5
齿轮模数 m_n/mm	3	滚切深度 t_h/mm	6.75
齿轮齿数 N_2	42	滚刀沟槽数	14
齿轮分度圆压力角 α/(°)	20	滚刀头数系数	2
齿轮螺旋角 β_{p2}/(°)	0	工件材料系数	1.08

滚齿加工仿真本质上是求解满足啮合方程的滚刀齿面上的点在工件坐标系下的坐标值,将滚刀转角进行微分,求出每一个微分角度下啮合点的坐标,最终构成所加工的齿轮齿面。

由前面有限元分析结果可得,滚削力导致的机床几何误差与齿轮误差的映射关系最终将体现在滚刀固定坐标系 $S_h(O_h-x_hy_hz_h)$ 和工件固定坐标系 $S_p(O_p-x_py_pz_p)$ 相对位置的误差上,其表示为

$$T_{ph}=T_{phi}E_{ph} \tag{4.69}$$

$$T_{ph}=(T_{0p})^{-1}T_{0h} \tag{4.70}$$

式中,T_{ph} 为滚刀固定坐标系到工件固定坐标系的实际变换矩阵;T_{phi} 为滚刀坐标系到工件固定坐标系的理想变换矩阵;E_{ph} 为滚刀固定坐标系到工件固定坐标系的误差变换矩阵;T_{0p} 为工件固定坐标系到参考坐标系的实际变换矩阵;T_{0h} 为滚刀固定坐标系到参考坐标系的实际变换矩阵。

此时有

$$E_{ph} = (T_{phi})^{-1}(T_{0p})^{-1}T_{0h} \qquad (4.71)$$

从而可以得到齿轮工件上任意啮合点 P 在力致误差下的几何位置误差为

$$e = E_{ph}P_N - P_N \qquad (4.72)$$

如图 4.32 所示,根据图示几何关系分析,可将滚刀/工件的位置误差映射于工件理论齿面对应点的法向误差上,为

$$\Delta p_N = e_x \sin\alpha\cos\beta_k + e_y \cos\alpha\cos\beta_k + e_z \sin\beta_k \qquad (4.73)$$

式中,Δp_N 为啮合点 P_N 的法向误差;α 为齿轮分度圆压力角;β_k 为齿轮啮合点所属圆的螺旋角。

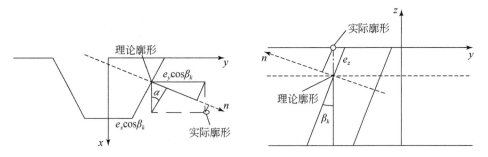

图 4.32 啮合点法向差计算示意图

综合上述分析,可以得到滚刀相对于工件位置误差与加工齿廓的法向误差之间的定量映射关系,给定理想齿面上任意一点的坐标及其位置误差,便可将该点位置误差值映射至齿廓法向误差上,最终得到该点实际位置。对比理想齿面和求得的实际齿面廓形,便可分析出滚齿加工切削力对齿轮精度的映射规律。图 4.33 为力致机床几何误差下的实际齿轮齿面廓形。

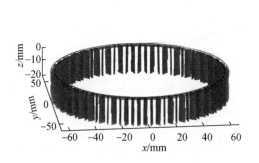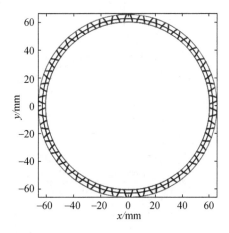

图 4.33 实际齿轮齿面廓形

在同一坐标系下将理论廓形与实际廓形进行对比和分析,如图 4.34 所示。可以看出,实际加工齿轮的齿厚明显大于理论齿轮齿厚,这是由在滚齿切削力作用下滚刀和工件相互分离所导致的。其中,机床 x 方向的误差对齿轮加工精度影响较大,与前面力致几何误差有限元分析的结果相同,为后续研究机床力致几何误差的控制和补偿提供了依据。图 4.35 为齿廓半径与法向误差值之间的映射关系,沿着齿廓半径增大的方向,左齿廓法向误差值单调增加,右齿廓法向误差值单调减小,呈现出相反的变化趋势。

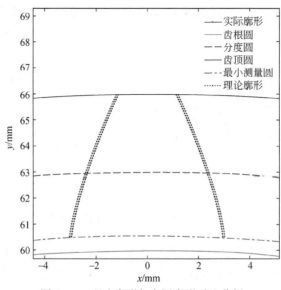

图 4.34　理论廓形与实际廓形对比分析

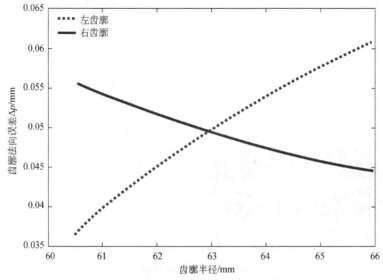

图 4.35　齿廓半径与法向误差值的映射关系

4.4　数控制齿机床热误差建模

4.4.1　立式滚齿机热误差

1.立式滚齿机热变形建模

立式滚齿机在加工过程中产生大量热量,包括电气伺服热、摩擦热、切削热、环境温度变化等。其中,一部分热量扩散到空气中,还有一部分被切屑带走,其余大部分热量被冷却液、床身以及立柱等主要部件吸收。立式滚齿机结构紧凑且复杂,加工过程中受热不均匀,其温度分布不均衡会产生显著的温度梯度,造成滚刀主轴和工件主轴的中心距发生变化,产生滚齿加工误差,进而影响被加工齿轮的加工精度。图 4.36 和图 4.37 分别为某大型数控立式滚齿机结构及其热变形示意图。

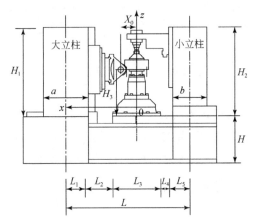

图 4.36　某大型数控立式滚齿机结构

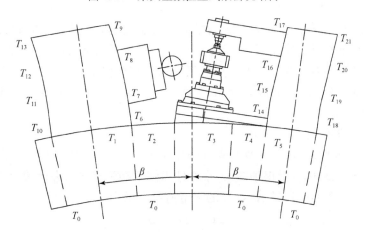

图 4.37　某大型数控立式滚齿机热变形示意图

根据图 4.36 和图 4.37,对大型数控立式滚齿机滚刀和工件主轴中心距热误差进行建模,中心距 x 方向热误差可表示为

$$\Delta x = \Delta L + \Delta S + \Delta S_1 + \Delta S_2$$

$$= \sum_{i=1}^{5} L_i \left[e^{\lambda(T_i - T_0)} - 1 \right] + 4H_3 \frac{\left[H^2 + \frac{1}{2}(\Delta L)^2 \right]^{0.5} - H}{\Delta L}$$

$$+ \left[\frac{\lambda H_3^2 \left(\sum_{i=6}^{9} T_i - \sum_{i=10}^{13} T_i \right)}{8a} \left[1 + \frac{\lambda \left(\sum_{i=6}^{9} T_i + \sum_{i=10}^{13} T_i \right)}{8} \right]^2 \right.$$
$$\left. \cdot \left(1 - 2 \left\{ \frac{\left[H^2 + \frac{1}{2}(\Delta L)^2 \right]^{0.5} - H}{\Delta L} \right\}^2 \right) \right] \quad (4.74)$$

$$+ \left[\frac{\lambda H_3^2 \left(\sum_{i=14}^{17} T_i - \sum_{i=18}^{21} T_i \right)}{8b} \left[1 + \frac{\lambda \left(\sum_{i=14}^{17} T_i + \sum_{i=18}^{21} T_i \right)}{8} \right]^2 \right.$$
$$\left. \cdot \left(1 - 2 \left\{ \frac{\left[H^2 + \frac{1}{2}(\Delta L)^2 \right]^{0.5} - H}{\Delta L} \right\}^2 \right) \right]$$

式中,λ 为床身与立柱材料热膨胀系数;L_i 为床身第 i 段长度;ΔL 为大小立柱中心线间的床身热变形伸长量;T_i 为床身或立柱的第 i 分区段平均温度;T_0 为床身下表面温度;H 为床身高度;a 为大立柱厚度;b 为小立柱厚度。

2. 立式滚齿机热变形实验测试

1)实验测试平台

(1)实验原理。

采用温度-位移同步采集系统测量滚齿机温度场和热变形。将贴片式铂电阻温度传感器布置于机床床身表面和大小立柱内外侧关键点,测量滚齿机温度场。将光栅位移传感器布置于靠近床身上表面的立柱内侧下端和立柱上端等部位,测量滚齿机热变形,温度场和热变形测量结果经 RS232 串口通信保存于上位机。其实验流程图如图 4.38 所示。

(2)热变形位移测量方法。

如图 4.39 所示,由于床身与立柱强度足够,且可忽略床身与立柱自身的热膨胀变形,可近似采用测量得到的大、小立柱内侧下端位移之和来代替大小立柱中心线间的床身热变形伸长量 ΔL,ΔL 的测量值可表示为

$$\Delta L = \Delta x_1 + \Delta x_2 \quad (4.75)$$

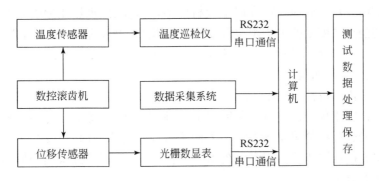

图 4.38　热变形测量实验流程图

式中,Δx_1 为大立柱内侧下端热变形测量值;Δx_2 为小立柱内侧下端热变形测量值。

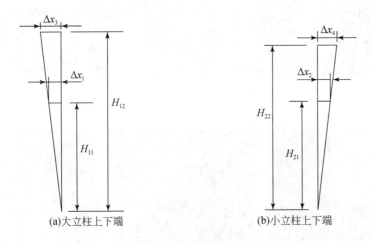

(a)大立柱上下端　　　　　　　　　　(b)小立柱上下端

图 4.39　立柱上下端位移测量与数据转换示意图

同理,可得大立柱倾斜与弯曲热变形引起工件主轴的位置偏移量 Δx_3,小立柱倾斜与弯曲热变形引起工件主轴的位置偏移量 Δx_4,则有

$$\frac{\Delta S}{2}+\Delta S_2=\Delta x_4 \tag{4.76}$$

$$\frac{\Delta x_2}{\Delta x_4}=\frac{H_{21}}{H_{22}}\Rightarrow \Delta x_4=\frac{H_{22}}{H_{21}}\Delta x_2 \tag{4.77}$$

式中,$\Delta S/2$ 为小立柱倾斜引起的工件主轴位置偏移量(滚齿切削点高度 H_3 处的 x 向位移量);ΔS_2 为小立柱弯曲热变形引起的工件主轴位置偏移量;Δx_4 为小立柱倾斜与弯曲热变形引起的主轴在切削点对应位置的偏移量;H_{21} 为光栅位移传感器离床身上表面高度;H_{22} 为床身上表面到切削点的高度。

由式(4.74)~式(4.77)及以上分析可知,立式滚齿机热变形引起滚刀与工件主轴在切削点高度处的中心距位置偏移量或切削点热误差 Δx 可表示为

$$\Delta x = \Delta L + \Delta S + \Delta S_1 + \Delta S_2 = \Delta x_1 + \Delta x_2 + \Delta x_3 + \Delta x_4 \tag{4.78}$$

(3)实验仪器布置。

在滚齿机热特性实验中,需要先在温度传感器和机床接合面上涂导热硅脂,将温度传感器贴于预先设定好的关键点上,再用圆片磁铁将温度传感器吸附于机床待测点。光栅位移传感器测头沿 x 方向垂直顶住待测表面,经安装于机床上的磁力表座将光栅位移传感器固定。图4.40~图4.42分别为机床热变形实验现场与仪器安装布置图。

温度巡检仪 光栅数显表

图4.40 热变形实验测试现场

图4.41 温度传感器安装布置图

(a)大立柱底部　　　(b)小立柱底部

图4.42 热变形位移传感器安装布置图

2) 热变形位移与温度测试数据分析

滚齿机热特性实验中，环境温度为 9℃，温度传感器（型号 Pt100）精度为 0.01℃，位移传感器（型号 TG105）精度为 0.0001mm。为便于热变形建模与实验数据对比，表 4.6 列出了某大型数控立式滚齿机结构尺寸实测数据。

表 4.6 大型数控立式滚齿机结构尺寸实测数据

参数变量	参数值/mm	参数变量	参数值/mm
$\lambda/℃$	$5.7×10^{-6}$	L_5	236.5
L_1	200	a	700
L_2	565.55	b	383
L_3	600	H	810
L_4	50	H_3	524

图 4.43 为滚齿机温度测试曲线。通过实验测得机床关键点温度 T_i 及滚刀与工件主轴径向热误差，将测量得到的滚刀与工件主轴热误差值求和，即可得到滚刀与工件主轴中心距热误差测量值。由图可知，滚齿机在相同转速下加工同一批齿坯连续滚齿 13h，在前 4.5h，滚刀与工件主轴中心距热误差和机床温度均随滚齿时间的增加显著增大；在 4.5～6h，曲线增加斜率不显著，逐渐趋于平缓，此时机床几乎处于热平衡状态；6h 后，滚齿机床达到热平衡，此时热误差与温度曲线随加工时间几乎不发生变化，机床热误差在热平衡温度附近波动且变化幅度不大。

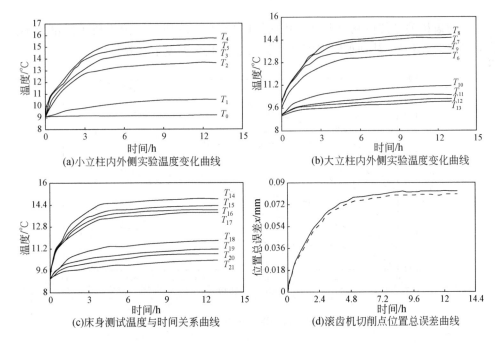

(a) 小立柱内外侧实验温度变化曲线
(b) 大立柱内外侧实验温度变化曲线
(c) 床身测试温度与时间关系曲线
(d) 滚齿机切削点位置总误差曲线

图 4.43 滚齿机温度测试曲线

3. 滚齿机热误差建模

1) 滚齿机典型温度变量优选

根据前面的滚齿机热特性实验测试系统、测试平台及测量方法,针对某大型数控滚齿机,测量机床上关键部位温度与热误差。滚齿机加工车间环境温度约为 $10.18℃$。在某大型数控滚齿机关键受热部位布置 7 个温度传感器,分别为 T_1, T_2, $\cdots$, T_7,如图 4.44 所示。

图 4.44　滚齿机关键部位温度测点布置图

滚齿机关键部位测点温度变化曲线图如图 4.45 所示。滚齿机关键部位测点温升显著,滚刀主轴轴承座温度 T_6 温度最高,其余温度依次降低。

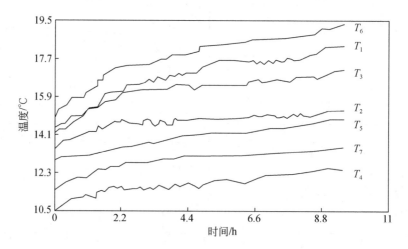

图 4.45　滚齿机关键部位测点温度变化曲线图

滚齿机滚刀与工件主轴 x 向热误差采用相似三角形计算得到滚刀与工件主轴在滚削高度位置的 x 向热误差,滚刀与工件主轴中心距热误差关于时间与温度的曲线如图 4.46 所示。

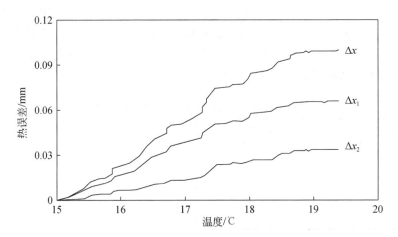

图 4.46　滚刀与工件主轴中心距热误差关于时间和温度的曲线

由图 4.45 与图 4.46 可知,滚齿机各关键敏感点的温度与热误差均随加工时间的增加而上升,加工前期温度与热误差变化较快,加工后期随切削时间增加温度数据曲线趋于平缓且变化量随之减小,表明此时机床几乎处于热平衡状态;热误差也随滚齿机的温度增大而增大,加工前期热误差曲线变化较快,加工后期逐渐趋于平缓,直至达到热平衡。

获取的温度数据变量多达 7 个,且众多温度变量之间还可能存在多重共线性,致使热误差补偿模型的预测精度和鲁棒性降低。在滚齿机热误差建模过程中,对热误差数据与温度数据进行相关性分析,并按相似程度将各温度变量进行分类。从每一类中选取一个与热误差相关性最强的典型温度变量用于回归建模,完成典型温度变量的优选。具体分析过程如下:

各温度变量与两主轴中心距热误差间的相关系数为

$$\gamma_{T_i x} = \frac{\sum (T_{ki} - \overline{T_i})(x_k - \overline{x})}{\sqrt{\sum (T_{ki} - \overline{T_i})^2} \sqrt{\sum (x_k - \overline{x})^2}}, \quad k = 1, 2, \cdots, n; i = 1, 2, \cdots, 7$$

$$(4.79)$$

$$\begin{cases} \overline{T_i} = \dfrac{1}{n} \left(\sum_{k=1}^{n} T_{ki} \right) \\ \overline{x} = \dfrac{1}{n} \left(\sum_{k=1}^{n} x_k \right) \end{cases}$$

$$(4.80)$$

式中，$\gamma_{T_i x}$ 为温度变量与热误差间的相关系数；k 为测量实验值的组数；T_{ki} 为温度变量第 i 个样本值；T_i 为温度变量平均值；x_k 为热误差样本值；$\overline{x}$ 为热误差平均值。

各温度变量 T_i 与热误差 Δx 间的相关系数 $\gamma_{T_i x}$ 如表 4.7 所示，将温度变量分为 3 类：$\{T_3, T_7\}$、$\{T_1, T_2, T_6\}$ 及 $\{T_4, T_5\}$，再从各类中分别选出相关系数最大的温度变量作为典型温度变量用于滚齿机热误差建模。滚刀与工件主轴中心距径向热误差 Δx 建模优选典型温度变量为：T_7（机床前侧大立柱床身水平导轨端部）、T_6（滚刀主轴后端轴承外壳）及 T_5（滚刀主轴支架-靠近滚刀前端）。

表 4.7 温度变量与热误差间的相关系数

温度变量	相关系数 $\gamma_{T_i x}$	温度变量	相关系数 $\gamma_{T_i x}$
T_1	0.9709	T_5	0.9265
T_2	0.9606	T_6	0.9790
T_3	0.9847	T_7	0.9870
T_4	0.9260	—	—

2）滚齿机热误差补偿模型

采用多元线性回归的建模方法，建立多输入-单输出映射模型，表征热误差与温度数据之间的线性映射关系。滚齿机温度与主轴中心距热误差间的函数关系为

$$\begin{cases} \Delta x_1 = A_0 + A_1 T_{1\times1} + A_2 T_{1\times2} + A_3 T_{1\times3} + A_4 T_{1\times4} + \varepsilon_1 \\ \Delta x_2 = A_0 + A_1 T_{2\times1} + A_2 T_{2\times2} + A_3 T_{2\times3} + A_4 T_{3\times4} + \varepsilon_2 \\ \quad\vdots \\ \Delta x_k = A_0 + A_1 T_{k\times1} + A_2 T_{k\times2} + A_3 T_{k\times3} + A_4 T_{k\times4} + \varepsilon_k \end{cases} \tag{4.81}$$

滚刀与工件主轴中心距热误差和温度变量的多元线性回归数学模型为

$$\Delta x = TA + \varepsilon \tag{4.82}$$

式中

$$\Delta x = \begin{bmatrix} \Delta x_1 \\ \Delta x_2 \\ \vdots \\ \Delta x_k \end{bmatrix}, \quad T = \begin{bmatrix} 1 & T_{1\times1} & T_{1\times2} & T_{1\times3} & T_{1\times4} \\ 1 & T_{2\times1} & T_{2\times2} & T_{2\times3} & T_{2\times4} \\ \vdots & \vdots & \vdots & \vdots & \vdots \\ 1 & T_{k\times1} & T_{k\times2} & T_{k\times3} & T_{k\times4} \end{bmatrix}, \quad A = \begin{bmatrix} A_0 \\ A_1 \\ \vdots \\ A_k \end{bmatrix}, \quad \varepsilon = \begin{bmatrix} \varepsilon_1 \\ \varepsilon_2 \\ \vdots \\ \varepsilon_k \end{bmatrix}$$

式（4.83）中，$T_1 = T$、$T_2 = T^2$、$T_3 = T^3$、$T_4 = T^4$。矩阵中的 A_0、A_1、A_2、A_3、A_4 为 5 个待估计的总体回归参数，温度变量 T 的每组样本数据由实验测量，ε_1，ε_2，…，ε_k 为 k 组相互独立且服从同一正态分布 $k(0, \sigma)$ 的随机变量。

根据多元线性回归与最小二乘法原理，可估计参数 A，设 a_0、a_1、a_2、a_3、a_4 分别为参数 A_0、A_1、A_2、A_3、A_4 的最小二乘估计值，则回归方程式（4.82）可转化为

$$\Delta x = a_0 + a_1 T_1 + a_2 T_2 + a_3 T_3 + a_4 T_4 = a_0 + a_1 T + a_2 T^2 + a_3 T^3 + a_4 T^4$$
$$(4.83)$$

根据极值定理，a_0、a_1、a_2、a_3、a_4 为下列方程的解：

$$\begin{cases} \dfrac{\partial W^2}{\partial a_0} = -2\sum_{k=1}^{n}(\Delta x_k - a_0 - a_1 T - a_2 T^2 - a_3 T^3 - a_4 T^4) = 0 \\[2mm] \dfrac{\partial W^2}{\partial a_1} = -2\sum_{k=1}^{n}(\Delta x_k - a_0 - a_1 T - a_2 T^2 - a_3 T^3 - a_4 T^4)\,T = 0 \\ \qquad\qquad\vdots \\ \dfrac{\partial W^2}{\partial a_4} = -2\sum_{k=1}^{n}(\Delta x_k - a_0 - a_1 T - a_2 T^2 - a_3 T^3 - a_4 T^4)\,T^4 = 0 \end{cases} \quad (4.84)$$

将实验测量的每个温度与热误差的 $k=n$ 组样本观测值代入式(4.84)，求解回归参数 a_0、a_1、a_2、a_3、a_4，并将其代入方程式(4.81)，得到滚齿机滚刀与工件主轴中心距径向热误差与温度变量间的映射模型为

$$\Delta x = 7.677 - 1.436T + 0.088T^2 - 0.002T^3 + 2.102 \times 10^{-7} T^4 \quad (4.85)$$

4.4.2 高速干切滚齿机热误差

1. 高速干切滚齿机热特性实验

基于精确的建模数据获取与准确的热误差建模，实施高速干切数控滚齿机热误差补偿。以重庆机床(集团)有限责任公司的 YDE3120 高速干切滚齿机床为研究对象，通过实验方法获取建模数据。在建模的过程中，某些温度自变量对问题的研究可能不太重要，有些温度自变量的数据质量可能很差，有些变量可能和其他变量间存在显著的多重共线性，导致建模计算量增大，而且得到的回归方程稳定性很差，直接影响回归方程的鲁棒性。在此基础上，基于多元线性回归-最小二乘法建立滚齿机热误差模型，确定温度变量与机床热误差之间的关系，为热误差补偿创造条件。

高速干切滚齿机在工作过程中产生热量，机床结构复杂且受热不均匀，其温度分布不均衡产生温度梯度，造成滚刀与工件主轴中心距发生变化，引起加工件误差，如图 4.47 所示，ΔL 即是机床在加工过程中由受热变形

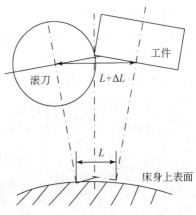

图 4.47   机床热误差原理示意图

引起的在切削点处沿 x 方向的热误差。由于该机床在 y 方向结构比较对称,y 方向工件热变形可以忽略,主要考虑机床沿 x 方向热变形,并对干切滚齿机进行热误差建模和补偿。

在滚齿机切削加工过程中,滚刀和工件在持续地旋转,并且刀架也会沿着 x 方向移动,对滚刀和工件间热误差的直接测量通常比较困难。针对 YDE3120 高速干切滚齿机床,构建如图 4.48 所示的数据采集流程图。

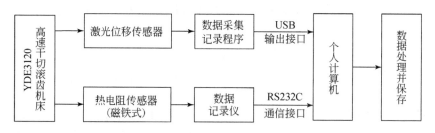

图 4.48　数据采集流程图

在该滚齿机温度-热误差测量过程中,采用 PT100 铂电阻温度传感器、2 个温度采集模块(TAM-PT100-8L)和 USB-RS485 转换器(图 4.49)实现对机床温度数据的采集和传输;利用 HL-G103-S-J 型激光位移传感器和数据采集程序对机床热误差进行采集和记录,用于后续的建模分析。利用 SONY PSC-4100E 直流电源对位移传感器供电,使其正常工作,如图 4.50 所示。在实验过程中,共采用了 13 个该型号温度传感器($T_1 \sim T_{13}$)进行温度数据的采集和记录。按照机床的结构特点和发热规律,将 $T_1 \sim T_{12}$ 温度传感器布置在滚齿机各个温度关键点上,粘贴在机床表面,并在贴合面上涂有导热硅脂,避免传热不均匀或者采集不到温度的变化;T_{13} 置于空气中,对环境温度进行直接采集,监测环境温度变化,避免环境温度变化太大影响实验结果。同时,将激光头支架安装在刀架部组电机罩下方的滑板表面,并将气缸缩到右端。虽然激光头支架安装在刀架上,但激光位移传感器仅在停止滚削时伸出对热变形进行测量,其距离机床热源较远,且支架本身尺寸较小,因此其自身受热变形造成的测量误差可忽略不计。

图 4.49　温度数据采集与传输装置

图 4.50　位移数据采集与记录装置

各个传感器的具体安装位置如下：T_1-大立柱内侧；T_2-大立柱 Z 向导轨；T_3-大立柱 X 向导轨；T_4-刀架 Y 向导轨；T_5-刀架托座；T_6-刀架接盘；T_7-小立柱 Z 向导轨；T_8-小立柱内侧；T_9-顶尖夹具；T_{10}-工作台挡盖；T_{11}-工作台壳体；T_{12}-床身表面；T_{13}-车间室内。其实际布置如图 4.51 所示。

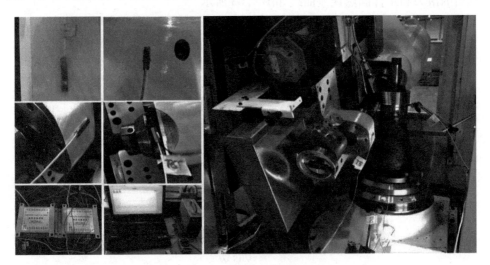

图 4.51　传感器实际布置

实验用的 PT100 铂电阻温度传感器的测量精度为 $0.01℃$，HL-G103-S-J 型激光位移传感器的测量精度为 $0.5\mu m$。在各传感器被安装完成、检查无误后，即可进行滚齿机温度与热误差测量。

由于实验条件以及加工成本的限制，本实验切齿 100 件，其中温度数据每间隔 15s 采集一次。热误差数据每切齿一件采集一次，并进行保存。经过将近 2.5h 的测量、采集，得到的滚齿机温度变化曲线如图 4.52 所示。

实验过程中，切一个齿轮的时间大概为 2min，温度数据每间隔 15s 采集一次，

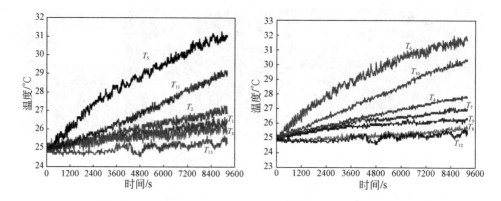

图 4.52　高速干切数控滚齿机测量点温度变化曲线

因此可以找到每切一个齿轮对应的各传感器温度数据及其对应的热误差,数据整理后的滚刀和工件间热误差曲线如图 4.53 所示。

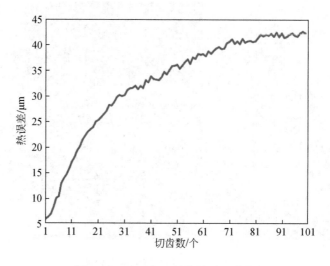

图 4.53　滚刀与工件间热误差曲线

2. 高速干切滚齿机热误差建模

在滚齿机热误差建模过程中,首先对各温度变量与位移变量做相关性分析,然后按照相似程度将各温度变量分类,最后从每一类中选取一个温度变量用于回归建模,剔除同一类中其他温度变量,完成典型温度变量的优选。

在计算得到各温度变量与热误差之间的相关系数后,可以先根据相关系数大小对温度变量进行分类,在每一类中进行剔除,从而完成温度变量的优选。计算得到的各温度变量和热误差之间的相关系数如表 4.8 所示。

表 4.8　温度变量和热误差之间的相关系数

温度变量	r_{T_x}	温度变量	r_{T_x}
T_1	0.8708	T_8	0.8669
T_2	0.9375	T_9	0.9496
T_3	0.8079	T_{10}	0.9489
T_4	0.9480	T_{11}	0.9141
T_5	0.9688	T_{12}	0.7426
T_6	0.9691	T_{13}	0.7476
T_7	0.9568	—	—

根据模糊聚类理论,将表 4.8 中各温度变量按照相关系数的接近程度分成四个组,如表 4.9 所示。

表 4.9　相关系数分组

组别	r_{T_x} 相近的温度变量
1	T_5、T_6
2	T_2、T_4、T_7、T_9、T_{10}
3	T_1、T_8、T_{11}
4	T_3、T_{12}、T_{13}

由表 4.8 和表 4.9 可知,选取 T_3(大立柱 X 向导轨)、T_6(刀架接盘)、T_7(小立柱 Z 向导轨)、T_{11}(工作台壳体)四个温度变量作为热误差建模的自变量。根据多元线性回归建模方法,建立温度和热误差之间的数学模型。前面共获得 91 组有效数据,其中前面的 64 组数据用于建模,后面的 27 组数据用于验证模型,则多元线性回归模型可表示为

$$\hat{e}_x = \hat{a}_0 + \hat{a}_1 T_3 + \hat{a}_2 T_6 + \hat{a}_3 T_7 + \hat{a}_4 T_{11} \tag{4.86}$$

解得估计参数分别为 $\hat{a}_0 = -215.5741$、$\hat{a}_1 = -0.4427$、$\hat{a}_2 = 3.2616$、$\hat{a}_3 = 6.8322$、$\hat{a}_4 = -0.4407$,将其代入式(4.86)即可得到滚齿机温度变量与热误差间的经验映射模型为

$$\hat{e}_x = -215.5741 - 0.4427 T_3 + 3.2616 T_6 + 6.8322 T_7 - 0.4407 T_{11} \tag{4.87}$$

将剩余 27 组实验数据中的温度变量依次代入式(4.87)预测后 27 组热误差,

与相应的热误差测量值进行比较,验证基于多元线性回归分析方法的热误差模型的有效性,对比结果如图 4.54 所示。

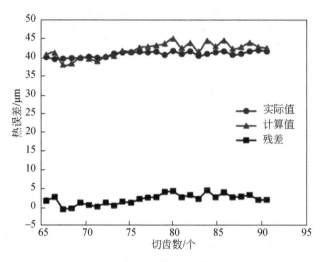

图 4.54　热误差模型预测精度检验

由图 4.54 可知,由热误差模型预测得到的热误差与相应的实际观测值相差不大,预测误差在 10% 以内,说明本节利用多元线性回归-最小二乘建模方法所建立的热误差模型具有较高的预测精度,可为滚齿机热误差补偿提供理论模型。

4.4.3　蜗杆砂轮磨齿机热误差

蜗杆砂轮磨齿机是中小模数批量齿轮精加工的主要装备,在汽车传动齿轮等的制造中应用广泛。蜗杆砂轮磨齿加工中,生热量大,其热诱导误差对齿轮加工精度影响大。热误差在蜗杆砂轮磨齿机的各项误差源中占比最大,其中径向热误差直接影响蜗杆砂轮所磨削齿轮的 M 值,是导致磨齿加工精度降低的关键因素。为减小热误差的影响,本节研究径向热误差建模及补偿方法,对于提高蜗杆砂轮磨齿机的精度和效率具有非常显著的理论意义和工程应用价值。本节针对 YW7232 蜗杆砂轮磨齿机进行了热误差实验。蜗杆砂轮磨齿机开机后,布置温度传感器和位移传感器,图 4.55 为空机状态下电涡流位移传感器安装位置,在实际磨削过程中使用双啮合齿轮检测仪采集齿轮 M 值,如图 4.56 所示。蜗杆砂轮磨齿机热误差实验现场如图 4.57 所示。

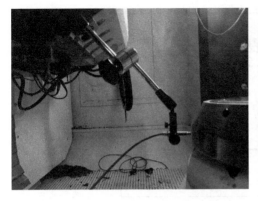

图 4.55　电涡流位移传感器安装位置

图 4.56　双啮合齿轮检测仪测量 M 值

图 4.57　蜗杆砂轮磨齿机热误差实验现场

　　整个测量实验历时两周,蜗杆砂轮磨齿机测量实验过程包括三个阶段的循环:初始加工阶段、热平衡阶段和修整砂轮阶段。通过加工齿轮实验,利用测量系统配合数据采集软件采集各测点温度,通过双啮合齿轮检测仪测量齿轮 M 值,温度曲线图如图 4.58 所示,齿轮 M 值如图 4.59 所示。由图 4.58 和图 4.59 可知,蜗杆砂轮磨齿机各个测点温度随着时间增加而增加,前段时间温度上升较快,然后逐渐达到热平衡,曲线斜率越来越小且变化值较小。

　　采用概率神经网络建立蜗杆砂轮磨齿机热误差预测模型。对概率神经网络进

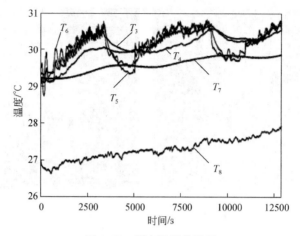

图 4.58　测点温度曲线图

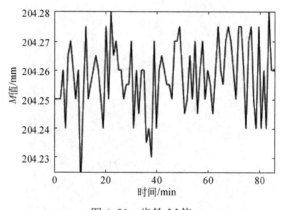

图 4.59　齿轮 M 值

行改进,在求和层根据各自的类别进行相加,不同的类别在径向基线性层按权值相加得到输出层的结果,其网络结构如图 4.60 所示。

通过对采集得到的温度数据进行分析,选用归一化处理数据的第一种形式,优选典型温度变量,最终得到输入温度变量为 T_1(主轴前端轴承壁)、T_2(主轴后端轴承壁)、T_3(工作台上端)和 T_8(环境),即输入层节点数为 4。

通过神经网络模型的训练和测试,建立基于概率神经网络的蜗杆砂轮磨齿机径向热误差模型,从而得到温度变化与齿轮 M 值之间的函数映射关系。径向热误差建模步骤如图 4.61 所示。

根据上述分析过程,以 T_1、T_2、T_3、T_8 为径向热误差模型的输入,以齿轮 M 值为蜗杆砂轮磨齿机径向热变形误差,建立蜗杆砂轮磨齿机热误差模型,将模型预测值与实际值进行比较,如图 4.62 所示。可见,测量 M 值与预测值之间误差很小(在 5%之内),验证了蜗杆砂轮磨齿机热误差建模方法的有效性。

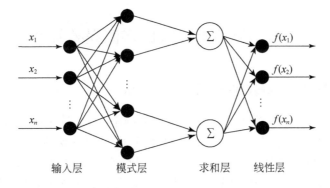

图 4.60　概率神经网络结构

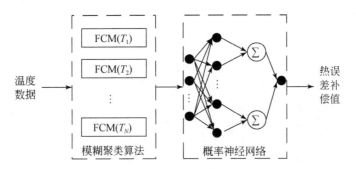

图 4.61　径向热误差建模步骤

FCM-模糊 C 均值(fuzzy C-means)

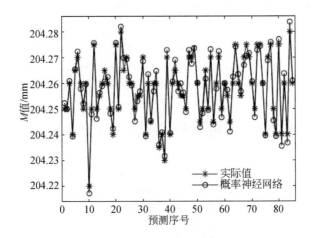

图 4.62　基于概率神经网络的热误差建模

4.5　数控制齿机床多源误差补偿

4.5.1　数控制齿机床等效虚拟主动轴补偿方法

　　如图 4.63 所示,在修形齿面蜗杆砂轮磨削中,五个联动轴分别为 X 轴(齿轮径向运动)、Y 轴(齿轮切向运动)、Z 轴(齿轮轴向运动)、B 轴(蜗杆砂轮的旋转运动)、C 轴(齿轮的回转运动)。其中,Y、Z、B、C 轴在 EGB 控制下进行展成运动,Y、Z、B 为主动轴,C 轴为从动轴。齿面上任意点的加工误差,理论上可通过调整 X、Y、Z、B、C 轴的运动指令进行补偿。设上述五个运动轴误差分别以 ΔX、ΔY、ΔZ、ΔB、ΔC 表示,则齿面误差与轴误差存在映射关系:$\delta_i = f(\Delta Y_i, \Delta Z_i, \Delta B_i, \Delta C_i, \Delta X_i)$,其中,$i$ 为齿面点编号,$i=1,2,3,\cdots$。

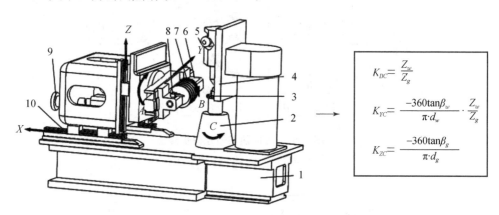

$$K_{BC} = \frac{Z_w}{Z_g}$$

$$K_{YC} = \frac{-360\tan\beta_w}{\pi \cdot d_w} \cdot \frac{Z_w}{Z_g}$$

$$K_{ZC} = \frac{-360\tan\beta_g}{\pi \cdot d_g}$$

图 4.63　数控蜗杆砂轮磨齿机三维模型示意图

1.机床床身;2.工作台;3.工件(齿轮);4.机床尾座(W 轴);5.金刚滚轮;
6.蜗杆砂轮主轴;7.刀具(蜗杆砂轮);8.探测头;9.滚珠丝杠;10.滑动导轨

　　在连续展成磨齿过程中,跟随轴 C 轴与主动轴 Y 轴、Z 轴、B 轴之间存在线性同步关系,即

$$
\begin{cases}
K_{YC} = \dfrac{-360\tan\beta_w}{\pi d_w} \dfrac{Z_w}{Z_g} \\[2mm]
K_{ZC} = \dfrac{-360\tan\beta_g}{\pi d_g} \\[2mm]
K_{BC} = \dfrac{Z_w}{Z_g}
\end{cases}
\tag{4.88}
$$

式中,K_{YC}、K_{ZC}、K_{BC} 分别为 Y 轴、Z 轴、B 轴与 C 轴的同步系数;β_w 为蜗杆砂轮螺

旋角;d_w 为蜗杆砂轮分度圆直径;Z_w 为蜗杆砂轮头数;Z_g 为齿轮齿数;β_g 为齿轮螺旋角;d_g 为齿轮分度圆直径。

因此,机床五个运动轴(X 轴、Y 轴、Z 轴、B 轴、C 轴)误差可以线性映射到两个轴(X 轴、C 轴)上,即齿面误差与轴误差关系可表示为 $\delta_i = f(\Delta C'_i, \Delta X_i)$。

在齿形方向,以等分发生线转角 φ 取代传统等分向径,进行测点位置选择。首先,确定起、终测点坐标及其向径 R_s、R_e;其次,求取起、终测点发生线转角 φ_s、φ_e,计算发生线转角 φ_i;最后,由齿形方程得到第 i 个测点的坐标。同时,在齿向方向取 n 个测点。据此可将齿面划分为 $(m-1)\times(n-1)$ 个网格,如图 4.64 所示。

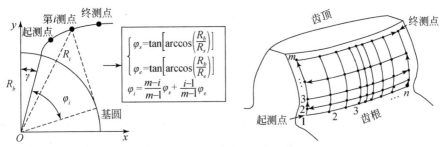

图 4.64 齿面测点划分及路径规划

基于修形齿面数学模型进行路径规划测量,探头从起测点按规划路径进行测量,直至终测点,共得到 $m \times n$ 个values点。以蜗杆砂轮廓形计算为例,蜗杆砂轮磨齿过程可看成以砂轮廓形为自变量、齿轮廓形为因变量的输入输出模型。理想情况下,可以建立叠加刀具-工件的齿面创成模型,如图 4.65 所示。在建立齿面创成模型时,需要考虑刀具、轨迹误差等因素的影响,建立叠加刀具-轨迹-工件误差的齿面创成耦合模型,如图 4.66 所示。

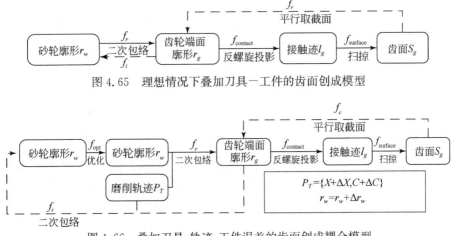

图 4.65 理想情况下叠加刀具－工件的齿面创成模型

图 4.66 叠加刀具-轨迹-工件误差的齿面创成耦合模型

上述齿面创成模型中，磨削轨迹反映了磨齿机各轴的运动。理想情况下，X、C轴无运动误差；在叠加误差的齿面创成模型中，加工误差可以映射到 X、C 轴上，需将 X、C 轴的实际运动量作为自变量，其与理论值的差值为等效误差。各变量的计算过程如表 4.10 所示。

表 4.10　基于点矢量族二次包络的齿面创成数字化计算过程

计算过程	理想情况 （砂轮廓形及磨削轨迹已知）	叠加刀具-轨迹-工件 误差的齿面创成耦合模型 （砂轮廓形及磨削轨迹未知）
齿轮端面-砂轮	$r_w = f_i(r_g)$	$r_w = f_i(r_g, P_T)$ $R_w = f_{opt}(r_w)$（优化）
砂轮-齿轮端面	$r_g = f_r(r_w)$	$r_g = f_r(R_w, P_T)$
齿轮端面-接触迹	$l_g = f_{contact}(r_g)$	$l_g = f_{contact}(r_g)$
接触迹-全齿面	$S_g = f_{surface}(l_g)$	$S_g = f_{surface}(l_g)$
全齿面-齿轮端面	$r_g = f_c(S_g)$	$r_g = f_c(S_g)$

基于点矢量二次包络，将 X、C 轴的运动量作为未知量，沿齿宽方向依次计算接触迹，通过改变 X、C 值使理论接触迹与实际接触迹重合。为实现对轨迹误差的补偿，在 EGB 中增设等效虚拟主动轴 C' 为同步轴，如图 4.67 所示。X 轴不参与展成运动，为非同步轴，但为了不改变原有数控程序，可在 EGB 中增加虚拟主动轴 X'，其运动量作为主动轴 X 的补偿运动。虚拟主动轴没有实际的物理装置相关联，设定后虚拟主动轴可与实体轴同时参与数控系统的程序控制和跟随控制。这样可将其他运动轴的误差映射于 C' 轴和 X' 轴，不用改变原始 NC 代码，通过附加程序实现误差补偿。

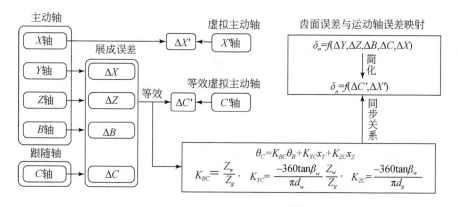

图 4.67　包含虚拟主动轴的同步轴 EGB 工作原理

为简化误差补偿流程,需要合理选取误差补偿点。蜗杆砂轮磨齿时蜗杆的运动轨迹如图 4.68 所示,进给冲程运动是影响齿轮加工精度的主要因素,将误差补偿点选在进给冲程上。刀具进给冲程轨迹为由一系列样条点构成的样条曲线,可选择样条点为误差补偿点。

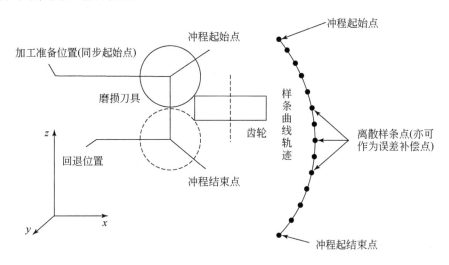

图 4.68　磨削运动轨迹、磨削冲程样条曲线

4.5.2　数控制齿机床传动链误差补偿

1. 传动链误差分析

以滚齿机与蜗杆砂轮磨齿机为例,说明数控制齿机床传动链误差补偿方法和技术。滚齿机与蜗杆砂轮磨齿机结构示意图如图 4.69 所示,共有 6 个机床轴,分别为 X 轴、Y 轴、Z 轴、A 轴、C 轴和 B 轴。其中,X 轴为径向进给轴,Y 轴为切向进给轴,Z 轴为轴向进给轴,A 轴为机床俯仰轴,B 轴为滚刀主轴,C 轴为工件轴。

当利用展成法加工齿轮时,无论是直齿轮还是斜齿轮,C 轴与 B 轴都存在如下传动关系:

$$n_C = n_B \frac{Z_t}{Z_g} + v_Z \frac{360\sin\beta}{\pi m_n Z_g} \tag{4.89}$$

式中,n_C 为 C 轴转速;n_B 为 B 轴转速;v_Z 为 Z 轴进给速度;Z_t 为滚刀头数;Z_g 为工件齿轮齿数;m_n 为法向模数;β 为工件齿轮螺旋角。

传动链包括滚刀轴电机、滚刀箱、EGB、工作台电机以及工作台传动装置。因为 B 轴和 C 轴均存在机械传动装置和运动控制,所以不可避免地存在传动装置的制造装配误差和伺服控制误差。这些误差最终导致 C 轴在跟踪 B 轴运动时的实

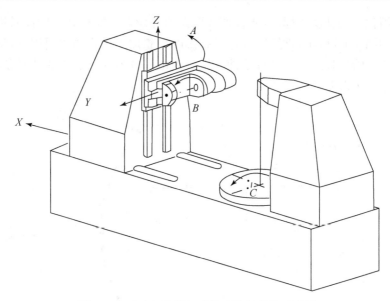

图 4.69　滚齿机与蜗杆砂轮磨齿机结构示意图

际角位移与理论角位移存在误差。下面以传动链误差简化表达 C 轴转到某位置的 B 轴和 C 轴间相对运动误差：

$$e_\Sigma(\varphi_C) = \varphi_C - \varphi_B Z_t / Z_g \tag{4.90}$$

单级齿轮传动的传动链误差主要来自齿轮 1 和齿轮 2 的安装误差、齿面误差和弹性变形。假设只考虑齿轮 1 和齿轮 2 造成的误差，如式(4.91)所示，齿轮 1 和齿轮 2 造成的传动链误差均为齿轮 2 转角 θ 的周期函数，周期分别为 $2\pi/i_{12}$ 和 2π，如式(4.92)和式(4.93)所示。

$$e_\Sigma = e_1 + e_2 \tag{4.91}$$

$$e_1(\theta) = e_1\left(\theta + \frac{2\pi}{i_{12}}\right) \tag{4.92}$$

$$e_2(\theta) = e_1(\theta + 2\pi) \tag{4.93}$$

式中，e_Σ 为总传动链误差；e_1 为齿轮 1 造成的传动链误差；e_2 为齿轮 2 造成的传动链误差；i_{12} 为齿轮 1 和 2 的传动比。

三角级数展开 e_Σ 为

$$e_\Sigma = \sum_{k=1}^{\infty} A_{1k}\cos(k\theta i_{12} + \varphi_{1k}) + \sum_{k=1}^{\infty} A_{2k}\cos(k\theta + \varphi_{2k}) \tag{4.94}$$

同理，当有多级齿轮传动包含 h 个齿轮时，其轮系的传动链误差可表示为

$$e_\Sigma = \sum_{l=1}^{h}\sum_{k=1}^{\infty} A_{lk}\cos(k\theta i_l + \varphi_{lk}) \tag{4.95}$$

根据 i_l 的值是否为整数可以将 e_Σ 分为两部分，将所有非整数 i_l 归并成包含 m

元素的互相不构成整倍数关系的最小序列 $\{f\}_m$，则 e_Σ 被分成 $m+1$ 组谐波，其基频分别为 1 和 $\{f\}_m$，如式(4.96)所示：

$$e_\Sigma = \sum_{k=1}^{\infty} A_{0k}\cos(k\theta + \varphi_{0k}) + \sum_{l=1}^{m}\sum_{k=1}^{\infty} A_{lk}\cos(k\theta f_l + \varphi_{lk}) = e_I + \sum_{l=1}^{m} e_l \quad (4.96)$$

齿轮副的传动链误差主要由齿轮转频的 1 次、2 次和 Z_g 次谐波组成，且 Z_g 次谐波伴随着齿面误差不一致造成的边频带。根据式(4.95)可推测传动链误差频谱主要频率成分，反之可以通过幅值较高的谱线判断传动链误差的主要来源。另一个重要误差的来源为伺服控制误差，由机床的位置测量系统误差引起，其频率同样与传动比有关。

值得注意的是，当齿轮或编码器与 C 轴的传动比为非整数时，传动链误差可能包含多组基频不等的谐波，通常采集频率有限，因此在频谱分析时必然存在栅栏效应，一些频率成分因为处于某两个频率等级之间而出现谱线的"扩散"，难以直接准确获取其幅值与初相位。

2. 传动链误差测量和辨识

滚齿机床传动链误差是 B 轴和 C 轴之间的动态传动链误差，不同转速下的传动链误差差别很大，这有别于普通的机床转台定位误差。传统的拉希尼柯夫误差传递规律无法准确描述滚齿机床动态传动链误差的传递过程，且传动链误差中来源不同的成分与转速的关系不一致，即在不同转速下的传动链误差及其变化规律都是不同的。因此，激光干涉仪测定的转台静态分度误差并非高转速下滚齿加工时的传动链误差。C 轴与 B 轴末端分别安装高精度绝对值编码器，如图 4.70 所示。工作台和滚刀主轴编码器的正弦信号，经细分盒细分处理为晶体管-晶体管逻辑(transistor transistor logic，TTC)信号，输入数字信号采集卡。基于数据采集软件的下位机计程程序和上位机数据采集记录程序同时采集两编码器脉冲信号的计数值并保存成数据文件，传动链误差采集现场如图 4.71 所示。

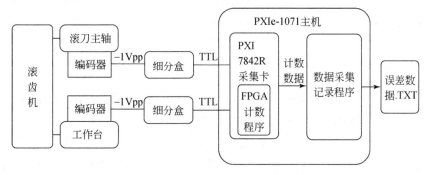

图 4.70　传动链误差采集工作原理

图 4.71 传动链误差采集现场

用于传动链误差采集的主要设备有工作台编码器、滚刀主轴编码器、工作台编码器细分盒、滚刀主轴编码器细分盒、采集卡和两套编码器工装,详细参数如表 4.11 所示。其中,工作台编码器物理刻线 180000,细分 5 倍,分辨率为 1.44″。滚刀主轴编码器物理刻线 20000,细分 25 倍,分辨率为 2.59″。普通滚齿机传动链误差为几十角秒,因此两个编码器的精度足够,可用于测量传动链误差。

表 4.11 实验器材

设备	型号	备注
工作台编码器	HeiDenHain-RPN 886	180000 物理刻线
滚刀主轴编码器	HeiDenHain-ERA 420C	20000 物理刻线
工作台编码器细分盒	HeiDenHain-IBV101	细分 5 倍
滚刀主轴编码器细分盒	HeiDenHain-IBV102	细分 25 倍
采集卡	PXI 7842R	时钟频率 40kHz
实验主机	PXIe-1071	—

C 轴旋转 n 圈,其传动链误差为 e_Σ,其离散傅里叶变换频域的采样间隔 f_Δ 为 $1/n$,而传动链误差中包含 e_l,即基频为 f_l 的谐波,且

$$\forall a \in \mathbb{Z}, \quad f_l \neq a f_\Delta \tag{4.97}$$

谐波 e_l 经离散傅里叶变换后会产生栅栏效应,其每次谐波的谱线均会在频谱图中扩散成多条谱线,难以准确描述其频率、幅值与相位。谐波 e_l 的基频 f_l 可以

参照前面误差构成分析得到。假设第 k 点离散傅里叶变换表示的频率最接近 f_l，且该频率的谱线完全来自频率 f_l 的误差离散傅里叶变换，则其幅值和相位可由式(4.98)~式(4.108)计算。用 Δ_t 表示时域间隔，即

$$\Delta_t = \frac{t_{N-1} - t_0}{N} \tag{4.98}$$

则频率为 f_i 的谐波的离散函数 x_n 为

$$x_n = \lambda\cos(n\Delta_t f_l + \varphi) = \lambda\cos\varphi\cos(n\Delta_t f_l) + \lambda\sin\varphi\sin(n\Delta_t f_l), \quad \lambda > 0; \varphi \in [0, 2\pi) \tag{4.99}$$

第 k 点的离散傅里叶变换为

$$X(k) = \sum_{n=0}^{N-1} x_n e^{\frac{-i2\pi kn}{N}}, \quad k \in \mathbb{N} \tag{4.100}$$

由欧拉公式可得

$$e^{\frac{-i2\pi kn}{N}} = \cos\frac{2\pi kn}{N} - i\sin\frac{2\pi kn}{N} \tag{4.101}$$

将其代入式(4.100)，可得

$$X(k) = \sum_{n=0}^{N-1} x_n \cos\frac{2\pi kn}{N} - i\sum_{n=0}^{N-1} x_n \sin\frac{2\pi kn}{N} \tag{4.102}$$

分别取式(4.102)实部 Re 和虚部 Im 为

$$\text{Re} = \sum_{n=0}^{N-1} x_n \cos\frac{2\pi kn}{N} = \lambda\cos\varphi\sum_{n=0}^{N-1}\cos(n\Delta_t f_l)\cos\frac{2\pi kn}{N} + \lambda\sin\varphi\sum_{n=0}^{N-1}\sin(n\Delta_t f_l)\cos\frac{2\pi kn}{N} \tag{4.103}$$

$$\text{Im} = \sum_{n=0}^{N-1} x_n \sin\frac{2\pi kn}{N} = -\lambda\cos\varphi\sum_{n=0}^{N-1}\cos(n\Delta_t f_l)\sin\frac{2\pi kn}{N} + \lambda\sin\varphi\sum_{n=0}^{N-1}\sin(n\Delta_t f_l)\sin\frac{2\pi kn}{N} \tag{4.104}$$

将式(4.103)和式(4.104)以矩阵形式表示为

$$\begin{bmatrix} \text{Re} \\ \text{Im} \end{bmatrix} = \begin{bmatrix} \displaystyle\sum_{n=0}^{N-1}\cos(n\Delta_t f_i)\cos\frac{2\pi kn}{N} & -\displaystyle\sum_{n=0}^{N-1}\sin(n\Delta_t f_i)\cos\frac{2\pi kn}{N} \\ -\displaystyle\sum_{n=0}^{N-1}\cos(n\Delta_t f_i)\sin\frac{2\pi kn}{N} & \displaystyle\sum_{n=0}^{N-1}\sin(n\Delta_t f_i)\sin\frac{2\pi kn}{N} \end{bmatrix} \begin{bmatrix} \lambda\cos\varphi \\ \lambda\sin\varphi \end{bmatrix} A \begin{bmatrix} \alpha \\ \beta \end{bmatrix} \tag{4.105}$$

式中，A 为可逆矩阵。

Re 和 Im 可由离散傅里叶变换得到，A 仅与频率和点数有关，也可计算得到。因此，线性方程组的解为

$$\begin{bmatrix} \alpha \\ \beta \end{bmatrix} = A^{-1} \begin{bmatrix} \text{Re} \\ \text{Im} \end{bmatrix} \tag{4.106}$$

进而可以解出该函数的幅值 λ 和初相位 φ，并重构该信号。

$$\lambda = \sqrt{\alpha^2 + \beta^2} \tag{4.107}$$

$$\varphi = \begin{cases} \arccos \dfrac{\alpha}{\lambda}, & \beta < 0 \\[2mm] 2\pi - \arccos \dfrac{\alpha}{\lambda}, & \beta \geqslant 0 \end{cases} \tag{4.108}$$

3. 传动链误差补偿原理

一般情况下，滚齿机 C 轴转速较 B 轴转速低且 C 轴伺服控制精度较高，因此可通过调整 C 轴运动指令来消减传动链误差。将机床 C 轴运动控制和传动机构简化为一个线性系统，后面简称 C 轴控制系统，则 C 轴运动指令和各级传动齿轮副的传动链误差均为输入，C 轴的运动轨迹为输出。测量系统误差补偿和软件轴是数控系统中广泛使用的功能，分别可以补偿误差 e_I 和误差 e_l。误差补偿的基本思路分三步：首先在切削转速下测量传动链误差；然后辨识补偿运动的响应曲线；最后基于数控系统生成补偿文件并执行，如图 4.72 所示。

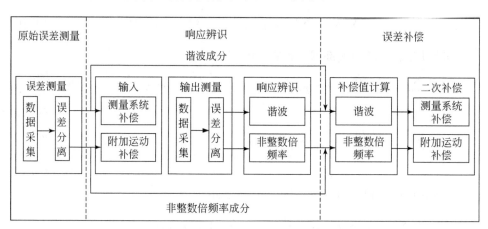

图 4.72　传动链误差补偿基本思路示意图

传动链误差补偿实质上是在 C 轴上构造补偿运动，使包含误差的 C 轴运动与补偿运动叠加，即

$$\varphi_C = \alpha_B \varphi_B + e_\Sigma + \varphi_{\mathrm{comp}} = \alpha_B \varphi_B + e_I + \sum_{l=1}^{m} e_l + \varphi_I + \sum_{l=1}^{m} \varphi_l \tag{4.109}$$

要实现如式（4.110）所示的理想传动关系，则需要误差与补偿运动和为 0，即

$$\varphi_C = \alpha_B \varphi \tag{4.110}$$

$$e_I + \sum_{l=1}^{m} e_l + \varphi_I + \sum_{l=1}^{m} \varphi_l = 0 \tag{4.111}$$

任意两个不同频率的周期函数叠加后幅值不为 0,因此方程的解为

$$\begin{cases} \varphi_I = -e_I \\ \varphi_l = -e_l, \quad l = 1, 2, \cdots, m \end{cases} \tag{4.112}$$

测量系统误差补偿又称螺距补偿,由均匀补偿点组成,其间的值为线性插补。以 C 轴旋转角度为自变量,测量系统误差补偿的周期为 $360°$,与 e_I 的周期一致但不同于 e_l 的周期。因此,测量系统误差补偿仅适合补偿 e_I。软件轴是数控系统中虚构的轴,常用于误差补偿和故障诊断。如图 4.73 所示,在 C 轴为从动轴的 EGB 中的主轴可以是软件轴 SA,建立软件轴和 B 轴与 C 轴的耦合关系,即可实现补偿运动与原有运动的叠加。以 C 轴转速 n_c 为自变量,软件轴的频率 f_l 由其转速 n_l 决定,计算过程如式(4.113)所示。因此,该方法尤其适合补偿 e_l。值得注意的是,并不是所有数控系统都支持这种方法且数控系统会限制 EGB 中主动轴的数量。幸运的是,e_l 种类通常不多,幅值也较小。

$$f_l = \frac{n_l}{n_c} \tag{4.113}$$

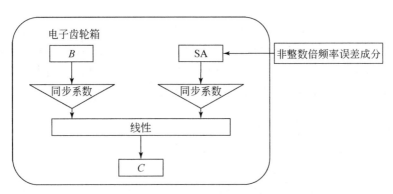

图 4.73　e_l 误差补偿

传统的补偿值计算方法是将误差反相作为补偿值,或提取误差的低阶谐波反相作为补偿值。这种补偿值的计算方法只适合补偿静态误差,如转台定位误差。对于动态误差补偿,如滚齿机床传动链误差,这种方法可能会使误差增大,即传统的补偿值计算方式无法有效地计算滚齿机床传动链误差的补偿值。

本书将补偿过程视作补偿值输入 C 轴控制系统,进而产生补偿运动。若简化 C 轴控制系统为线性时不变系统,则 C 轴控制系统的输入为运动指令和补偿值的线性叠加,输出为原有运动与补偿运动的叠加,补偿值的改变不影响原有运动。因此,给定 C 轴控制系统的输入 e_{in},再次测量传动链误差 e'_Σ 与原传动链误差 e_Σ 的差

值即对应的输出 e_{out}，其表达式为

$$e_{out} = e'_\Sigma - e_\Sigma \tag{4.114}$$

线性系统的动态特性常采用频率响应来表达。采用基于改进的谐波分析法对误差进行分解，实际传动链误差的主要谐波的阶次一般低于 500，且补偿的点数有限，因此仅需要关注某些频率。利用系统的 e_{in} 和 e_{out} 可准确而快速地辨识 C 轴控制系统的频率响应。e_{in} 和 e_{out} 经傅里叶变换，由空间域变换到频率域，分别为 $e_{in}(f)$ 和 $e_{out}(f)$，其输入输出的频率响应在频域内可表示为

$$H(f) = \frac{e_{out}(f)}{e_{in}(f)} \tag{4.115}$$

要完全消除传动链误差，输出的补偿运动需要和误差的相位始终相差 π。要得到所述补偿运动 φ_C，输入 φ_{in} 需满足

$$\varphi_{in}(f) = \varphi_C(f)/H(f) = \frac{\varphi_C(f)e_{in}(f)}{e_{out}(f)} \tag{4.116}$$

通过傅里叶逆变换即可将 $\varphi_{in}(f)$ 从频率域变换到空间域，得到最终补偿量 φ_{in}。

4. 传动链误差补偿实验

YS3120CNC6 型滚齿机 B 轴的传动系统包含主轴电机和两级齿轮传动，C 轴的传动系统包含 C 轴电机和两级齿轮传动。实验设定 YS3120CNC6 型滚齿机的滚刀头数为 3，工件齿数为 121，即 B 轴与 C 轴传动比为 121：3，滚刀箱和工作台传动结构如图 4.74 所示，各级齿轮参数如表 4.12 所示。

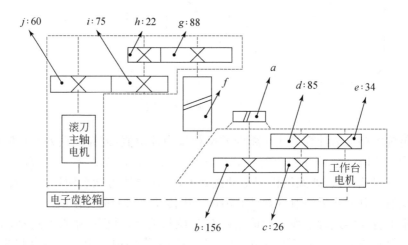

图 4.74　滚刀箱和工作台传动结构

表 4.12　齿轮参数

齿轮代号	b	c	d	e	g	h	i
齿数	156	26	85	34	88	22	75
传动比	1	6	6	15	121∶3	484∶3	484∶3

在 YS3120CNC6 型滚齿机的传动链误差中，e_I 来源于工作台传动结构，占误差的绝大部分。e_1 来源于滚刀箱，但幅值非常小，其余误差成分记为 e_{other}，其幅值很小。三部分误差和频谱如图 4.75 所示。对于 YS3120CNC6 型滚齿机传动链误差 e_{Σ}，5 圈内最小值为 $-55''$，最大值为 $21''$，累计值为 $76''$。其中，主要误差频率有 1、2、6、12、15、150、156、162、168、180、121/3 和 484/3 次谐波，依据频率将传动链误差分解为三部分，以 1 为基频的 e_I、以 121/3 为基频的 e_l 和其余误差 e_{other}。

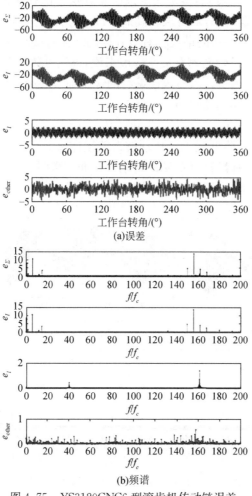

(a)误差

(b)频谱

图 4.75　YS3120CNC6 型滚齿机传动链误差

1)补偿 e_I

取 e_I 的反相作为输入,相当于传统的转台定位误差补偿。再次测量传动链误差 e_Σ^2,并分解得到 e_I',如图 4.76 所示。e_I' 的低频成分 1 次、2 次、6 次、12 次和 15 次谐波幅值明显减小,高频成分 150 次、156 次、162 次、168 次、180 次谐波幅值明显增大,且其累计值为 85″,大于 e_I 的累计值 73″。结果表明,传统的转台定位误差补偿在这种情况下失效。

依据式(4.115)和式(4.116)计算频率响应和最终补偿值。补偿后测量传动链误差 e_Σ^C,并提取 e_I^C,如图 4.76 所示。e_I^C 的低频成分 1 次、2 次、6 次、12 次和 15 次谐波和高频成分 150 次、156 次、162 次、168 次、180 次谐波幅值均大大削减,且累计值仅为 9″。以累计值计算,考虑频率响应的补偿方法使 e_I 减小了 87.7%。

通过对比 e_I^2 和 e_I^C 可知,传统的定位误差补偿方法在滚齿传动链误差补偿时,仅对低阶谐波有补偿效果,对阶次较高的谐波不可控;考虑频率响应的补偿方式可以精准地补偿 180 次左右的谐波。有效补偿的最大阶次与数控系统的可用螺距补偿点数、插补周期及 C 轴转速有关。一般来说,补偿点数越多,插补周期越短,转速越低,能补偿的阶次越高。因为数控系统的螺距补偿一般为线性插补,所以补偿高阶谐波会引入更高阶的谐波成分。

补偿 e_I 后,YS3120CNC6 型滚齿机的传动链误差 e_Σ^C 的绝大部分被消除,与 e_Σ 相比,其累计值由 76″降低至 11″,传动链误差累计值减小 85.5%,如图 4.76 所示。因此,当传动链中没有齿轮与 C 轴的传动比是非整数时,传动链误差的主要成分为 e_I,考虑频率响应补偿 e_I 即可达到不错的补偿效果。

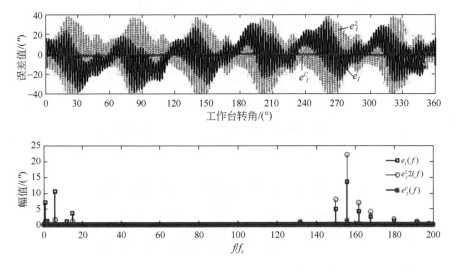

图 4.76　补偿前、传统补偿和本书补偿后的 e_I 变化

2) 补偿 e_l

当机床传动结构出现非整数传动比或滚刀头数与工件齿轮齿数的比值非整数时, 会引入 e_l, 因此要进一步提升机床传动精度, 就必须补偿 e_l。

YS3130CNC6 型滚齿机的 e_c 幅值非常小, 因此不针对非整数倍频率的误差进行补偿。为证明补偿方法的有效性, 通过相同补偿方式产生幅值为 $10''$、相位为 0 的理想误差 e_2^i:

$$e_2^i = 10\cos(121\varphi_C/6) \tag{4.117}$$

补偿后的传动链误差比补偿前多一个频率为 121/6 的误差成分 e_2^r, 如图 4.77 所示。根据式 (4.107) 和式 (4.108) 可以计算得到幅值为 $9.7063''$, 初相位为 $-0.0506''$, 转换成三角函数如式 (4.118) 和式 (4.119) 所示。e_2^r 与 e_2^i 的差值即补偿方法的误差 err_C, 其幅值为 $0.578''$, 即该频率下, 补偿方法的误差仅为 5.78%。在定义补偿曲线时, 采用的插补方法为直线插补, 且分为 100 段。若需要降低补偿方法的误差, 则可以通过选取合适的插补方法, 如 B 样条, 且适当提高分段数。

$$e_2^r = 9.7063\cos\left(\frac{121\varphi_C}{6} - 0.0506\right) \tag{4.118}$$

$$\mathrm{err}_C = e_2^r - e_2^i = 0.578\cos\left(\frac{121\varphi_C}{6} - 2.129\right) \tag{4.119}$$

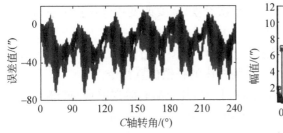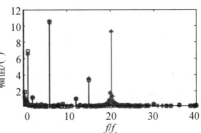

图 4.77　e_2^r 与 e_2^i

实验结果表明, 传动链误差可能由多组基频不同的谐波组成, 误差提取方法可以有效分解传动链误差, 准确地得到各组谐波成分; 提出的补偿方法能大大削减基频为 1 的谐波成分, 也能分别补偿基频不为整数的谐波成分。

4.5.3　数控制齿机床几何误差补偿

根据数控蜗杆砂轮磨齿机的加工原理, 磨齿机在磨削齿轮时, X、Y、Z、B、C 五轴联动实现预定轨迹, 而 A 轴保持锁定状态, 只有在非加工状态才能对 A 轴进行调整。机床位置无关几何误差元素是机床的最主要几何误差元素, 对机床空间误差的影响最大, 因此在对 A 轴方向空间误差分量进行单次补偿时, 必须考虑所有位置无关几何误差,而机床位置相关几何误差中对空间误差的 A 轴方向旋转分量敏感的只有 A 轴的转角误差 $\varepsilon_x(a)$,在只能对 A 轴方向旋转误差进行单次补偿的情况下,机床其他位置相关几何误差元素都可以忽略。在忽略相关次要误差之后,不考虑 B 轴与 C 轴的旋转运动,对空间误差进行建模,可以得到 A 轴锁定下工件与刀具的实际位姿变换矩阵 $T_{wt\text{-}a}$ 与理论位姿变换矩阵 $T_{wti\text{-}a}$ 分别为

$$T_{wt\text{-}a}=(T_{12p}T_{12pe})^{-1}(T_{01p}T_{01pe})^{-1}T_{03p}T_{03pe}T_{34p}T_{34pe}T_{45p}T_{45pe}T_{45s}T_{45se}T_{56p}$$
$$T_{56pe}T_{67p}T_{67pe}T_{78p}T_{78pe} \tag{4.120}$$

$$T_{wti\text{-}a}=(T_{12p})^{-1}(T_{01p})^{-1}T_{03p}T_{34p}T_{45p}T_{45s}T_{56p}T_{67p}T_{78p} \tag{4.121}$$

$$R_a(I)=T_{wt\text{-}a}(I)\begin{bmatrix}0\\1\\0\\0\end{bmatrix}=\begin{bmatrix}R_x(I)\\R_y(I)\\R_z(I)\\0\end{bmatrix} \tag{4.122}$$

$$R_{ai}(I)=T_{wti\text{-}a}(I)\begin{bmatrix}0\\1\\0\\0\end{bmatrix}=\begin{bmatrix}R_{xi}(I)\\R_{yi}(I)\\R_{zi}(I)\\0\end{bmatrix} \tag{4.123}$$

$$R_{e\text{-}ai}(I)=R_a(I)-R_{ai}(I) \tag{4.124}$$

对空间误差的 A 轴方向分量进行单次补偿,需要改变指令位置 I 中的 a 值,得到新的指令位置 I_c,使得

$$R_y(I_c)-R_{yi}(I)=0 \tag{4.125}$$

式中,$I_c=\begin{bmatrix}x_c & y_c & z_c & a_c & b_c & c_c\end{bmatrix}^T$ 为机床的补偿位置指令。

将位置相关几何误差元素代入式(4.125),并忽略高阶误差项,求得

$$\cos a_c+\varphi_{zx}\sin a_c-\varepsilon_x a_c\sin a_c-\varphi_{xy}\sin a_c-\cos a=0 \tag{4.126}$$

可令 $\varepsilon_x(a_c)=\varepsilon_x(a)$,并设 $m_a=\varphi_{zx}-\varepsilon_x(a)-\varphi_{xy}$,$n_a=1$,可得

$$\sqrt{{m_a}^2+{n_a}^2}\sin(a_c+\theta_a)=\sqrt{{m_a}^2+{n_a}^2}\cos\left(a_c+\theta_a-\frac{\pi}{2}\right)=\cos a \tag{4.127}$$

式中,$\cos\theta_a=m_a/\sqrt{{m_a}^2+{n_a}^2}$。此时,$A$ 轴单次补偿值 Δa 可以表示为

$$\Delta a=a_c-a=\frac{\pi}{2}-\theta_a \tag{4.128}$$

式中,a_c 为 A 轴指令的代替值;θ_a 为中间计算变量。

考虑到 Δa 值很小,$\varepsilon_x(a)$ 在 $[a-\Delta a,a+\Delta a]$ 范围内变化也很小,因此在式(4.127)中用 $\varepsilon_x(a)$ 代替了 $\varepsilon_x(a+a_c)$,利用三角函数即可计算得到 A 轴补偿值 Δa。

在对绕 A 轴方向误差分量进行补偿后,空间误差还有 5 个自由度方向上的误差分量需要解耦补偿,采取分步解耦的方法对其解耦,考虑空间姿态误差只与姿态几何误差元素有关,故先补偿姿态误差分量,再补偿位置误差分量。采用前述空间

误差简化模型进行解耦研究,具体解耦步骤如下所示。

忽略高阶小量误差项,对空间姿态误差分量进行简化,可得

$$
\begin{aligned}
R_{12e}(I_c) =& -\varepsilon_z(y)\cos c_c - \varphi_{xy}\cos c_c - \varepsilon_y(c_c)\sin a_c - \varepsilon_z(a_c)\cos c_c + \varepsilon_z(c)\cos a_c \cos c_c \\
& -\varepsilon_z(x)\cos a_c \cos c_c - \varepsilon_z(z)\cos a_c \cos c_c + \varphi_{zu}\cos a_c \cos c_c + \varphi_{yz}\cos c_c \sin a_c \\
& -\varphi_{yx}\cos c_c \sin a_c + \varepsilon_y(x)\cos c_c \sin a_c + \varepsilon_y(z)\cos c_c \sin a_c - \varphi_{yu}\cos c_c \sin a_c \\
& +\varphi_{xx}\sin a_c \sin c_c - \varepsilon_x(a_c)\sin a_c \sin c_c - \varepsilon_x(x)\sin a_c \sin c_c - \varepsilon_x(y)\sin a_c \sin c_c \\
& -\varepsilon_x(z)\sin a_c \sin c_c - \varphi_{xy}\sin a_c \sin c_c
\end{aligned}
$$

$$\tag{4.129}$$

$$R_{12i}(I) = \cos a \sin c \tag{4.130}$$

为实现空间姿态误差补偿,应保证 $R_{12}(I_c) = R_{12i}(I)$。

与 A 轴补偿值的计算类似,可得

$$
\begin{aligned}
m_c =& \varphi_{xx}\sin a_c - \varepsilon_x(a)\sin a_c - \varepsilon_x(x)\sin a_c - \varepsilon_x(y)\sin a_c - \varepsilon_x(z)\sin a_c \\
& -\varphi_{xy}\sin a_c + \cos a
\end{aligned}
\tag{4.131}
$$

$$
\begin{aligned}
n_c =& -\varepsilon_z(y) - \varphi_{zy} - \varepsilon_z(a) + \varepsilon_z(c)\cos a_c - \varepsilon_z(x)\cos a_c - \varepsilon_z(z)\cos a_c + \varphi_{zu}\cos a_c \\
& +\varphi_{yz}\sin a_c - \varphi_{yx}\sin a_c + \varepsilon_y(x)\sin a_c + \varepsilon_y(z)\sin a_c - \varphi_{yu}\sin a_c
\end{aligned}
$$

$$\tag{4.132}$$

式中, $\cos\theta_c = m_c/\sqrt{m_c{}^2 + n_c{}^2}$。

在此基础上,可求得

$$
\begin{cases}
k_c = \sqrt{m_c{}^2 + n_c{}^2}\sin(c_c + \theta_c) = \cos a \sin c + \varepsilon_y(c)\sin a_c \\
f_c = \arcsin(k_c/\sqrt{m_c{}^2 + n_c{}^2})
\end{cases}
\tag{4.133}
$$

则 C 轴的补偿值可初步表示为

$$
\begin{cases}
\Delta_{c1} = f_c - \theta_c - c \\
\Delta_{c2} = 2\pi + f_c - \theta_c - c \\
\Delta_{c3} = \pi - f_c - \theta_c - c
\end{cases}
\tag{4.134}
$$

式中, θ_c、f_c 为中间计算变量。

取 Δ_{c1}、Δ_{c2}、Δ_{c3} 中绝对值最小的一个为运动轴补偿值 Δ_c,C 轴指令位置的代替值 c_c 的计算公式为

$$c_c = \Delta_c + c \tag{4.135}$$

进而求得 C 轴指令位置的代替值 c_c 与补偿值 Δ_c。

B 轴补偿值的求解与 C 轴类似。

$$
\begin{aligned}
R_{31}(I_c) = & [\varphi_{yx} - \varphi_{yz} - \varepsilon_y(x) - \varepsilon_y(z) + \varphi_{ya} - \varepsilon_y(a)\cos a_c - \varepsilon_y(y)\cos a_c \\
& + \varepsilon_y(c)\cos c_c + \varepsilon_z(a)\sin a_c + \varepsilon_z(y)\sin a_c + \varphi_{zy}\sin a_c + \varepsilon_x(c)\sin c_c]\cos b_c \\
& + [-\cos a_c - \delta_{zx}\sin a_c + \varepsilon_x(a)\sin a_c + \varepsilon_x(x)\sin a_c + \varepsilon_x(y)\sin a_c \\
& + \varepsilon_x(z)\sin a_c + \varphi_{xy}\sin a_c - \varepsilon_x(c)\cos c_c \sin a_c + \varepsilon_y(c)\sin c_c \sin a_c]\sin b_c
\end{aligned}
\tag{4.136}
$$

$$
R_{31i}(I) = -\cos a \sin b \tag{4.137}
$$

为使 $R_{31}(I_c) = R_{31i}(I)$，可构造

$$
\begin{aligned}
m_b = & -\cos a_c - \delta_{zx}\sin a_c + \varepsilon_x(a)\sin a_c + \varepsilon_x(x)\sin a_c + \varepsilon_x(y)\sin a_c \\
& + \varepsilon_x(z)\sin a_c + \varphi_{xy}\sin a_c - \varepsilon_x(c)\cos c_c \sin a_c + \varepsilon_y(c)\sin c_c \sin a_c
\end{aligned}
\tag{4.138}
$$

$$
\begin{aligned}
n_b = & \varphi_{yc} - \varphi_{yz} - \varepsilon_y(x) - \varepsilon_y(z) + \varphi_{ya} - \varepsilon_y(a)\cos a_c - \varepsilon_y(y)\cos a_c \\
& + \varepsilon_y(c)\cos c_c + \varepsilon_z(a)\sin a_c + \varepsilon_z(y)\sin a_c + \varphi_{zy}\sin a_c + \varepsilon_x(c)\sin c_c
\end{aligned}
\tag{4.139}
$$

式中，$\cos\theta_b = m_b / \sqrt{m_b{}^2 + n_b{}^2}$。

在此基础上，可求得

$$
\begin{cases}
k_b = \sqrt{m_b{}^2 + n_b{}^2}\sin(b_c + \theta_b) = -\cos a \sin b \\
f_b = \arcsin(k_b / \sqrt{m_b{}^2 + n_b{}^2})
\end{cases}
\tag{4.140}
$$

则 B 轴的补偿值可初步表示为

$$
\begin{cases}
\Delta_{b1} = f_b - \theta_b - b \\
\Delta_{b2} = 2\pi + f_b - \theta_b - b \\
\Delta_{b3} = 2\pi + f_b - \theta_b - b
\end{cases}
\tag{4.141}
$$

式中，θ_b、f_b 为中间计算变量。

取 Δ_{b1}、Δ_{b2}、Δ_{b3} 中绝对值最小的一个为运动轴补偿值 Δ_b，B 轴指令位置的代替值 b_c 的计算公式为

$$
b_c = \Delta_b + b \tag{4.142}
$$

于是，得到 B 轴指令位置的代替值 b_c 与补偿值 Δ_b，计算得到空间误差补偿的替换指令坐标 I_c 中的三个旋转轴替换指令坐标，可利用已得到的旋转轴补偿值计算线性轴的补偿值。线性轴的补偿值非常微小，因此这里不考虑线性轴补偿后带来的几何误差元素的变化。于是根据前面计算得到的空间误差简化模型，将 k_i、f_i 代入 (a_c, b_c, c_c) 可直接计算得到线性轴替换指令坐标与补偿值。

令 $P(I_c) = P_i(I)$，可得到一个三元一次方程组，通过求解该方程组，可得到 (x_c, y_c, z_c)，进而计算得到 $(\Delta x, \Delta y, \Delta z)$，于是完整地得到机床替代指令位置 I_c 及各运动轴补偿值 ΔI。

综上所述，根据机床指令坐标 I 与空间误差模型，可计算得到替换指令坐标 I_c 与各运动轴的补偿值 ΔI，从而实现机床空间误差的有效解耦。

4.5.4　数控制齿机床切削力致机床几何误差补偿

1. 数控制齿机床力致机床几何误差补偿建模

根据滚齿加工力致机床几何误差对齿轮精度的映射模型研究,采用预置误差量来进行补偿。本节提出一种最佳补偿量方法,通过模型仿真计算将其误差齿廓与理论齿廓进行对比,得到敏感性补偿误差源并求解最佳补偿值。考虑到实际加工情况中对机床 Z 方向精度要求并不高,因此主要对机床 X 位移方向和滚刀绕 X 轴旋转方向的力致误差补偿方法进行研究,求出误差齿廓与理论齿廓法向均方根误差(root mean square error,RMSE),同时构造均方根误差与补偿参量之间的数学模型:

$$\text{RMSE}(\Delta x, \Delta \Sigma) = \sqrt{\sum_{i=1}^{n} \Delta p_i^2 / n} \qquad (4.143)$$

式中,Δp_i 为齿廓上任意一点的法向误差值。

当 $\Delta x = \Delta x_0$、$\Delta \Sigma = \Delta \Sigma_0$ 时,有

$$\text{RMSE}(\Delta x_0, \Delta \Sigma_0) = \min(\text{RMSE}(\Delta x, \Delta \Sigma)) \qquad (4.144)$$

确定补偿参数 Δx 和 $\Delta \Sigma$ 的取值范围,便可利用仿真软件对式(4.143)进行求解,从而得出齿廓均方根误差与补偿参量之间的定量映射规律,如图 4.78 所示,分析可得补偿参数 Δx 和 $\Delta \Sigma$ 呈互补关系,其中 Δx 为敏感性误差源,因此对机床 x 方向进行误差补偿十分必要。从图 4.78 中得到,当 $\Delta x_0 = -0.121\text{mm}$、$\Delta \Sigma_0 = -0.102°$时,$\text{RMSE}_{\min} = 0.003\text{mm}$,对应的分度圆齿厚误差 $\Delta S_{\min} = 0.005\text{mm}$。由于 $\Delta \Sigma$ 补偿效果相对于 Δx 差很多,后续不考虑对其进行补偿。

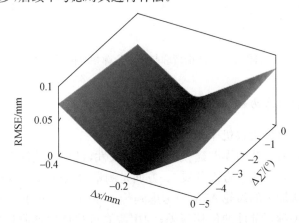

图 4.78　齿廓 RMSE 与补偿量的定量映射关系

为进一步研究补偿量与齿厚误差的变化趋势,另取两组补偿参数,研究其补偿前后的齿廓和齿厚误差数据。表 4.13 为补偿量数据。图 4.79 为理论齿廓与补偿齿廓相对位置关系。分析表明,如果沿 X 方向补偿量过小,那么实际齿厚会比理论齿厚大;如果沿 X 方向补偿量过大,那么实际齿厚会比理论齿厚小,都会对齿轮精度产生影响。

表 4.13　补偿量数据

补偿次数	Δx/mm	$\Delta \Sigma$/(°)	RMSE/mm	ΔS/mm
无补偿	0	0	0.042	0.054
第一次补偿	−0.053	−0.102	0.022	0.031
第二次补偿	−0.121	−0.102	0.003	0.005
第三次补偿	−0.200	−0.102	0.018	0.026

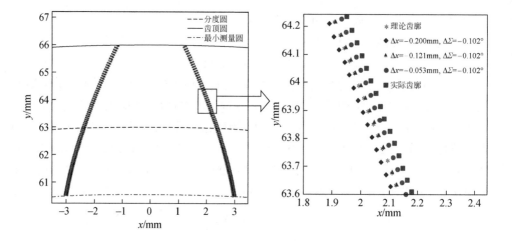

图 4.79　理论齿廓与补偿齿廓相对位置关系

2.数控制齿机床力致机床几何误差实验与建模

1)数控制齿机床力致机床几何误差实验方案

为验证力致机床几何误差建模方法的有效性,设计力致误差补偿实验进行验证。补偿实验主要从两个方面开展:一方面是测量力致机床位移误差;另一方面是测量补偿前后所加工的齿轮 M 值。考虑到传感器的安装条件,采用电涡流位移传感器测量机床关键零部件的位移误差;利用激光位移传感器测量滚刀与工件相对径向位移误差;采用千分尺测量补偿前后加工出的齿轮 M 值。

2)基于 M 值控制的径向误差补偿实验原理

根据前面的仿真分析可知,力致误差主要影响齿轮齿厚,在实际生产中通常采用测量齿轮 M 值来分析其齿厚精度。因此,对加工后的齿轮进行 M 值测量,图4.80和图 4.81 分别为量柱跨距测量示意图和圆柱渐开线外齿轮 M 值计算示意图。考虑齿厚误差可得 M 值与齿轮相关参数的关系为

$$M = \frac{m\cos\alpha}{\cos\alpha_M} + d_p \qquad (4.145)$$

式中,d_p 为量柱直径;α_M 为量柱中心在渐开线上的压力角。

$$\mathrm{inv}\alpha_M = \mathrm{inv}\alpha + \frac{d_p}{mN_2\cos\alpha} + \frac{2\xi\tan\alpha}{N_2} - \frac{\pi}{2N_2}$$

$$(4.146)$$

$$\xi = \frac{\Delta S}{2m\tan\alpha} \qquad (4.147)$$

式中,ξ 为变位系数;ΔS 为分度圆齿厚误差。

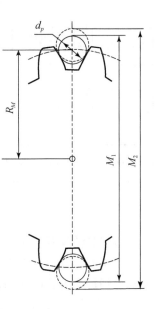

图 4.80 量柱跨距测量示意图

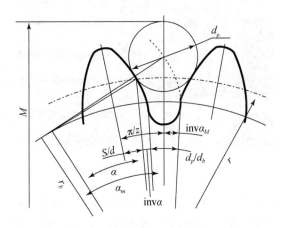

图 4.81 圆柱渐开线外齿轮 M 值计算示意图

实验测试机床滚刀及待加工齿轮参数见表 4.5。为了减小机床热误差的影响,实验过程采用间断性加工,每间隔 12 个加工齿轮进行一次误差补偿,补偿方案如图 4.82 所示,补偿量数据见表 4.13。

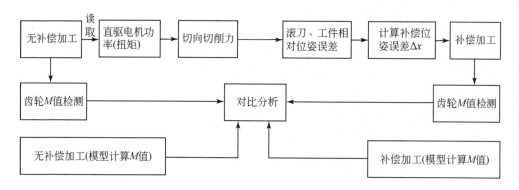

图 4.82　基于 M 值测试的补偿实验方案

3)实验结果及分析

图 4.83 为齿轮 M 值检测现场,分别采用 4 种直径的量柱对齿轮进行测量,可分别得到每个齿轮的 M 值,即 M_1、M_2、M_3、M_4。

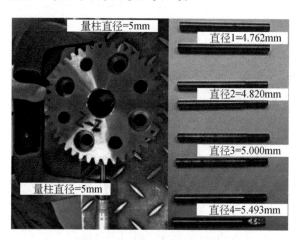

图 4.83　齿轮 M 值检测现场

如图 4.84 所示,在同一坐标系中绘制理论计算 M 值、模型计算 M 值及检测 M 值曲线并进行对比。结果表明,第一次与第二次补偿减小了齿轮的齿厚误差,M 值减少,第三次补偿后,齿轮齿厚比理论齿厚小,故齿厚误差又相对增大,其变化趋势与图 4.78 相同。上述结果侧面验证了误差模型的正确性。虽然测量的 M 值有较明显的跳动现象,但其整体变化趋势与 M 值模型预测结果重合度较高,同时按提出的最佳补偿量方法计算的 M 值与理论值误差为 0.02mm,在齿轮误差允许范围内,这也进一步验证了制齿机床力致误差补偿方法的有效性。

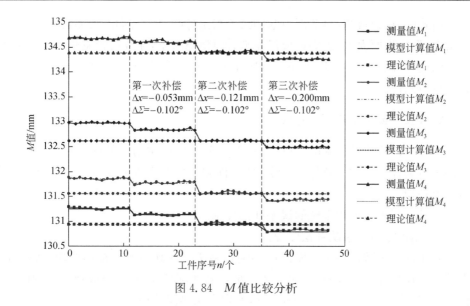

图 4.84　M 值比较分析

4.5.5　数控制齿机床热误差补偿

1. 数控制齿机床热变形对加工精度的影响

由热变形导致的滚齿机滚刀与工件间相对位置的误差是加工精度降低的直接因素。滚刀切削齿坯的过程可看成齿轮齿条间的平面传动,如图 4.85 所示(图中实线表示滚刀齿廓的实际位置,虚线表示理想位置),假设沿 x 方向滚刀与工件间存在误差 ε_x,则在端面上两齿廓线沿基圆切线方向的误差为

$$PP' = \varepsilon_x \sin\alpha \tag{4.148}$$

式中,α 为齿轮法向压力角。

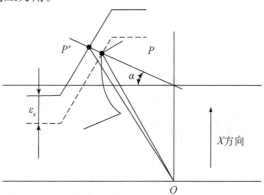

图 4.85　滚刀与工件间存在 X 向误差时滚削点位置的变化

由式(4.148)可知,热变形引起的滚刀与工件间沿 x 方向的误差将使得齿轮齿厚增大,形成齿厚误差,进而造成齿轮啮合时侧隙减小,导致齿轮发热严重,甚至卡死。因此,该误差必须予以消除。故本小节仅对滚齿机 x 方向热误差建模和补偿方法进行阐述。

2. 数控制齿机床热误差补偿技术

在多源误差建模技术的基础上,可开发基于虚拟主动轴的误差补偿技术和基于制齿零编程系统的误差补偿技术,从硬件和软件两个方面实现精密制齿系统的热误差补偿。

1)基于制齿零编程系统的误差补偿技术

(1)制齿零编程系统补偿原理。

基于西门子数控系统研发制齿零编程系统。在其中加入补偿模块,将所建热误差补偿模型导入该模块,实时检测关键点温度,根据模型方程得到相应的误差补偿值,调整滚刀主轴 X 方向坐标位置,实现机床热误差补偿。

以滚齿机为例,本节提出一种数控滚齿机热变形误差补偿方法,其原理如下:

①制齿零编程系统中定义一个误差补偿模块(在线监测温度值,通过热误差-温度模型计算出滚刀与工件主轴中心距 x 方向误差),并在补偿模块中定义误差函数 ThermalError。

②将补偿模型(表达式)嵌入制齿零编程系统的补偿功能模块中。

③对温度进行采集,保存于制齿零编程系统中,并以数组形式传递给 ThermalError,利用嵌入式热误差模型计算得到热误差补偿值,存储于零编程变量中,供制齿零编程系统调用 NC 数控系统 R 参数,随后生成 NC 代码,执行该 NC 代码实现热误差补偿。数控滚齿机热变形误差补偿流程图和补偿系统硬件框图分别如图 4.86 和图 4.87 所示。

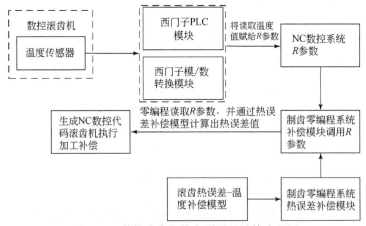

图 4.86　数控滚齿机热变形误差补偿流程图

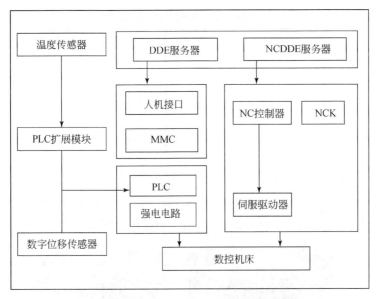

图 4.87 数控滚齿机热变形误差补偿系统硬件框图

(2)在线测温传感器布置。

数控滚齿机热误差补偿硬件布置方案如图 4.88 所示。为了获得滚齿机温度的精确测量结果,在滚齿机滚刀主轴轴承外壳端面测温部位均匀涂抹导热硅脂,将温度传感器粘贴于导热硅脂上,再用圆片磁铁将温度传感器吸附于测温点。

图 4.88 数控滚齿机热误差补偿硬件布置方案

(3)热误差补偿效果。

这里采用制齿零编程系统的热误差补偿技术,在 Y31200CNC6 大型数控滚齿机实际加工过程中进行热误差补偿实验。加工采用的工作齿轮参数和滚刀参数如表 4.14 所示。

表 4.14　工作齿轮参数和滚刀参数

齿轮参数		滚刀参数	
法向模数/mm	16	头数	单头双刃
齿数	38	材料	PM14
螺旋角/(°)	0	精度等级	DIN A 级
螺旋方向	右	外径×长度/mm	290×330
外径/mm	659.5	压力角/(°)	20
齿宽/mm	410	模数/mm	20
材料	20CrMnMo	导程角/(°)	4.75

　　图 4.89 为工件齿轮,齿轮材料为 20CrMnMo,法向模数为 16mm,齿数为 38。滚刀头数为单头双刃,材料为 PM14,压力角和模数分别为 20° 和 20mm。

图 4.89　Y31200CNC6 滚齿机加工齿轮

　　热误差补偿的滚齿零编程系统补偿界面如图 4.90 所示。根据热误差补偿模型,以温度变量为输入,实时预测滚齿机 x 方向热误差,并进行补偿。

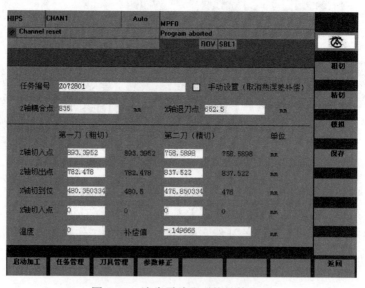

图 4.90　滚齿零编程系统补偿界面

如表 4.15 所示,通过测量滚刀/工件中心距热误差,验证滚齿机热误差补偿方法的有效性。实验结果表明,经补偿后热变形残差波动幅度小且趋势较平稳,热变形误差对加工齿轮质量的影响明显减小。运用该系统对大型滚齿机热变形误差进行补偿,工件齿轮的公法线与齿向锥度误差大大降低,显著提高了滚齿机床加工精度。

表 4.15　滚齿机热误差补偿值对比

机床类型	Y31200CNC6	
检测时间	误差补偿前	误差补偿后
滚刀/工件中心距最大热误差/μm	113.2	12
公法线长度/μm	76.2	15.6
齿向锥度/(°)	25.6	1.8

2)热误差差动螺旋补偿结构

针对一些制齿机床的数控系统没有开放的二次开发接口问题,本节提出一种外置的热误差差动螺旋补偿装置及方法,其工作流程如图 4.91 所示,差动螺旋补偿装置结构如图 4.92 所示。该装置结构紧凑,传动平稳、高效,补偿精度高,可广泛用于数控机床热误差补偿,在不影响机床整体特性及不改变数控程序的基础上,可独立实现热变形误差实时补偿。热误差差动螺旋补偿结构的工作原理是:当数控系统发出指令,系统控制的伺服电机驱动滚珠丝杠螺母实现机床进给运动时,由直联型减速器及蜗轮蜗杆组成的热误差补偿系统随机床一起运动,其中蜗轮蜗杆处于自锁状态;利用热误差模型计算补偿量,补偿系统中的伺服电机控制蜗杆转动带动丝杆螺母转动,从而推动机床立柱移动,实现热误差实时补偿。

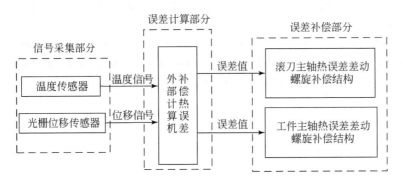

图 4.91　热误差补偿系统工作流程图

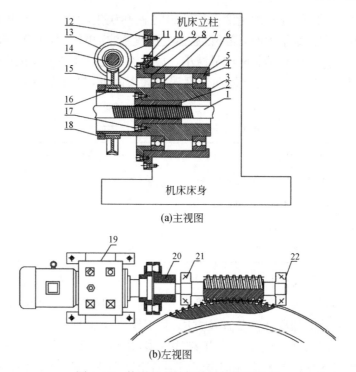

(a)主视图

(b)左视图

图 4.92　热误差差动螺旋补偿装置结构

1.丝杠；2.螺母；3、4、11.套筒；5、8.垫圈；6、7、21、22.轴承；9、10、12、17.螺钉；

13.减速器机座；14.蜗杆；15.蜗轮；16.平键；18.紧固螺母；19.电机直联型减速器；20.联轴器

参 考 文 献

[1] 李特文.齿轮几何学与应用理论[M].国楷，叶凌云，范琳，等译.上海：上海科学技术出版社，2008.

[2] Vasilis D，Nectarios V，Aristomenis A. Advanced computer aided design simulation of gear hobbing by means of three-dimensional kinematics modeling[J]. Journal of Manufacturing Science and Engineering 2007，129(5)：911-918.

第 5 章　精密数控制齿机床设计及优化

高性能齿轮的加工精度和服役性能受数控制齿机床多源误差的影响颇大,数控制齿机床核心功能零部件的设计及优化是影响齿轮加工精度和效率的关键。这些核心功能零部件的几何结构、运动精度、热稳定性等,以及控制系统的优化将极大地影响所加工齿轮的最终服役性能。本章从制齿机床零部件几何结构设计、机床整体结构优化、机床热特性分析、制齿功能软件等方面对数控制齿机床刀具主轴系统、回转工作台、滚刀/砂轮等关键零部件进行优化设计,保证制齿机床能够完成齿轮的高精度和高效率加工。

5.1　精密数控制齿机床核心功能部件设计

5.1.1　精密数控制齿机床高速精密滚刀主轴系统

根据滚齿加工误差来源进行分析,刀架主轴系统是滚齿机的关键部件,其几何精度对加工工件的齿廓误差以及齿距误差有很大影响,其振动与刚性直接影响加工工件齿轮的表面粗糙度。因此,为满足高刚性、高转速、高精度、大功率与小振动的要求,利用有限元仿真技术对滚刀主轴系统进行动力学、强度及结构轻量化设计与优化。

刀架主轴系统的几何精度主要包括以下四项:滚刀主轴安装孔的径向跳动;滚刀主轴的轴向窜动;活动支承孔与滚刀主轴轴线的同轴度;刀架切向滑座移动对滚刀主轴回转轴线的平行度。

普通滚齿机床刀架主轴结构如图 5.1 所示,刀架传动链长达 8 级,且其末端传动斜齿轮副(5、7)没有间隙消除机构,其刀架系统的传动误差较大。

普通滚齿机床刀架主轴系统为滑动轴承支撑,该结构在使用时有弊端。为保证精度,当间隙小时,该结构在主轴高速运转时易发热、膨胀,从而造成主轴闷车;当间隙大时,又无法保证精度,在装配时对主轴与滑动轴承的间隙进行配刮,但间隙难以保证,因此该结构刀架主轴的几何精度保持性不好。实践证明,该滚齿机刀架经过一段时间的运转使用,主要会出现以下问题:①磨损、间隙增大或接触不好,影响加工工件的表面粗糙度;②磨损或变形造成刀架几何精度超差。

为解决上述问题,作者团队与重庆机床(集团)有限责任公司合作研发了一种

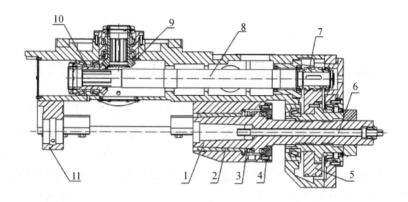

图 5.1　普通滚齿机床刀架主轴结构

1.刀架主轴；2.主轴滑动轴承；3、4.调整垫片；5.大斜齿轮；6.刀杆拉轴；
7.小斜齿轮；8.花键传动轴；9.伞齿轮；10.伞齿轮；11.小托座

高速精密滚刀主轴系统(图 5.2)，其能满足高速、高精度、高刚性的要求，且主轴精度保持性好，免维护。

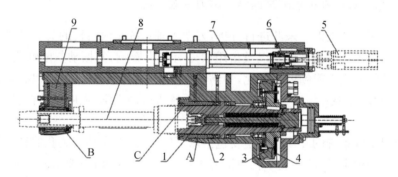

图 5.2　高速精密滚刀主轴系统

1.滚齿机刀架主轴；2.静压轴承套；3.大斜齿轮；4.差齿浮动大斜齿轮；5.刀架切向移动伺服电机；
6.切向移动高精度滚珠丝杆专用轴承；7.切向移动高精度滚珠丝杆；8.滚刀主轴刀杆；
9.小托座；A.滚刀主轴静压轴承圆环面；B.小托座静压轴承圆环面；C.滚刀主轴本体

该主轴结构的前端由高精度静压轴承 A 支撑，承受径向力。为保证静压轴承间隙，其设计了一种锥度很小的外圆锥，通过加工保证其静压轴承间隙。如果间隙不合适，那么通过磨削主轴中端靠前的推力轴承端面进行微调，确保间隙在要求范围内，利用可靠稳定的静压系统和静压调节元件，确保静压轴承高精度、高刚性；中间用两个推力圆柱滚子轴承承受滚齿时的轴向力，轴向后端由一个承受径向力的高刚性的双列圆柱滚子轴承辅助支撑,并用锁紧螺母固定锁死。这种结构保证了高精度和高刚性刀具主轴的高速运转。

另外,该滚刀主轴由大功率水冷电机驱动,通过两级齿轮传动将动力传递到大斜齿轮和主轴;末端大斜齿轮与小斜齿轮啮合采用差齿弹簧消隙机构。利用弹簧连接在一起的齿轮 3 和齿轮 4 同时啮合在配对齿轮上,其中大斜齿轮 3 与主轴 1 固定,差齿浮动齿轮 4 通过弹簧空套在大斜齿轮 3 上。当齿轮传动时,啮合齿与工作齿面间的齿隙被弹簧拉紧的另一片浮动齿轮的轮齿所填满,从而达到消除齿轮传动间隙的效果,同时在主轴末端又外接了单独的高精度编码器,实行闭环控制,提高主轴回转精度。

刀架主轴切向移动由伺服电机(自带减速机)5 通过联轴器与高精度滚珠丝杆 7 连接,直接驱动刀架主轴切向移动,同时该切向移动外接高精度绝对式光栅尺检查反馈,实行闭环控制,从而大大提高切向移动精度,消除切向移动误差。刀架具有高转速、动静刚度高、回转精度高、全闭环控制、刀杆自动夹紧及自动换刀等功能特点,滚齿机静压主轴支承系统外观及结构图分别如图 5.3 和图 5.4 所示。

图 5.3　滚齿机静压主轴支承系统外观

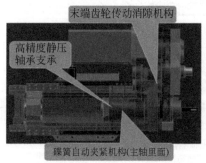

图 5.4　大型精密高速高刚性滚刀主轴结构

5.1.2 精密数控制齿机床高精度高速回转工作台

回转工作台是立式车床、铣床、加工中心、数控制齿机床等多种机床的核心部件，其运动精度、承载能力、抗冲击能力等与整台机床的生产加工能力和效率密切相关。

传统的滚齿机床回转工作台一般采用蜗杆蜗轮副进行分度传动，这种结构不能消除蜗杆蜗轮副之间的间隙，传动精度不高。蜗杆通常采用滑动轴承支承，轴承间隙过小会导致载荷大，易拉伤；轴承间隙过大会降低回转精度，影响传动精度。由于加工齿轮的大型机床上回转工作台承受间断周期性的切削载荷，轴向载荷大，其施加给工作台的倾斜力矩比较大，对工作台定心和承受载荷的导轨面精度与刚度要求很高，普通的回转工作台不能满足高精度齿轮的加工要求。

鉴于此，作者团队研制了一种高精度高速回转工作台，其采用高精度分体式力矩电机进行分度，工作台定心和支承采用高精度静压轴承和静压导轨组合结构，不仅解决了定心静压轴承的间隙调整问题，还解决了在受切削载荷和颠覆力矩时大型工作台静压面被拉伤导致工作台闷车的问题，提高了精密工作台的精度和稳定性。

该精密高速回转工作台结构图如图 5.5 所示，包括工作台壳体、工作台轴和回转芯轴，工作台壳体内固接力矩电机机座，力矩电机机座套装在回转芯轴上且两者之间设置定子和转子，定子固定设置在力矩电机机座内壁上，转子固定连接在回转芯轴外侧，回转芯轴底部固接回转套，回转套内套装有静压轴承，回转套底部设置静压导轨，静压轴承和静压导轨均固定在工作台壳体底部。

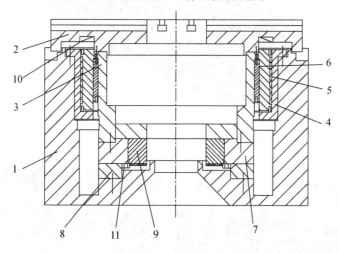

图 5.5　精密高速回转工作台结构图

1.工作台壳体;2.工作台轴;3.回转芯轴;4.力矩电机机座;5.定子;6.转子;
7.回转套;8.静压导轨;9.静压轴承;10.圆光栅;11.摩擦片

5.1.3　精密数控制齿机床大规格静压回转工作台

大规格精密数控滚齿机的工作台尺寸大,需要较高的承载能力(其最大承载重量可达 60t),其工作台回转精度、动态特性等将直接影响齿轮加工精度。因此,开发高精度、高刚性的静压回转工作台和相应的伺服控制静压导轨十分重要。

传统滚齿机工作台结构由工作台台面、工作台壳体、分度蜗轮、分度蜗杆、蜗杆托架(或轴承)等重要零件组成,其结构如图 5.6 和图 5.7 所示。工作台是安装工件、实现分齿运动并保证工件齿轮加工精度的关键部件。从滚齿加工误差的来源可知,工作台的几何精度及分度蜗轮副的传动精度是影响加工齿轮齿距累积误差等的主要因素。

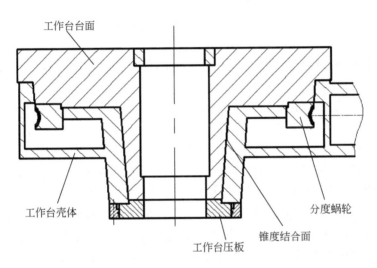

图 5.6　传统滚齿机工作台结构图

在机床几何精度的设计中,工作台需给定以下公差:工作台台面的径向直线度、工作台回转轴线的径向跳动、工作台的轴向窜动、工作台的端面跳动。

如图 5.6 所示,工作台台面通过螺钉和分度蜗轮连接紧固在一起,并同时加工分度蜗轮,工作台台面的径向支承采用滑动轴承,其结合面为圆柱锥度结合面,结合面精度通过钳工铲刮保证,轴向支承采用圆环导轨面并通过工作台圆压板来调整径向支承的间隙。因滚齿机工作台承受的是间断周期性切削载荷,轴向载荷大,故其施加给工作台的倾覆力矩比较大,对工作台定心和承受载荷的导轨面精度和刚度要求很高,工作台台面的径向直线度、圆锥导轨的不圆度、圆环导轨及上平面对圆锥导轨轴心线的端面跳动、工作台与其支撑件(工作台壳体)的圆锥定心孔(或锥套)和圆环导轨的配合接触精度,是决定工作台上述几何精度的关键。

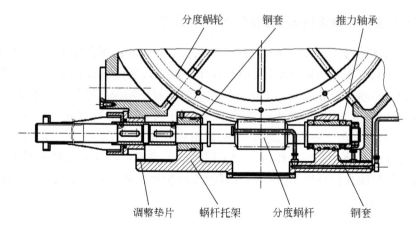

图 5.7　传统滚齿机分度蜗杆结构

分度蜗轮副的传动精度,除了受分度蜗轮、蜗杆零件精度和安装精度的影响,还受工作台壳体形位误差的影响。

工作台经过较长时间的使用,会出现一些问题,如工作台壳体锥孔(或锥套孔)磨损,造成定心不稳;分度蜗轮副磨损,侧隙增大;分度蜗杆圆柱推力轴承磨损,轴向窜动增大等。这些问题可通过调整铲刮工作台圆环导轨面、收紧工作台圆压板及更换滑动轴承(铜套)等来解决,工作耗时、烦琐,且对维修工人的要求高。

针对以上问题,本书设计了一种精密滚齿机工作台,如图 5.8、图 5.9 所示,该工作台精度和刚性高且精度保持性好。工作台采用双蜗杆蜗轮副进行分度,采用静压定心轴承,静压面采用 1 : 10 圆锥面进行定位,可通过调整垫片实现静压轴承间隙调整。静压内圆锥面采用新型耐磨材料注塑成形。该工作台静压导轨面采用新型耐磨材料刷贴后,再精加工成形。这种新型工作台既解决了定心静压轴承的

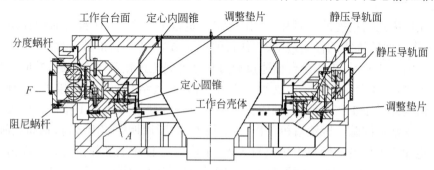

图 5.8　大规格静压回转工作台

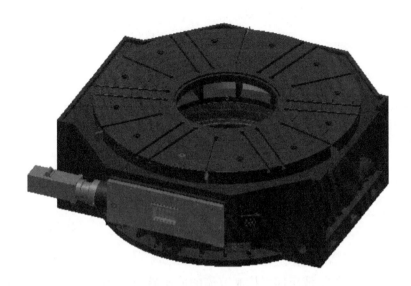

图 5.9　大规格静压回转工作台(三维实体)

间隙调整问题,又解决了大型工作台静压面拉伤导致工作台闷车的问题。另外,该工作台采用双蜗杆蜗轮副传动,如图 5.10、图 5.11 所示,即其中一个蜗杆蜗轮副给工作台传递伺服电机的驱动力,另一蜗杆蜗轮副同时给工作台传递一定的阻尼,消除上一个蜗轮蜗杆副的传动间隙,达到精密传动的目的。另外,两蜗杆蜗轮副中蜗杆的支撑采用高精度静压轴承,实现了高精度、高刚性且免维护。

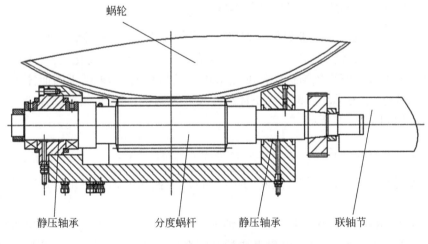

图 5.10　分度蜗杆传动结构图

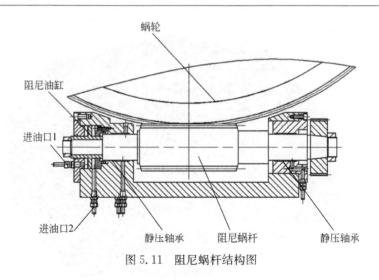

图 5.11　阻尼蜗杆结构图

大尺寸静压轴承、液压伺服控制节流的静压导轨、全闭环控制、注塑导轨特殊工艺及大直径高精度双蜗杆蜗轮副工作台等新技术,实现了工作台的无间隙传动、高动静刚度、高承载能力及高回转精度,为保证大型齿轮的滚齿加工精度(齿距误差、齿距累积误差)达到国标《圆柱齿轮　精度制　第 1 部分:齿轮同侧齿面偏差的定义和允许值》(GB/T 10095.1—2008)的 4～5 级(高精度级)提供了保障。

5.1.4　精密数控制齿机床整体结构优化

1.精密数控制齿机床整体有限元网格模型

以大规格数控滚齿机为例,对精密数控制齿机床有限元网格模型进行说明。因其结构尺寸大且较复杂,将复杂的几何模型进行一定程度简化,合理地确定有限元网格的划分。滚齿机结构部件的面采用三角形单元,体采用正四面体十节点二阶单元划分,单元大小根据部件整体结构尺寸来确定,滚齿机结构部件模块有限元网格模型如图 5.12 所示。

2.精密数控制齿机床边界约束条件

大型数控滚齿机零部件之间的接触对,以及振动模态有限元仿真边界约束条件如下:

在主轴传动机构中,轴Ⅰ、轴Ⅱ、轴Ⅲ、轴Ⅳ及轴Ⅴ约束除绕 Y 轴转动以外的其余 5 个自由度;轴Ⅰ齿轮 1 与轴Ⅱ齿轮 2 啮合接触处添加接触对,轴Ⅱ齿轮 2 与轴Ⅲ齿轮 3 啮合接触处添加接触对,轴Ⅲ齿轮 4 与轴Ⅳ齿轮 5 啮合接触处添加接触对,轴Ⅳ齿轮 6 与轴Ⅴ齿轮 7 啮合接触处添加接触对,如图 5.13 所示。

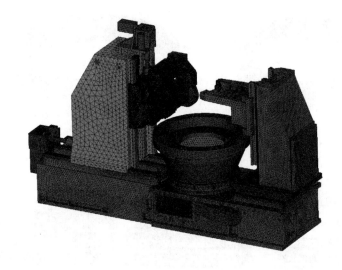

图 5.12　滚齿机结构部件模块有限元网格模型

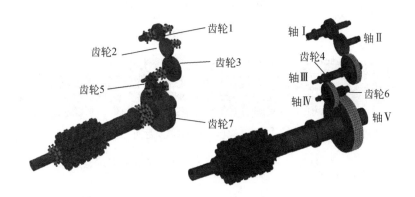

图 5.13　滚齿机主轴传动机构边界约束与接触对示意图

　　回转工作台中的蜗轮约束除绕 Z 轴转动以外的其余 5 个自由度；分度与阻尼蜗杆约束除绕 Y 轴转动以外的其余 5 个自由度；添加蜗轮与分度、阻尼蜗杆齿轮传动啮合接触处的接触对，添加分度蜗杆与阻尼蜗杆齿轮啮合接触处的接触对，如图 5.14 所示。

　　添加工作台台面绕 Z 轴旋转时其竖直圆柱面与相贴的压板竖直圆柱面接触处的接触对，如图 5.15 所示。

　　当工作台台面绕 Z 轴旋转时，其水平圆环面、竖直圆柱面分别与相贴的工作台床身(工作台壳体)水平圆环面、竖直圆柱面接触，故在两部件相贴的水平圆环面与竖直圆柱面处添加接触对，如图 5.16 所示。

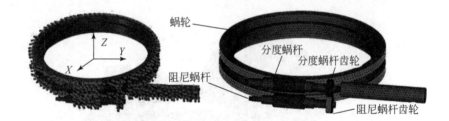

图 5.14　滚齿机工作台蜗轮蜗杆边界约束与接触对示意图

图 5.15　滚齿机工作台台面与压板接触对示意图

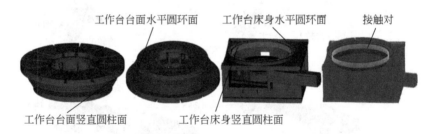

图 5.16　滚齿机工作台台面与床身接触对示意图

3. 精密数控制齿机床有限元仿真

以滚齿机为例说明精密数控制齿机床有限元法。滚齿机 Y31200CNC6 的滚刀主轴最高设计转速为 365r/min,对应的一谐次振动频率为 6.083Hz,二谐次振动频率为 12.167Hz。为了研究滚齿机的共振频率及振型情况,对机床关键部件及整机结构的振动约束模态进行仿真,得到其前 3 阶振动频率,与滚刀主轴最高转速对应的振动频率进行比较。

根据滚齿机结构部件的装配连接关系及实际的滚齿工况,明确滚齿机有限元网格模型中的螺栓螺孔连接、面接触及其他约束连接关系,并结合实际加工运动情况,添加滚齿机的有限元模型边界约束条件,最后完成滚齿机的关键部件及整机结构振动约束模态的有限元仿真,如图 5.17~图 5.28 所示。

(a)第1阶模态频率：18.298Hz　　　(b)第2阶模态频率：21.534Hz　　　(c)第3阶模态频率：26.108Hz

图 5.17　大立柱模态振动有限元仿真分析云图

(a)第1阶模态频率：18.298Hz　　　(b)第2阶模态频率：21.534Hz　　　(c)第3阶模态频率：26.108Hz

图 5.18　滚刀箱滑板模态振动有限元仿真分析云图

(a)第1阶模态频率：18.298Hz　　　(b)第2阶模态频率：21.534Hz　　　(c)第3阶模态频率：26.108Hz

图 5.19　滚刀箱刀架及盖板模态振动有限元仿真分析云图

(a)第1阶模态频率：18.298Hz　　(b)第2阶模态频率：21.534Hz　　(c)第3阶模态频率：26.108Hz

图 5.20　滚刀主轴传动机构模态振动有限元仿真分析云图

(a)第1阶模态频率：18.298Hz　　(b)第2阶模态频率：21.534Hz　　(c)第3阶模态频率：26.108Hz

图 5.21　左床身模态振动有限元仿真分析云图

(a)第1阶模态频率：18.298Hz　　(b)第2阶模态频率：21.534Hz　　(c)第3阶模态频率：26.108Hz

图 5.22　X 轴滚珠丝杆及丝杆连接盘座模态振动有限元仿真分析云图

(a)第1阶模态频率：18.298Hz　　(b)第2阶模态频率：21.534Hz　　(c)第3阶模态频率：26.108Hz

图 5.23　大立柱、滚刀箱及左床身装配结构模态振动有限元仿真分析云图

(a)第1阶模态频率：99.638Hz　　(b)第2阶模态频率：104.64Hz　　(c)第3阶模态频率：185.09Hz

图 5.24　工作台台面模态振动有限元仿真分析云图

(a)第1阶模态频率：99.638Hz　　(b)第2阶模态频率：104.64Hz　　(c)第3阶模态频率：185.09Hz

图 5.25　工作台壳体模态振动有限元仿真分析云图

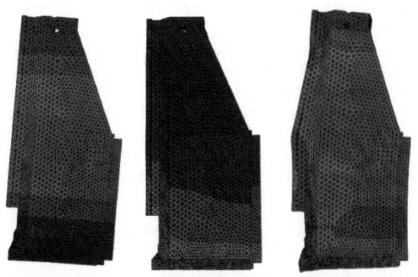

(a)第1阶模态频率：24.325Hz　　(b)第2阶模态频率：38.51Hz　　(c)第3阶模态频率：79.835Hz

图 5.26　小立柱结构模态振动有限元仿真分析云图

(a)第1阶模态频率:24.325Hz　　(b)第2阶模态频率:38.51Hz　　(c)第3阶模态频率:79.835Hz

图 5.27　外支架结构模态振动有限元仿真分析云图

(a)第1阶模态频率:24.325Hz　　(b)第2阶模态频率:38.51Hz　　(c)第3阶模态频率:79.835Hz

图 5.28　右床身结构模态振动有限元仿真分析云图

4.精密数控制齿机床结构优化实例

通过对数控滚齿机 Y31200CNC6 的有限元仿真,发现滚齿机主要零部件前期设计结构偏笨重,对大立柱、小立柱、床身、工作台壳体及台面等部件结构可进行优化,开展轻量化设计。

滚齿加工中,在 X 轴滚珠丝杆螺母附近位置大立柱呈凹凸变形且变形量较大,可以适当增加大立柱在该位置的壁厚,特别是当滚齿机主轴转速设计大于1566.48r/min(振动频率为 26.108Hz 对应转速)时,该位置的壁厚应适当加大。

工作台台面与蜗轮通过螺栓螺孔连接,当滚齿加工振动时,工作台台面倾斜导致弯扭变形,进而使蜗轮螺栓孔跟随着拉长变形,并且蜗轮螺栓孔数量多,将带动蜗轮上浮导致变形,影响蜗轮强度与稳定性,经强度校核减少蜗轮螺栓孔数量。

滚齿机大立柱垂直导轨、左床身水平导轨结构偏厚重,经刚度、强度校核可进行导轨结构优化。

5.2　精密数控制齿机床热特性分析及优化

5.2.1　精密数控制齿机床功能部件热源分析

1.滚动轴承热源模型

精密数控制齿机床通常采用角接触球轴承作为支撑元件,实现线性轴和回转轴的支撑。角接触球轴承由内圈、外圈、滚动体和保持架组成,通过填充润滑剂减小摩擦和磨损。在实际运行过程中,内圈、外圈、滚动体和保持架之间的相对运动不可避免,会产生大量摩擦热。角接触球轴承产生的热量与转速和摩擦力矩成正比,其表达式为

$$Q_{\text{total}} = \frac{2\pi}{60} n M_{\text{total}} \tag{5.1}$$

式中,M_{total} 为外负载引起的摩擦力矩;n 为主轴转速。

轴承的摩擦力矩 M_{total} 由载荷项 M_l 和摩擦力矩 M_v 两部分组成:

$$M_{\text{total}} = M_l + M_v \tag{5.2}$$

式中,M_l 为轴承外载荷引起的摩擦力矩;M_v 为由润滑剂黏性摩擦引起的摩擦力矩。

$$M_l = f_1 F_\beta d_m \tag{5.3}$$

式中,d_m 为轴承中径;f_1 为与轴承结构有关的系数,$f_1 = 0.001 (F_s/C_s)^{0.33}$,$F_s$ 与 C_s 分别为轴承基本额定静载荷和当量静载荷,$F_s = 0.5F_r + Y_0 F_a$;F_β 为轴承当量载荷,由受力状态决定,且

$$F_\beta = \max(0.9 F_a / \tan\alpha - 0.1 F_r, F_r) \tag{5.4}$$

式中,F_a 为轴承承受的轴向载荷;F_r 为轴承承受的径向载荷;α 为轴承受载后的接触角。

由润滑剂黏性摩擦引起的摩擦力矩 M_v 可表示为

$$\begin{cases} M_v = 10^{-7} f_o (v_o n)^{2/3} d_m^3, & v_o n \geqslant 2000 \\ M_v = 160 \times 10^{-7} f_o d_m^3, & v_o n < 2000 \end{cases} \tag{5.5}$$

式中,v_o 为润滑剂的运动黏度,其值与温度相关;f_o 为与轴承类型及润滑方式相关的系数,当润滑方式为油气润滑时,$f_o = 1.7$。

在已知轴承几何参数、工作条件以及载荷条件时,可利用拟静力学分析方法求解滚动轴承在轴向与径向联合载荷作用下的动力学参数和生热功率。下面以高速主轴轴承 FAG B7205-C-T-P4S 为例,分析不同载荷作用条件下轴承生热量的变化。轴承受轴向载荷 $F_a = 600\text{N}$ 与径向载荷 $F_r = 200\text{N}$ 的作用。图 5.29 为轴承接触角、轴向预紧力、滚珠数目等因素对轴承生热量的影响规律。轴承生热量对轴承转速非常敏感,分析式(5.1)可知,轴承生热量和轴承转速成正比,即轴承转速的增大会导致轴承生热量显著增加,因此高速运转条件下轴承的生热量不可避免。分析图 5.29(a)可知,轴承生热量随轴承接触角的增大而增大,同时由式(5.4)可知,轴承接触角直接影响施加于轴承上的当量载荷,当量载荷与由外载荷引起的摩擦力矩成正比,即轴承生热量随着轴承接触角的增大而增大;按照对角接触球轴承的载荷的理解,滚珠与内外套圈间的法向接触载荷随轴承接触角的增大而增大,导致滚珠与内外套圈间的摩擦系数增大,从而产生了更多的热量;轴承生热量随轴向

预紧力的增大而增大,即轴向载荷与径向载荷对轴承生热量的影响非常明显;滚珠数目对角接触球轴承的生热量基本没有影响。

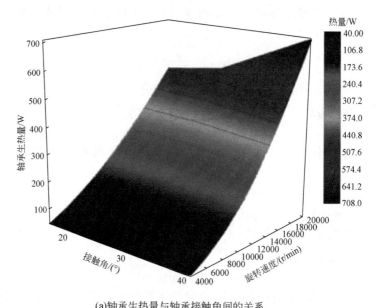

(a)轴承生热量与轴承接触角间的关系

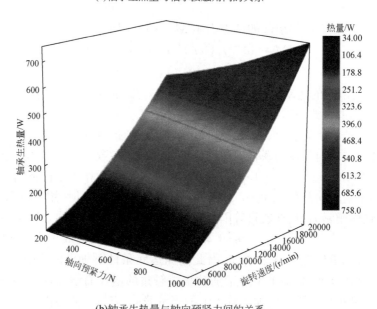

(b)轴承生热量与轴向预紧力间的关系

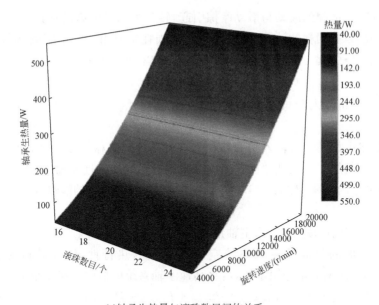

(c)轴承生热量与滚珠数目间的关系

图 5.29 轴承生热量随轴承接触角、轴向预紧力及滚珠数目的变化关系

2.伺服/内置电机热源模型

除轴承外,伺服/内置电机是数控制齿机床的另一个主要热源,数控制齿机床采用的电机一般为交流异步电机,因此本节主要讨论交流异步电机生热功率的计算方法。交流异步电机能量损失转化为热量,其能量损失与生热过程是一个复杂的电-磁-热耦合过程,要准确计算电机生热量需求解电机定子、转子间的电磁场,并与电机生热过程进行耦合,获得电机生热量与温度场分布,但是这种基于有限元的多场耦合分析方法需要对电磁场进行分析,然而对交流异步电机进行电-磁-热的多场耦合分析非常困难。

传统的求解电机生热量的计算方法,需要求解电机电损耗与机械损耗,因为电损耗与机械损耗是电机生热量的两大组成部分。电机的电损耗包括铁损、定子铜损、转子铜损和附加损耗,铁损包括磁性材料的磁滞损耗和涡流损耗及剩余损耗,磁滞损耗是由铁磁材料在一定励磁磁场下产生的固有损耗,涡流损耗是当磁通量发生交变时,感应电流在铁芯电阻上产生的损耗,附加损耗由电机外部磁场的磁滞现象引起,所占比例较小,可忽略不计,铜损是定子绕组电流和鼠笼式转子绕组电流的函数。

电机机械损耗主要由轴承摩擦损耗和空气阻力损耗组成。轴承摩擦损耗由轴承和内外圈沟道间的滚动与滑动摩擦引起,转化为轴承生热量及其温升,本节前面讨论了轴承摩擦损耗的计算方法;空气阻力损耗主要由主轴系统旋转部件与空气间的黏性摩擦引起。电源给电机的有效输入功率可表示为

$$P_{in} = \sqrt{3} UI \cos\varphi \qquad (5.6)$$

式中,U 为电机输入端与输出端间的电压;I 为电枢电流;φ 为电压与电流间的相位角。

电源给电机的有效输入功率转化为各种损耗与机械输出功率,机械输出功率用于实现切削加工与主轴加速。当主轴未进行切削加工且主轴系统没有加速过程时,其机械输出功率 $P_{mech\ out} = 0$。在切削加工过程中,输出的能量为

$$P_{mech\ out} = T_{tool}\omega_{shaft} \qquad (5.7)$$

式中,T_{tool} 为切削力矩;ω_{shaft} 为主轴角速度。

本节考虑的是高速主轴系统空载条件下的热特性,因此其机械输出功率 $P_{mech\ out} = 0$。根据能量守恒定律,可将高速主轴系统电机的功率平衡方程表示为

$$P_{in} = P_{mech\ out} + P_{loss} = P_{mech\ out} + P_{copper1} + P_{copper2} + P_{iron} + P_{stray} + P_{brg\ fr} + P_{windage} \qquad (5.8)$$

式中,$P_{copper1}$ 为定子铜损;$P_{copper2}$ 为转子铜损;P_{iron} 为铁损;P_{stray} 为附加损耗;$P_{brg\ fr}$ 为轴承磨损;$P_{windage}$ 为空气阻力损耗。

定子铜损与转子铜损分别为

$$P_{copper1} = 3R_s I_s^2 \qquad (5.9)$$

$$P_{copper2} = 3R_\Gamma I_\Gamma^2 \qquad (5.10)$$

式中,R_s 为定子绕组的电阻率;I_s 为通过定子绕组的每相电流;R_Γ 为转子绕组的电阻率;I_Γ 为通过转子绕组的每相电流。

电机铁损主要由磁滞和涡流损耗组成,磁滞和涡流损耗分别与频率和 $B_{max}^{1.6} \sim B_{max}^{2.4}$(指数依赖磁场饱和度)成正比,实际应用中假设磁滞损耗与 B_{max}^2 成正比,涡流损耗与频率的平方和 B_{max} 成正比。因此,单位质量的电机铁损可表示为

$$Q = (k_{Hy}f + k_{Ft}f^2)B_{max}^2 \qquad (5.11)$$

式中,B_{max} 表示磁场密度峰值;f 为频率;k_{Hy} 为材料损失因数;k_{Ft} 为涡流损失因数,且 k_{Ft} 可表示为

$$k_{Ft} = \frac{(4.44\Delta_d)^2}{12\rho\rho_e} \qquad (5.12)$$

式中,ρ_e 为铁芯电阻率;ρ 为铁芯密度;Δ_d 为叠片厚度。

对频率为 50Hz 或 60Hz 的电机涡流损耗和磁滞损耗来说,定子铁芯的实际损耗比计算值大 50%~100%,磁场变化的谐波效应与制造的不完美性导致定子铁芯实际损耗增大,因此损耗引起的温升也会相应增大。电机内部电参数的确定非

常困难,不能通过实验直接获得,因此上述计算方法不能准确获得定子、转子铜损与铁损。

　　附加损耗由定子、转子齿槽的相对运动及磁场中的高次谐波分量引起,总负载损耗减去基本电阻损失(铜损与铁损)可得附加损耗,附加损耗的一部分也是端部损耗,这取决于穿透转子和定子端部的轴向磁通泄漏量,端部损耗受到端部绕组与其他导体间距离的影响。端部损耗为视在功率的 0.3 倍。附加损耗的一部分由转子铁芯倾斜引起,在定子和转子两端的转子铁芯处存在基本磁动势波的相位移,导致端部峰值磁通量的增大,引起的附加损耗为

$$P_{sk} = \frac{\pi^2 P_0}{12} \left(\frac{2\rho\sigma I_{sa}}{Q_s I_0} \right)^2 \tag{5.13}$$

式中,σ 为转子铁芯偏斜与一个定子槽间距的比值;I_{sa} 为定子电流的有效部分;I_0 为空载下的定子电流;P_0 为空载下的铁损。

　　以非常低的激励电压且无负载运行高速主轴来测量电机风损与摩擦损耗的和,通过绘制输入功率与电压平方的曲线,并外推至激励电压等于零,输入功率与横轴的交点为摩擦损耗和风损的和。如果测试时将风扇移除,那么可将摩擦损耗从电机风损中分离出来。如果测试时将轴承密封件也拆除,那么可将轴承摩擦损耗从电机风损中分离出来。

　　虽然准确计算电机风损相对困难,但利用估算方法仍能确定其大小。高速条件下,电机定子、转子间的狭小气隙分别引起定子、转子与空气间的摩擦损耗,摩擦损耗在狭小气隙中转化为热量,但定子、转子较间隙空气的温度高,使间隙空气的温度增高,相应间隙空气黏度会发生变化。由上述分析可知,定子、转子的部分热量被间隙空气耗散掉。图 5.30 为电机定子、转子几何示意图。

　　定子、转子有不同的表面速度,根据式(5.14)可得两者间的剪切应力 τ 为

$$\tau = \mu_{air} \frac{\partial u}{\partial y} = \mu_{air} \frac{\omega_{rotor} d_{rotor}}{2h_{gap}} \tag{5.14}$$

式中,μ_{air} 为空气动力黏度;d_{rotor} 为转子外径;h_{gap} 为间隙宽度;ω_{rotor} 为转子角速度。

　　给定速度下的转子旋转力矩 T_{shear} 可表示为

$$T_{shear} = L_{rotor} \int \tau dA_{rotor} = \frac{\pi^2 d_{rotor}^3 L_{rotor} \mu_{air} f_{rotor}}{2h_{gap}} \tag{5.15}$$

式中,L_{rotor} 为转子长度;A_{rotor} 为转子微元面积;f_{rotor} 为转子频率。

　　空气阻力损耗计算公式为

$$P_{windage} = \omega_{rotor} T_{shear} = \frac{\pi^3 d_{rotor}^3 L_{rotor} \mu_{air} f_{rotor}^2}{h_{gap}} \tag{5.16}$$

　　定义电机的效率为

$$\eta_{motor} = \frac{P_{mech\ out} + P_{brg\ fr} + P_{windage}}{P_{el\ in}} \tag{5.17}$$

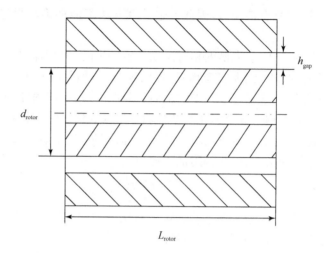

图 5.30　电机定子、转子几何示意图

则电机生热量可表达为

$$\dot{Q}_{\text{motor}} = P_{\text{el in}}(1 - \eta_{\text{motor}}) \tag{5.18}$$

由上述分析可知,传统的电机生热计算方法需要把每部分的损耗都计算出来,通过计算电机效率实现对其生热量的分析。然而,电机内部电阻、电抗以及转子、定子铁损常数等电参数不能直接通过实验获得,使得很难准确估计定子、转子铜损与铁损以及附加损耗。基于理论分析的电机生热功率求解方法,对电机内外部电磁场进行全面分析,进行电-磁-热耦合分析来实现电机生热功率与温度场的计算。基于测试的电机生热功率估计方法,孤立了一些功率损耗的内源,但其他内源难以估计,使得基于实验测量方法的电机生热功率估计方法对电机总损耗的估计不够精确。

传统的电机生热求解方法、基于理论分析的电机生热求解方法及基于测试方法的电机生热功率估计方法均不能准确估计电机生热量,因而采用电机效率分析法来求解电机服役过程中的生热量。基于电机效率分析法的电机生热量计算方法认为电机效率由最大电机效率 $\eta_{\text{motor max}}$ 和两个与载荷、速度相关的无量纲系数 $\eta_{\text{spec load}}$ 与 $\eta_{\text{spec speed}}$ 决定,即

$$\eta_{\text{motor}} = \eta_{\text{motor max}} \eta_{\text{spec load}} \eta_{\text{spec speed}} \tag{5.19}$$

最大电机效率 $\eta_{\text{motor max}}$ 是电机额定功率的函数,对于额定功率为 32kW 的电机,最大电机效率 $\eta_{\text{motor max}}$ 约为 90%,上述两个无量纲系数 $\eta_{\text{spec speed}}$ 和 $\eta_{\text{spec load}}$ 分别是无量纲速度 $\omega_{\text{motor rel}}$ 与无量纲载荷 $\text{load}_{\text{motor rel}}$ 的函数。

$$\omega_{\text{motor rel}} = \frac{\omega_{\text{motor}}}{\omega_{\text{motor max}}} \tag{5.20}$$

式中，ω_{motor} 为电机角速度；$\omega_{\text{motor max}}$ 为电机最大角速度。

$$\text{load}_{\text{motor rel}} = \frac{\text{load}_{\text{motor}}}{\text{load}_{\text{motor max}}} \tag{5.21}$$

式中，$\text{load}_{\text{motor}}$ 为电机载荷；$\text{load}_{\text{motor max}}$ 为电机最大载荷。

无量纲速度效率系数 $\eta_{\text{spec speed}}$ 可由式(5.22)电机制造商提供的实验数据获得：

$$\eta_{\text{spec speed}} = 0.92 + 0.08 \omega_{\text{motor rel}} \tag{5.22}$$

无量纲载荷效率系数 $\eta_{\text{spec load}}$ 可由表 5.1 插值获得。

表 5.1　无量纲载荷效率因子

$\text{load}_{\text{motor rel}}$	0.00	0.025	0.05	0.10	0.20	0.60	0.80	1.0
$\eta_{\text{spec load}}$	0.01	0.28	0.60	0.70	0.83	0.97	1.00	0.96

根据式(5.18)~式(5.22)，电机生热功率可表示为速度与力矩的函数：

$$\dot{Q}_{\text{motor}} = 2\pi f_{\text{motor}} T_{\text{motor}} \frac{1 - \eta_{\text{motor}}}{\eta_{\text{motor}}} \tag{5.23}$$

式中，电机频率 f_{motor} 较容易测得，而电机力矩 T_{motor} 是实际轴承摩擦力矩、空气阻力损失、切削过程与加速过程力矩的总和，电机生热量是速度与载荷的函数，生热量在电机定子、转子上的分配由转差率决定。电机生热量在定子、转子间的分配可表示为

$$\begin{cases} \dot{Q}_{\text{rotor}} = \dot{Q}_{\text{motor}} \dfrac{f_{\text{slip}}}{f_{\text{sync}}} \\[2mm] \dot{Q}_{\text{stator}} = \dot{Q}_{\text{motor}} - \dot{Q}_{\text{rotor}} \end{cases} \tag{5.24}$$

式中，f_{slip} 为电机转差率，f_{sync} 为电机同步频率，两者分别由电机手册给出。

3. 滚珠丝杠副热源模型

滚珠丝杠副的生热量计算方法和轴承副摩擦生热量计算方法相同。滚珠丝杠副的摩擦热主要是由其摩擦力矩产生的，其摩擦力矩计算方法为

$$M = 2z(\text{Me} + \text{Mg})\cos\beta \tag{5.25}$$

式中，z 为滚珠数目；β 为滚珠丝杠滚道的螺旋角；Me 为摩擦阻力矩，可表示为

$$\text{Me} = m_\beta \sqrt[3]{\frac{4Q^4}{\vartheta \sum \rho}} \tag{5.26}$$

Mg 为几何滑移摩擦力矩，可表示为

式中
$$Mg = 0.08 \frac{fm_a^2}{R} \sqrt[3]{\frac{16Q^5}{(\vartheta \sum \rho)^2}} \tag{5.27}$$

$$\vartheta = \frac{8}{3\left(\frac{1-\mu_1^2}{E_1} + \frac{1-\mu_2^2}{E_2}\right)} \tag{5.28}$$

式中,μ_1 为滚珠材料的泊松比;μ_2 为丝杠轴/螺母材料的泊松比;E_1 为滚珠材料的弹性模量;E_2 为丝杠轴/螺母材料的弹性模量;m_a 为与接触变形椭圆区偏心率有关的系数;Q 为单个球体所受径向压力。

假设滚珠丝杠螺母副承受的载荷为 F_a,则有
$$F_a = ZQ\sin\beta\cos\lambda \tag{5.29}$$
式中,λ 为螺旋升角。

式(5.29)可表示为
$$Q = \frac{F_a}{Z\sin\beta\cos\lambda} \tag{5.30}$$

$\sum \rho$ 为综合曲率半径,可表示为
$$\sum \rho = \rho_{11} + \rho_{12} + \rho_{21} + \rho_{22} \tag{5.31}$$
式中,ρ_{11}、ρ_{12}、ρ_{21}、ρ_{22} 为考虑螺旋升角时,滚珠与丝杆沟道接触点处的四个主曲率,可表示为
$$\rho_{11} = \rho_{12} = \frac{2}{d_b} \tag{5.32}$$

$$\rho_{21} = -\frac{1}{R} \tag{5.33}$$

$$\rho_{22} = \frac{2\cos\beta\cos\lambda}{d - d_b\cos\beta} \tag{5.34}$$

式中,d_b 为滚珠直径;d 为丝杠直径;$R = \frac{R_1 R_2}{R_1 + R_2}$,其中,$R_1$ 与 R_2 分别为滚道和滚珠的曲率半径。

滚珠与螺母滚道接触点处的四个主曲率 ρ_{11}、ρ_{12}、ρ_{21}、ρ_{22} 可分别表示为
$$\rho_{11} = \rho_{12} = \frac{1}{r_b} = \frac{2}{d_b} \tag{5.35}$$

$$\rho_{21} = -\frac{1}{R} \tag{5.36}$$

$$\rho_{22} = -\frac{2\cos\beta\cos\lambda}{d + d_b\cos\beta} \tag{5.37}$$

4. 滚动导轨副热源模型

滚动导轨副中,滚珠与沟道间的摩擦产生了大量的热量,其生热量可表示为

$$Q=\frac{\mu F v_h}{J} \tag{5.38}$$

式中,μ 为摩擦系数;F 为施加在摩擦面上的载荷;v_h 为滑块相对于导轨的速度;J 为热功当量,其值为 4.2J/cal。

5.2.2　精密数控制齿机床热耗散分析

1. 冷却系统强迫对流热耗散

制齿机床加工过程中电机定子、转子温升明显,利用循环冷却液耗散掉定子部分热量实现对制齿机床主轴温升的抑制,冷却液在冷却流道中的流动状态对强迫对流换热系数影响较大,利用雷诺数 Re 表征循环冷却液在冷却流道中的流动状态,并依据雷诺数 Re 的大小选择合适的对流换热系数计算公式以确定对流换热的强度。雷诺数 Re 可表示为

$$Re=\frac{u d_e}{v_q} \tag{5.39}$$

式中,d_e 为旋转部分当量直径;v_q 为冷却液运动黏度;u 为冷却液流速,可表示为 $u=V_q/(a_h \cdot b_h)$,其中,V_q 为冷却液流量,a_h 与 b_h 分别为矩形槽长与槽宽。

利用 Dittus-Boelter 公式计算冷却管内强制对流换热努塞尔数 Nu 为

$$Nu=0.023 Re^{0.8} Pr^{0.4}=0.023 (u d_e/v)^{0.8} Pr^{0.4} \tag{5.40}$$

式中,Pr 为冷却液普朗特数。

式(5.40)的适用条件为:壁面与冷却液间的温差满足 $\Delta t \leqslant 30℃$,雷诺数满足 Re 取 10000~20000,普朗特数 Pr 满足 $0.7 \leqslant Pr \leqslant 120$,管长 l 满足 $l/d_e \geqslant 60$,因此适用于求解普通直管内的流动换热。

制齿机床采用螺旋管对电机定子进行冷却,且螺旋管能够增强冷却液紊流状态,强化管内对流换热过程,因此对式(5.40)右端乘以修正系数 c 获得螺旋管内强制对流换热的努塞尔数 Nu。修正系数 c 的表达式为

$$c=1+10.3\left(\frac{d_e}{R}\right)^3 \tag{5.41}$$

式中,R 为螺旋管的螺旋半径。

基于上述分析,可得电机定子与循环冷却液间的强迫对流换热系数为

$$\alpha=\frac{\lambda_l Nu}{d_e} \tag{5.42}$$

式中，λ_l 为冷却液热导率。

2. 制齿机床静止外表面与周围空气的自然对流传热

除了强迫对流，制齿机床静止外表面与周围空气存在自然对流传热。理论上认为制齿机床静止外表面与周围空气间的对流换热保持恒定，但由于制齿机床温升导致主轴外表面温升，静止外表面与周围空气间的对流换热也会发生变化。

$$Nu = \left\{ 0.825 + \frac{0.387\,(Gr \cdot Pr)^{1/6}}{\left[1 + (0.492/Pr)^{9/16}\right]^{8/27}} \right\}^2 + 0.97 l/d_s \qquad (5.43)$$

式中，l 为制齿机床关键部件长度；d_s 为特征尺寸，即制齿机床关键部件直径；Pr 为一定温度下的空气普朗特数；Gr 为格拉晓夫数，可表示为

$$Gr = g\delta_{air}\Delta T d_s^3 / \upsilon_{air}^2 \qquad (5.44)$$

式中，g 为重力加速度；ΔT 为空气温度与制齿机床关键部件静止表面间的温度差；δ_{air} 为一定温度条件下的空气热膨胀系数；υ_{air} 为一定温度下的空气运动黏度。

式(5.44)的适用条件为 $0.1 \leqslant Gr \cdot Pr \leqslant 10^{12}$，经过计算可得制齿机床关键部件静止外表面与周围空气间的对流换热系数为 $9.7\mathrm{W/(m^2 \cdot K)}$。

3. 主轴旋转外表面与周围空气间的强迫对流换热

主轴旋转条件下，主轴旋转外表面与空气间的努塞尔数 Nu 可表示为

$$Nu = 0.133\,Re^{2/3} Pr^{1/3} \qquad (5.45)$$

式中，Pr 为空气的普朗特数；Re 为雷诺数，可表示为

$$Re = \frac{\omega d_e^2}{2\upsilon_{air}} \qquad (5.46)$$

式中，ω 为旋转角速度；d_e 为旋转部分当量直径。

可得主轴旋转外表面与空气间的强迫对流换热系数为

$$\alpha = \frac{\lambda_{air} Nu}{d_e} \qquad (5.47)$$

式中，λ_{air} 为空气的热导率。

5.2.3　精密数控制齿机床刀架部组热特性分析

以精密数控滚齿机刀架部组热特性分析为例，说明精密数控制齿机床热特性分析方法。在滚削加工过程中，滚齿机各轴进给速度均较低，各导轨发热量较小，大部分热源包含在刀架和工作台部组中。其中，由于主轴转速较高，刀架部组轴承发热量较大，且距离滚削区较近，易受热产生变形。同时，齿轮的滚削精度主要是由滚刀与工件间的相对位置决定的，刀架部组的热变形会直接导致滚刀与工件间相对位置改变，从而影响滚削精度。因此，有必要对数控滚齿机刀架部组热特性进

行研究。该刀架部组主要由托座、滚刀主轴、滚刀、主轴电机、滚动轴承、刀架后板等部件组成,其实物图如图 5.31 所示。

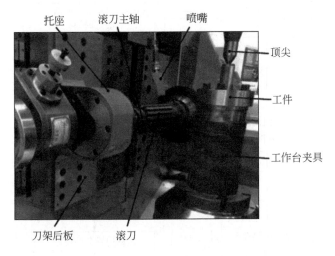

图 5.31　某高速干切数控滚齿机刀架部组实物图

数控滚齿机刀架部组的热源众多且结构复杂,仅依靠解析法很难得到其温度场分布和热变形。对此,利用有限元分析软件 Hypermesh 和 ANSYS Workbench 对数控滚齿机刀架部组的热特性进行数值仿真分析。采用顺序耦合分析方法,对数控滚齿机刀架部组分别进行稳态和瞬态的热-结构耦合分析。首先进行热分析,求解温度场,然后将热分析中得到的节点温度作为体载荷施加到随后的结构分析中,最后求得热变形值。其分析流程如图 5.32 所示。

在保证计算精度的前提下,对刀架部组结构进行合理简化,简化后的刀架部组三维几何模型如图 5.33 所示。

曲面部分选用直角三角形单元、平面部分选用三角形单元来划分面网格。完成面网格划分且经质量检查合格之后,利用 Tetramesh 软件生成四面体单元的体网格,得到数控滚齿机刀架部组的有限元网格模型如图 5.34 所示。

有限元分析热源与边界条件设定如下:

(1)滚刀与工件间的滚削热。将滚削热以热流量的形式添加到整个滚刀外圆柱面上。

(2)滚动轴承的摩擦热。将各滚动轴承组的摩擦热以热流量的形式分别添加到相应轴承的内表面。

(3)热边界条件。根据工程经验,常温下空气自然对流换热系数和刀架部组发射率分别取为 $10W/(m^2 \cdot ℃)$ 和 0.35。实际工况下,高速干切数控滚齿机利用压缩空气对滚刀进行冷却,且其仅作用在滚刀面上,故此时滚刀面与压缩空气间发生

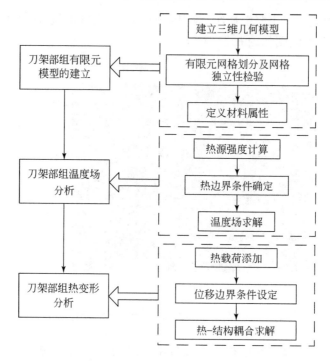

图 5.32　热-结构耦合分析流程

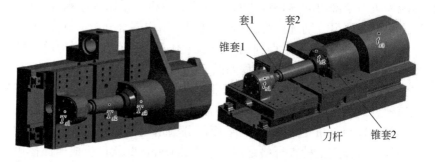

图 5.33　高速干切滚齿机刀架部组三维几何模型

强制对流换热,其余旋转表面(刀杆套外表面、锥套外表面和刀杆外表面)与周围空气发生强制对流换热。

(4)位移边界条件。位移边界条件设置为约束刀架部组底面螺栓孔的自由度,以此来求解刀架部组相对于大立柱的热变形。刀架部组内部各零部件间的接触状态则根据实际装配情况建立接触。

(5)特别地,由于滚刀主轴电机的定子上开有冷却水槽,并配备间歇性工作的大功率水冷机对其进行冷却,在水冷机工作时,冷却水直接进入冷却水槽中,电机

图 5.34　高速干切滚齿机刀架部组有限元网格模型

产生的热量完全被冷却水带走,故采用温度边界条件的形式将电机热添加到其安装面。根据工程经验,此处温度设置为 27℃,略高于水冷机出口温度(25℃)。

1. 刀架部组稳态温度场数值仿真分析

刀架部组稳态温度场数值仿真分析过程在直角坐标系中进行,取垂直于刀架后板的滚刀直径方向为 X 轴,滚刀轴线方向为 Y 轴,平行于刀架后板的滚刀直径方向为 Z 轴。设置环境温度为 25℃,不考虑滚削区的瞬间高温,进行稳态温度场求解。计算得到热平衡状态下滚齿机刀架部组温度场云图如图 5.35 所示。

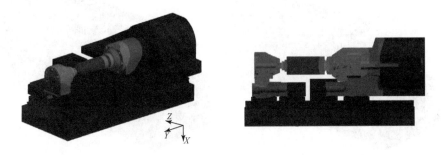

图 5.35　热平衡状态下滚齿机刀架部组温度场云图

由图 5.35 中的温度场云图可以看出,当达到热平衡时,刀架部组的高温区主要集中在滚刀面上。其中,滚刀面中心处温度最高,从滚刀面中心到两端温度逐渐降低,刀架后板处温度最低,略高于环境温度。这是由于滚刀面上添加的滚削热量较大,而刀杆两端与托座和电机罩相连部分的截面积较小,滚削热无法很快传递出去,从而堆积在滚刀和刀杆上,形成热量累积,故最高温度出现在滚刀面中心处。刀架后板部分离热源较远,传入的热量较少,且与周围空气接触面积大,自然对流换热作用较强,故刀架后板温升较小。此外,可以看出,托座轴承处的温度最高,由以下两方面原因引起:一方面托座轴承摩擦产热量较大;另一方面,托座距离滚刀较近,部分滚削热由滚刀传入托座外壳,使得托座外壳处温升较大,进而在一定程度上减小了托座轴承处的热量损失,使得其温度较高。

2.刀架部组稳态热变形数值仿真分析

将得到的刀架部组温度场以热载荷的形式添加到结构分析中,对刀架部组稳态热变形进行仿真,计算得到热平衡状态下的滚齿机刀架部组热变形云图如图5.36所示。

(a)总体热变形

(b)X方向热变形

(c)Y方向热变形

(d)Z方向热变形

图5.36　热平衡状态下的滚齿机刀架部组热变形云图

由图5.36(a)可以看出,当达到热平衡时,刀架部组的最大热变形出现在托座外壳靠近滚刀的一端。这由以下两方面原因引起:一方面,托座外壳同时靠近滚刀和托座轴承两个热源,温升较快;另一方面,滚刀表面和托座轴承处温度都较高,而托座外壳温度较低,因此其温度分布不均匀性明显,变形量最大。由图5.36(b)～(d)可以发现,滚刀在 X 方向的热变形量最大。这是由于刀架部组采用液压缸将拉杆锁死,从而限制了刀杆与滚刀的轴向位移,又由于刀杆通过锥套等结构与托座相连,托座轴承安装在靠近滚刀的内侧,托座内侧受热向外弯曲,并带动刀杆向 X

方向发生偏移,所以滚刀的最大热变形量出现在 X 方向,这表明 X 方向的热误差是影响干切滚齿机加工精度的主要因素。由刀架部组稳态热变形仿真结果可以发现,刀架部组最大热误差达到了 94.5μm,将严重影响滚齿加工精度。因此,在实际建模过程中刀架部组的热变形不可忽略。

在刀架部组的不同位置选取 6 个关键点进行瞬态温度场和热变形数值仿真分析,所选点位置如图 5.37 所示,其中 t_{s1}、t_{s2}、t_{s3} 表示刀架部组轴承安装位置在刀架外表面的对应点。高速干切数控滚齿机从开机到达到热平衡一般要经过 5~6h,故将分析时间设置为 20000s(约 5.6h)。

3. 刀架部组瞬态温度场数值仿真分析

瞬态温度场分析的热源强度和热边界条件与稳态分析相同,环境温度同样取为 25℃,经过仿真求解得到的刀架部组热关键点瞬态温升曲线如图 5.37 所示。

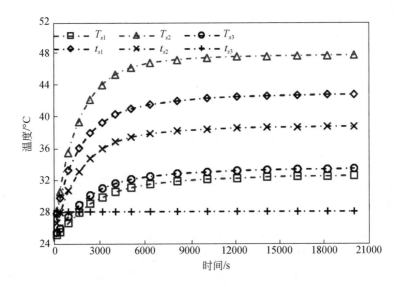

图 5.37　刀架部组热关键点瞬态温升曲线

由图 5.37 可以看出,各关键点的温度变化存在一个时间滞后,靠近热源的点变化速率更快,温度更高。然而,各曲线的变化趋势相同,曲线斜率都是由大逐渐变小,最后趋近于零。在刚开始的较短时间内,曲线斜率较大,各点温度迅速升高;随着时间的推移,曲线斜率逐渐变缓,各点温升逐渐减慢,最终趋于稳定。刀架部组的热量流失主要发生在其与空气的对流换热过程中,而对流换热量与壁面和流体的温差成正比。在开始阶段,刀架部组的温度与周围空气的温度相差不大,故对流换热量较小,热量流失少,温度上升明显;随着刀架部组温度的升高,其与周围空气的温差逐渐增大,对流换热量也随之增大,故温升速率逐渐降低。同时,随着刀架部组温度的升高,其辐射换热量也随之增大,导致温升速率进一步降低。当产热量和散热量相等时,刀架部组便达到了热平衡状态,各点的温度也基本不再随时间变化,刀架部组大约在18000s后达到热平衡。

4. 刀架部组瞬态热变形数值仿真分析

将得到的刀架部组瞬态温度场添加到结构分析中,进行刀架部组瞬态热变形分析,位移边界条件设置与稳态分析相同。仿真求解得到的刀架部组热关键点瞬态热变形曲线如图 5.38 所示。

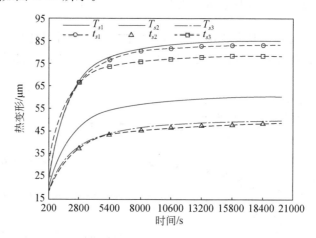

图 5.38　刀架部组热关键点瞬态热变形曲线

如图 5.38 所示,各关键点的热变形曲线变化趋势与温升曲线类似,各曲线的斜率都是由大逐渐变小,最后趋近于零。前 5400s,各关键点的热变形值增长较快;5400~18000s,各关键点的热变形值增长放缓,这表明刀架部组逐渐趋于热平衡状态;18000s 后,各关键点热变形值达到稳定值,基本不再变化,这表明刀架部组已经基本达到热平衡。虽然变化趋势与温升曲线相同,但各关键点的热变形值并不与其温度成正比。例如,在瞬态温度场分析结果中,滚刀外表面的 T_{s2} 点温度最高,但其热变形值较小。这是由于热变形值而非温度与温度梯度呈正相关,虽然 T_{s2} 点温度最高,但滚刀面上温度梯度较小,因此 T_{s2} 点对应的热变形值相对较小。

5.2.4　磨齿加工热特性分析

磨齿是齿轮的主要精加工工艺,包括成形磨齿、蜗杆砂轮磨齿、大平面砂轮磨齿等多种形式。现阶段,大平面砂轮磨齿主要用于齿轮刀具如剃齿刀、插齿刀的精加工,具有表面质量好、拓扑修形齿面几何精度高等优点,但单位体积材料去除能耗大,且能量大都转化为集中在磨削区的热量,其中 60%～90% 的热量传入工件。这些传入工件的热量易导致齿面形成残余拉应力,进而产生裂纹,影响齿轮性能,并降低齿轮的疲劳寿命。因此,如何根据磨削工艺参数进行磨齿温升预测,以避免磨削烧伤等问题,具有非常重要的工程应用价值。目前,大量的磨削热分析研究都集中于平面类工件磨削的温升分析,相关结论还不能应用于齿轮等曲面类工件的温升分析。为此,本节建立齿面移动热源对齿轮整体温升影响的数学模型,并基于有限元软件 ANSYS Workbench 进行温升仿真。

1. 大平面砂轮磨齿热特性分析模型

图 5.39 为大平面砂轮磨齿工作原理,砂轮工作面为假想齿条的一个齿面。齿轮和砂轮理论上为线接触,但受加工余量和接触应力等因素影响,其实际上为面接触。因此,大平面砂轮磨齿的热模型为面热源沿齿面运动所引起的温升模型。由于渐开线解析式的复杂性,齿面上移动热源相对于齿轮上温升考查点的距离会随热源的移动发生非线性变化,随时间变化的距离公式将变得非常复杂,因此将渐开线用圆弧来拟合。

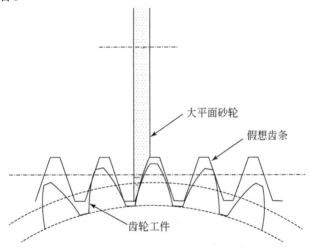

图 5.39　大平面砂轮磨齿工作原理

大平面砂轮磨齿简化示意图如图 5.40 所示。线热源 AB 沿着弧面移动,点 M 为温升考查点。接触线上的微小热源 $\mathrm{d}z'$ 位于点 $N(x',y',z')$。将其看作点热源,则点 $N(x',y',z')$ 对无限介质中点 $M(x,y,z)$ 的温升影响可表示为

$$\mathrm{d}\theta = \frac{Q_t \mathrm{d}z'/(\rho c)}{(4\pi a\tau)^{3/2}} \mathrm{e}^{-\frac{d^2}{4a\tau}} \tag{5.48}$$

式中,Q_t 为瞬时线热源强度。

将式(5.48)沿 AB 积分得到线热源 AB 对无限介质中点 M 的温升影响,可以表示为

$$\theta = \int_{z_1}^{z_2} \frac{Q_l/(\rho c)}{(4\pi a\tau)^{3/2}} \mathrm{e}^{-\frac{d^2}{4a\tau}} \mathrm{d}z' \qquad (5.49)$$

点 $M(x,y,z)$ 与点 $N(x',y',z')$ 的距离 d 表示为

$$\begin{aligned} d^2 &= (x-x')^2+(y-y')^2+(z-z')^2 \\ &= (R^2+r^2-2Rr\cos\theta)+(z-z')^2 \end{aligned} \qquad (5.50)$$

则式(5.49)可表示为

$$\theta = \int_{z_1}^{z_2} \frac{Q_l/(\rho c)}{(4\pi a\tau)^{3/2}} \mathrm{e}^{-\frac{(R^2+r^2-2Rr\cos\theta)+(z-z')^2}{4a\tau}} \mathrm{d}z' \qquad (5.51)$$

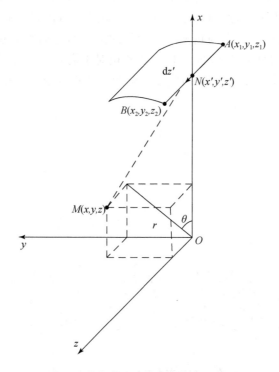

图 5.40 大平面砂轮磨齿简化示意图

如图 5.41 所示,在 $(0,t)$ 时间段,线热源在无限介质中沿曲面移动。移动坐标系 $O\text{-}xyz$ 的 x 轴经过热源中心并随之一起绕 z 轴转动。因此,点 $M(x,y,z)$ 在 $x\text{-}y$ 平面的映射与 x 轴的夹角可表示为 $\Theta+\omega\tau$,其中 Θ 为点 $M(x,y,z)$ 在 $x\text{-}y$ 平面的映射与 x 轴的夹角,ω 是线热源在曲面上移动的角速度。移动线热源 AB 对点 $M(x,y,z)$ 的温升影响可表示为

$$\theta = \int_0^t \int_{z_1}^{z_2} \frac{Q_l/(\rho c)}{(4\pi a\tau)^{3/2}} \mathrm{e}^{-\frac{[R^2+r^2-2Rr\cos(\Theta+\omega t)]+(z-z')^2}{4a\tau}} \mathrm{d}z' \mathrm{d}\tau \tag{5.52}$$

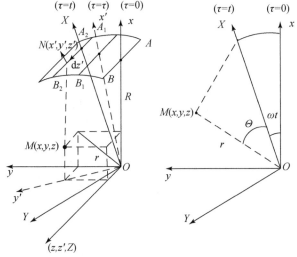

图 5.41　移动坐标系示意图

砂轮与齿面接触情况示意图如图 5.42 所示,$(-l_c, l_c)$ 为磨削方向上的磨削区宽度,移动面热源在无限介质中对点 $M(x,y,z)$ 的温升影响可表示为

$$\theta = \int_{-l_c}^{l_c} \int_0^t \int_{z_1}^{z_2} \frac{q_s/(\rho c)}{(4\pi a\tau)^{3/2}} \mathrm{e}^{-\frac{\{R^2+r^2-2Rr\cos[(R\Theta-l+R\omega t)/R]\}+(z-z')^2}{4a\tau}} \mathrm{d}z' \mathrm{d}\tau \mathrm{d}l \tag{5.53}$$

式中,q_s 为热源强度;ρc 为体积比热;a 为工件热扩散率;τ 为时间;R 为线热源在 x-y 平面的映射弧长;r 为点 $M(x,y,z)$ 在 x-y 平面的映射弧长。

上面采用了无限介质假设,而实际上齿轮边界有限,齿面及两侧面都暴露在空气中。因空气对流系数低到可忽略不计,齿面边界近似为绝缘边界,故可通过映像法求边界处的温升分布。如图 5.43 所示,齿面的三个边界分别为 b_0、b_1、b_2,S_0 为移动面热源,S_1、S_2 为映像热源。根据对称原理,边界 b_1 处维持绝热,而面热源 S_1、S_2 分别对边界 b_1、b_2 的温升影响忽略不计,不用再引入新的映像热源。

另外,由于绝缘边界 b_0 的存在,热源强度为 q_s 的面热源对无限大介质的温升影响等效为热源强度为 $2q_s$ 的面热源对半无限大介质的温升影响。因此,点 $M(x,y,z)$ 的温升可表示为

$$\theta = \sum_{k=0}^2 \int_{-l_c}^{l_c} \int_0^t \int_{z_1}^{z_2} \frac{2q_s/(\rho c)}{(4\pi a\tau)^{3/2}} \mathrm{e}^{-\frac{\{R^2+r^2-2Rr\cos[(R\Theta-l+R\omega t)/R]\}+\lambda_k^2}{4a\tau}} \mathrm{d}z' \mathrm{d}\tau \mathrm{d}l \tag{5.54}$$

式中,$\lambda_0 = z-z'$ 为热源 S_0 对齿轮的温升影响;$\lambda_1 = z-z'+(z_2-z_1)$ 为热源 S_1 对齿轮的温升影响;$\lambda_2 = z-z'-(z_2-z_1)$ 为热源 S_2 对齿轮的温升影响。式(5.54)中,

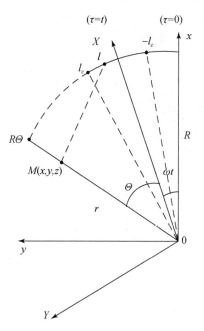

图 5.42　砂轮与齿面接触情况示意图

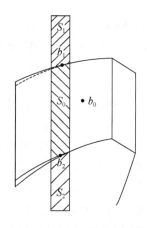

图 5.43　镜像热源示意图

令 $r=R$，即得齿面的温升情况为

$$\theta = \sum_{k=0}^{2} \int_{-l_c}^{l_c} \int_0^t \int_{z_1}^{z_2} \frac{2q_s/(\rho c)}{(4\pi a\tau)^{3/2}} \mathrm{e}^{-\frac{\{2R^2-2R^2\cos[(R\Theta-l+R\omega\tau)/R]\}+\lambda_k^2}{4a\tau}} \mathrm{d}z' \mathrm{d}\tau \mathrm{d}l \tag{5.55}$$

2. 大平面砂轮磨齿解析模型温升计算

图 5.44(a)、(b)分别为映像热源 S_1、S_2 和热源 S_0 所引起的齿面区域的温升分

布，(c)为热源 S_0、S_1、S_2引起的齿面综合温升分布。

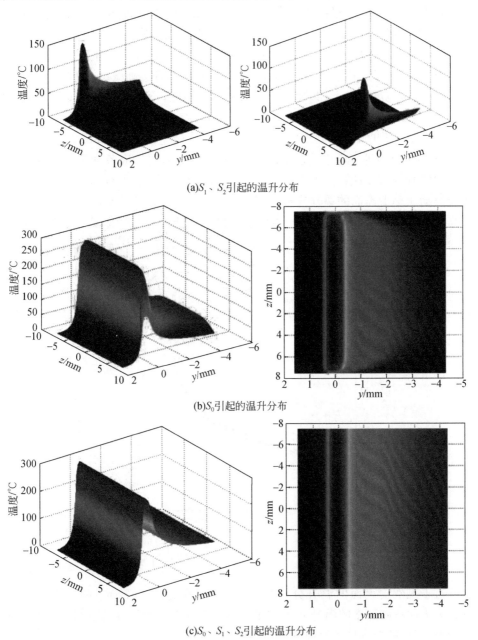

(a)S_1、S_2引起的温升分布

(b)S_0引起的温升分布

(c)S_0、S_1、S_2引起的温升分布

图 5.44　热源 S_0、S_1、S_2引起的解析模型温升分布

图 5.44 中,Y 轴为磨削方向长度坐标,其中零点经过接触区中线,Z 轴为齿宽方向长度坐标,零点经过齿宽中线。由图 5.44(a)可知,映像热源 S_1、S_2 分别在 b_1、b_2 处引起明显温升,而对齿宽另一侧温升的影响可以忽略不计,这正是前述不再引入新映像热源的原因。由图 5.44(b)可知,热源 S_0 在齿宽方向上 $-6\sim6$mm 处引起的温升几乎一致,而从 ±6mm 开始到各自边界,温升逐渐减小。由图 5.44(c)可知,在磨削区宽度方向上,磨削温升分布相近。因此,可使用齿宽方向上任意点的温升曲线来代替整个三维曲面的温升分布,后面将选取 $Z=0$ 位置进行温升研究。

大平面砂轮磨齿时有四种头架摆动频率:13n/min、18n/min、25n/min、35n/min,分别对应四种工件进给速度以及磨削力,因而需要研究各种头架摆动频率下的齿面温升分布。计算流程为:计算磨削力以及热流密度,并令 $Z=0$,便得到不同头架摆动频率下齿面的温升分布,如图 5.45 所示。不同的头架摆动频率所对应的最高温升相差不大,而头架摆动频率越高,磨削区前沿的温度梯度就越大。相对而言,头架摆动频率为 35n/min 时齿面的最高温升及已加工面温升相对较低。

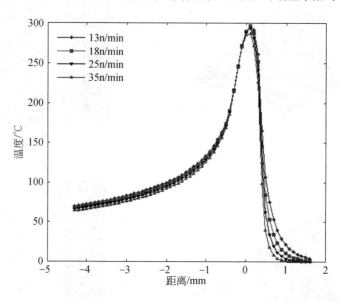

图 5.45 不同头架摆动频率下的温升分布

对于工件次表面的温升分布情况,可通过改变式(5.54)中的 r 值得到。图 5.46 为工件不同深度的温升分布,由图可知,工件表面的温度梯度最大,随着深度的增加,工件的温度梯度逐渐减小。

计算间隔对计算结果影响较大,模型求解主要为三重积分的数值计算,当计算间隔为 0.1mm 时,计算时间约为 20h,当计算间隔为 0.05mm 时,计算时间将增加到 40h,因此,在保证计算精度的前提下应尽量增大计算间隔。图 5.47 给出了头

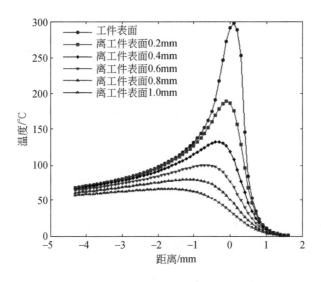

图 5.46 工件不同深度的温升分布

架摆动频率为 18n/min,计算间隔分别为 0.05mm、0.1mm、0.2mm 的温升图形。当计算间隔为 0.2mm 时,最高温升处曲线不光滑,最高温升不能精确求出;当计算间隔为0.1mm 和 0.05mm 时,温升曲线光滑,最高温升能被精确求出,但后者计算所需的时间约为前者的两倍,因此,将计算间隔取为 0.1mm,此时既能保证计算精度,同时计算时间也不会大幅增加。

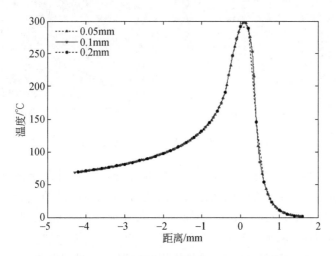

图 5.47 不同计算间隔的解析模型计算结果

3. 大平面砂轮磨齿有限元模型计算

图 5.48(a)为工件的有限元模型,只对齿面网格进行了细化,而离热源较远的区域采用粗糙网格,对需加载的表面层进行映射网格划分,网格单元在磨削方向的长度为 0.1mm,其余部分为自由网格划分。因仿真模型的热源加载区域长度不易设置成与实际磨削区长度一致(实际磨削区长度为 0.746mm),故需根据磨削区长度将实际热源强度换算成等效热源强度加载到有限元模型中,并进行如下假设:

(1)齿轮各面与空气绝热,忽略空气冷却对流作用,只在磨齿表面添加一个面热源。

(2)假设磨削过程中砂轮没有磨损。

(3)材料的各种性能参数不随温度发生变化。

(4)磨齿过程不考虑热辐射。

磨削区三角形热源的热源强度如图 5.48(b)所示。采用 ANSYS Workbench 参数化设计语言将热源的连续移动离散为连续的载荷步,以实现齿面的连续加载。

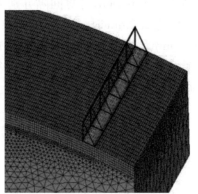

(a)工件的有限元模型　　　　　　　(b)三角形热源的热源强度

图 5.48　工件的有限元模型及三角形热源的热源强度

根据加工过程中的数据进行参数设置并进行有限元仿真计算,仿真时长为每个载荷步的时长,其值为加工整个齿面所需的时间除以离散的载荷步数,据此计算出时间步长度为 0.0021s。在每个时间步中对连续 8 个单元进行加载,下一个时间步则将热载荷向前移动 1 个单元长度,最终完成整个齿面的加载。每个时间步有 5 个子步。图 5.49 为第 25、55、85 载荷步齿面的温升云图。由图 5.49 可知,齿面的最高温升会随着载荷步数的增加而缓慢增大,并且载荷步数越多,最高温升的增加越缓慢,最终达到准稳态。

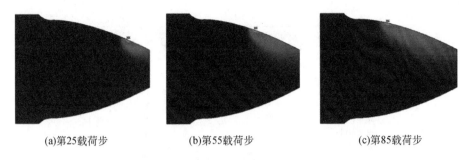

(a)第25载荷步　　　　　　　　(b)第55载荷步　　　　　　　　(c)第85载荷步

图 5.49　移动热源引起的温升变化

图 5.50 为不同时间步磨削区表面温升分布。由图 5.50 可知,在最初时间步磨削温升较低,随着磨削的进行,磨削区温升逐渐增大,但增幅越来越小。在第 55 时间步之后最高温升几乎一致,即瞬时温度场达到准稳态温升。

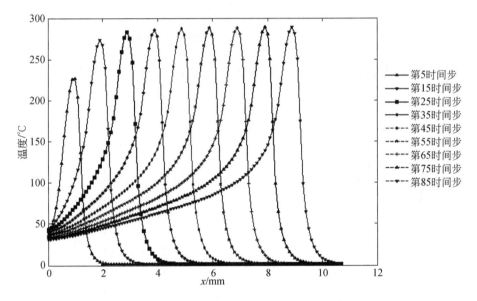

图 5.50　不同时间步磨齿区表面温升分布

两个模型中齿宽方向上温度变化一致,为了对两者进行比较,同时选取齿宽方向的中间点温升。将计算间隔为 0.1mm 的解析模型与单元长度为0.1mm、时间步为第 85 步的有限元模型温升分布进行比较,如图 5.51 所示,在已加工表面两者的温升曲线几乎一致,在接触区和非接触区温升曲线有较小误差。

图 5.52 为解析模型与数值模型间的绝对误差和相对误差。由图可知,在已加工表面,两个模型之间的绝对误差几乎为零,在磨削区中心有低于 10℃ 的绝对误差。在磨削区与非磨削区交界的地方,温度梯度很高,出现了约 30℃ 的绝对误差

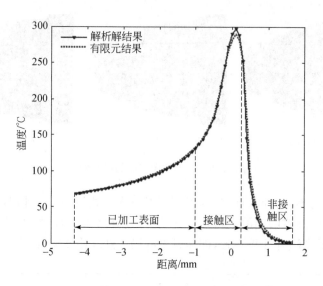

图 5.51　解析模型与数值模型计算结果比较

尖点。在已加工表面,解析模型与数值模型之间的相对误差总体较低,在接触面中心处相对误差很小,在接触区前沿及非接触区相对误差较大。这主要是由于非接触区温度较低,微小的温度差也会引起大的相对误差。

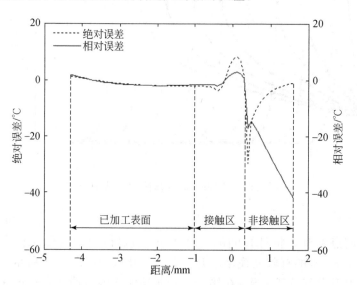

图 5.52　解析模型与数值模型间的绝对误差和相对误差

推导出曲面上移动三角形热源的解析模型,并以此计算不同头架摆动速度下的齿面温度分布以及齿轮不同深度的温升分布,建立了有限元模型并进行了稳态判断。将两个模型中可取的计算结果进行了比较,比较结果表明,在接触区有低于 10℃的绝对误差,最大绝对误差为 30℃左右,出现在接触区与非接触区的边缘。接触区和已加工区的相对误差较低,而在接触区与非接触区边界有巨大的相对误差。解析模型和数值模型的基本吻合说明建立的解析模型是正确的,能够用于曲面移动三角形热源的进一步研究。

5.3　高速干切滚刀设计

高速干切可大大提高生产效率,给企业创造较好的经济效益。滚刀是实现齿轮高速干切的关键,能否顺利实现高速干切滚齿,以及干切能力如何,主要取决于高速干切滚刀的性能。目前,国内企业大量采用进口刀具,而国内自主生产的高速干切滚刀只占很小一部分,迫切需要提高高速干切滚刀质量。因此,高速干切滚刀的设计制造与质量评价就显得尤为重要。

5.3.1　高速干切滚刀几何结构设计

普通滚刀(图 5.53(a))的切削速度多为 30～40m/min,而高速滚刀的切削速度可超过 100m/min,干切滚刀甚至达到 250m/min。用户可根据实际情况及刀具耐用度采用适合自己的切削速度。相比于普通滚刀,高速干切滚刀(图 5.53(b))的设计有以下方面不同。

1. 柄式机构

普通滚刀所采用的整体结构为孔式滚刀,而高速干切滚刀采用的结构应尽量为柄式滚刀,柄式滚刀与安装于芯轴上的孔式滚刀相比,无中心安装孔,消除了孔和芯轴间跳动公差的累积,以及垫片和安装螺母引起的振动误差,动态刚性更优。

2. 干切滚刀直径更小

高速干切滚刀采用小直径滚刀。小直径滚刀直径小,当切削扭矩相同时,切削用量较大,因而提高了生产率。滚齿生产率主要依赖轴向走刀速度,由于机床是联动的,在走刀量相同时,滚刀转速越快,走刀速度也越快,在切削速度相同的情况下,小直径滚刀要求较高的转速,因而生产率得以提高。

3. 增加切削刃长度

高速数控滚齿机都有自动窜刀功能,高速干切滚刀可以增加切削刃长度,以满足窜刀功能。窜刀可使每次切削时刀齿磨损均匀,不至于一排刀齿内有的刀齿已严重磨损,有的刀齿却因为没有参加切削而毫发未损。在具有窜刀功能的机床上,采用加长滚刀在两次刃磨之间加工的工件数可比传统的标准结构滚刀提高数倍,不仅延长了滚刀寿命,而且大大减少了装拆刀具的辅助时间,可大幅度提高生产效率,实现大规模生产。常用的高速干切滚刀长度为 150~200cm。

(a)普通滚刀　　　　　　　　　(b)高速干切滚刀

图 5.53　普通滚刀和高速干切滚刀

4. 采用多头滚刀

多头滚刀能提高生产效率,这是人们所熟知的,常用的是 2 头或 3 头。多头滚刀的走刀量要在 1 头的基础上进行适当调整,若令 1 头、2 头、3 头走刀量分别为 S_1、S_2、S_3,则推荐 $S_2 = 0.65S_1$、$S_3 = 0.50S_1$。

5. 增加容屑槽槽数

容屑槽槽数增加即滚刀圆周齿数增加,则每齿的平均切削厚度减小,在同样的切削速度下,滚刀前刃面上月牙洼磨损深度可得到改善,因而刀具寿命得以延长。这就是高速干切滚刀向多槽发展的主要原因。另外,由于滚刀一圈的齿数增多,即各参与造型的刀刃增多,其包络出的渐开线也更圆滑,因此齿形精度更高,粗糙度更低。

6. 选择合理制造工艺

采用现代粉末冶金新工艺,增加了大型真空重熔净化装置,杂质比老工艺减少,有较高的红硬性,保证了滚刀能适应高速切削,且具有稳定的寿命。

7. 选择合适的涂层

对滚刀表面进行 TiC/TiCN/TiN、TiAlN 等涂层(图 5.54),涂层增大了刀具的耐磨性,从而使切削速度得以大幅度提高。滚刀刃磨后应重新涂层,由于刃磨后的滚刀前刃面的 TiN 涂层已被磨掉,若不重涂,则在同样的切削条件下势必要降低刀具的耐用度,缩短寿命。

图 5.54　涂层滚刀

8. 采用可靠的热处理工艺

新的刀具材料对滚刀热处理工艺提出了严格要求,硬度一般为 66～67HRC(普通高速钢为 63～66HRC),并要求晶粒度控制在 10～10.5♯,严格控制加热温度并采用特定的回火工艺。

5.3.2　高速干切滚刀几何结构设计软件

优质的高速干切滚刀,既需要保证加工齿轮的精度,提供足够的刀具寿命,又要减少滚齿过程中产生的热量,减少机床振动。因此,对高速干切滚刀的几何精度要求较高。高速干切滚刀的参数主要包括法向模数 M_n、法向压力角 α_n、齿根高系数 h_f^*、齿顶高系数 h_a^*、齿全高 h、齿根宽 b_f、齿顶宽 b_a、滚刀齿顶圆角半径 r_a、直径 D_a、长度 L、头数 z_1、圆周齿数(槽数)z_k、齿顶后角 α_e、铲背量 K、容屑槽深度 H、槽形角 θ、分圆螺旋升角 λ、分圆直径 D、轴向压力角 α_0 等。为提高高速干切滚刀设计效率及精度,作者团队开发了滚刀设计软件。图 5.55 为滚刀设计软件界面,用户只需要将高速干切滚刀参数输入后,软件自动生成滚刀的刀齿几何形状,其模拟图如图 5.56 所示。

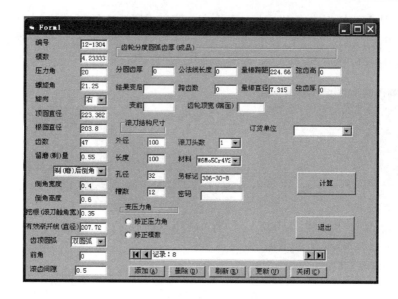

图 5.55　滚刀设计软件界面

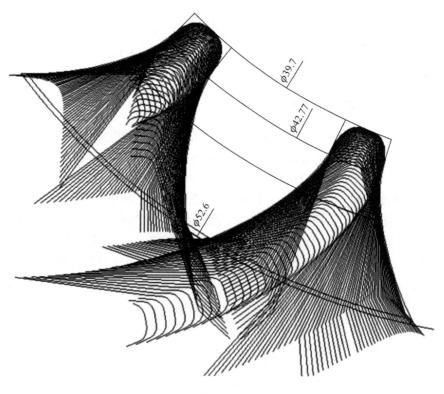

图 5.56　模拟图(单位:mm)

5.4　制齿功能软件

5.4.1　制齿功能软件模块划分

为实现复杂修形齿轮的高精密数控加工,基于 SIEMENS840Dsl 数控系统,作者团队开发了蜗杆砂轮磨齿机数控功能软件,该软件主要包括 HMI 人机操作界面和 NC 加工程序两个部分。利用功能模块化的思想,将人机界面分为五大功能模块,包括项目管理模块、机床状态模块、生产流程模块、循环磨削模块和辅助功能模块。在此基础上,又开发了几个子功能模块,包括齿廓任意修形模块、齿向任意修形模块、齿面扭曲控制模块、砂轮任意修整功能模块等,满足了中小模数渐开线齿轮的精密加工要求。

1. 项目管理模块

项目管理模块对所有加工工件的项目数据进行管理,将一个型号齿轮工件的磨削加工作为一个项目,与该型号齿轮加工相关的所有数据均为项目数据。一个项目的数据主要包括基本数据、齿轮数据、砂轮数据、滚轮数据、夹具数据。项目管理功能主界面如图 5.57 所示。

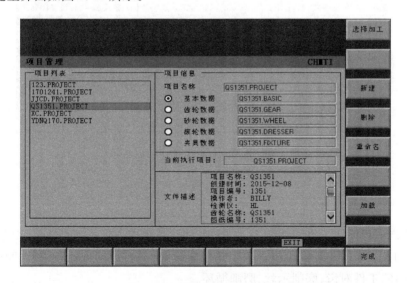

图 5.57　项目管理功能主界面

项目管理模块的主要作用是保存已加工工件的所有数据,并形成一个加工项目,当下次再加工同一型号工件时,可以直接调用该工件的项目数据,而不需要再进行项目数据的输入。在配备项目管理模块之后,可显著缩短产品的调试周期。齿轮加工之前,在项目管理模块中确认项目数据,项目管理模块会生成与该项目相关的计算数据,并将界面输入数据和生成的计算数据传递到 NC 中,供数控程序使用。

2. 机床状态模块

机床状态模块用于设置机床固有参数和对机床调试状态进行设置,一般仅机床调试工程人员使用该模块。在机床出厂前,该模块下所有的机床数据都已经设置好,其主界面如图 5.58 所示。机床状态模块中包括金刚滚轮偏移数据、金刚条偏移数据和蜗杆砂轮偏移数据。

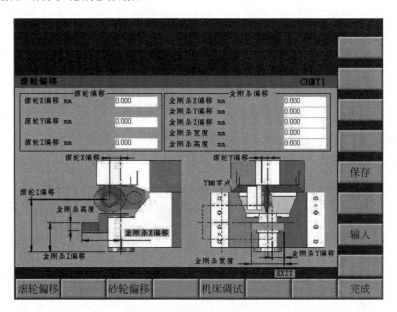

图 5.58　机床状态模块主界面

3. 生产流程模块

生产流程模块主界面如图 5.59 所示,用于指引用户根据工件图纸完成工件的试制、加工。生产流程模块包含 7 个子功能模块:项目数据、修整示教、机床调整、修整循环、工件对齿、磨削示教、磨削循环。

齿轮加工的调试操作流程包括以下 7 个步骤:

(1)项目数据,用于输入数据,包括项目基本数据、齿轮数据、砂轮数据、滚轮数据和夹具数据。

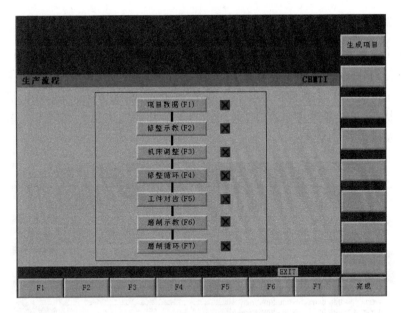

图 5.59　生产流程模块主界面

（2）修整示教，用于指导用户完成砂轮和金刚滚轮的对刀，确保砂轮修形过程中滚轮始终在砂轮齿槽中。

（3）机床调整，用于调整机床冷却液喷嘴相对于砂轮的位置，避免砂轮修整和齿轮磨削过程中发生干涉。另外，可调整对齿开关的位置，确保齿轮找正时产生正常的对齿信号。

（4）修整循环，用于完成蜗杆砂轮的修整。蜗杆砂轮的修整分为三步：齿面粗修、齿面精修和外圆修整。

（5）工件对齿，用于设定工件对齿时的相关数据和对齿补偿数据，并显示对齿结果等。

（6）磨削示教，用于完成齿轮磨削之前砂轮与齿轮的对刀，确保砂轮和齿轮之间严格的相位关系。

（7）磨削循环，用于完成齿轮的磨削加工。齿轮的磨削工艺可以分为粗磨和精磨。该界面完成磨削线速度、主轴转速、径向进给速度及轴向进给速度等主要工艺参数的设定。

顺序完成以上 7 个步骤后，即完成了首件齿轮的加工磨削。根据齿轮的检测结果，对磨削补偿数据进行调整。

4. 循环磨削模块

在生产流程模块中完成首件齿轮的工艺参数、补偿参数设定后，通过循环磨削模块进行齿轮的批量加工。该模块中显示齿轮批量加工相关的所有参数，如图5.60所示。显示的参数包括数控轴的位置和余程、磨削节拍、当前砂轮状态、磨削主轴的状态、进给轴速率进度条、磨削轴向进给和径向进给等磨削工艺参数、磨削窜刀量及砂轮缺损状态。

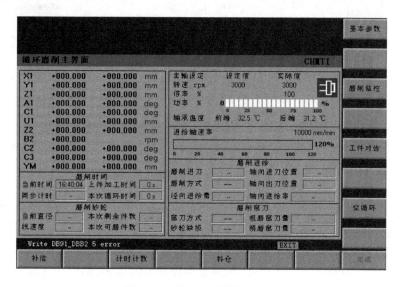

图5.60 循环磨削模块主界面

5. 辅助功能模块

辅助功能模块主界面如图5.61所示。该模块可以帮助操作者更便捷地操作机床，这些辅助操作是产品调试加工和循环批量加工的前期准备，如机床上电开机后机床轴回参考点、机床轴的同步控制、外支架控制、手动平衡控制、手动对齿、更换砂轮、更换夹具等。

除以上5个主要功能模块外，还设计了齿廓任意修形模块、齿向任意修形模块、齿面扭曲控制模块及砂轮任意修整功能模块等。

6. 齿廓任意修形模块

齿廓任意修形模块主要完成齿廓修形曲线的定义，如图5.62所示，可定义的参数包括修形选择（选定修形曲线）、离散精度、渐开线起始展长、修形廓形起评点

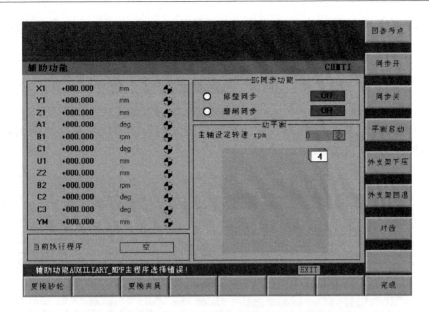

图 5.61　辅助功能模块主界面

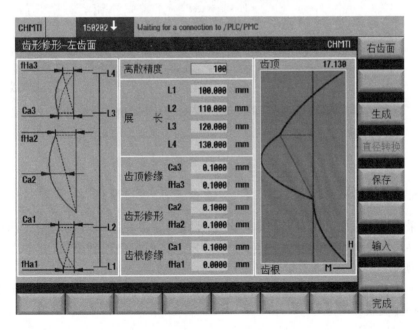

图 5.62　齿廓任意修形模块主界面

展长、修形廓形终评点展长、渐开线终止展长、齿顶修缘、齿形修形、齿根修缘。通过输入以上参数,实现修形齿面的精确定义。该模块还可实现左右齿面不对称修形定义。在定义完修形齿面后,机床内置软件将自动完成蜗杆砂轮廓形的计算。

7. 齿向任意修形模块

齿向任意修形模块主要完成齿向修形曲线的定义。如图 5.63 所示,将齿向分成 4 个部分,通过分别定义每个部分的齿向曲线实现整个齿向曲线的定义。在完成齿向曲线的定义后,机床内置软件将根据定义的齿向曲线自动生成磨削过程中蜗杆砂轮的冲程轨迹。

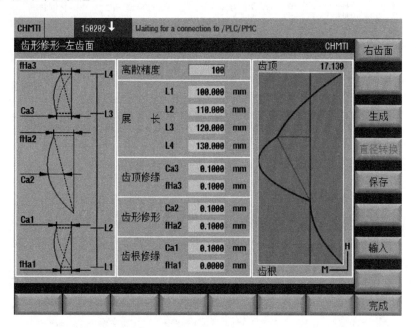

图 5.63　齿向任意修形模块主界面

8. 齿面扭曲控制模块

采用展成法加工具有齿向修形的渐开线齿轮存在原理误差,造成齿面扭曲。为提高齿向修形齿轮的磨削精度,本书开发了齿面扭曲控制模块,其主界面如图 5.64 所示。

上述模块之间不是相互独立的,而是相互关联,不仅数据关联,而且实现了机床的操作关联。

9. 砂轮任意修整功能模块

当蜗杆砂轮用于大批量齿轮磨削时,大都使用定制的成形金刚滚轮来高效修整蜗杆砂轮。金刚滚轮的定制时间一般为 2~3 个月,并且定制的成形金刚滚轮只

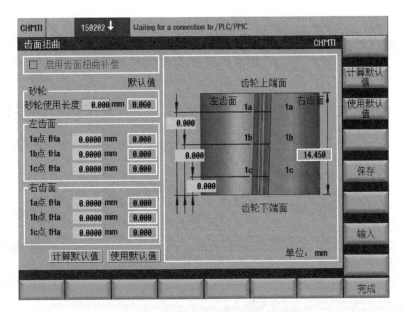

图 5.64　齿面扭曲控制模块主界面

能用于加工一个固定型号的齿轮。因此,成形金刚滚轮只用于设计成熟、廓形固定齿轮的批量加工。对于尚处于试制、验证阶段的单个齿轮磨削,砂轮的修整不宜采用成形金刚滚轮。砂轮的点修整方式弥补了成形金刚滚轮的缺点,可以实现蜗杆砂轮的任意修整。该功能极大地缩短了新产品的试制周期。砂轮任意修整使用的是球头金刚滚轮,其修整原理和主界面分别如图 5.65、图 5.66 所示。

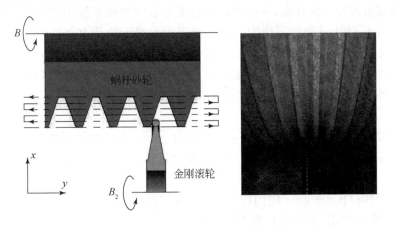

图 5.65　砂轮任意修整原理

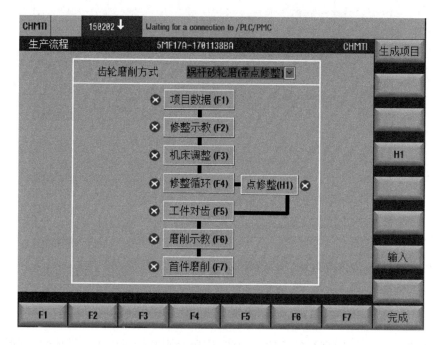

图 5.66　砂轮任意修整功能模块主界面

5.4.2　制齿功能软件二次开发

西门子 840Dsl 数控系统具备良好的开放性、柔性和功能适应性,用户能够根据自身需求进行二次开发,从而将特定技术集成到数控系统中实现复杂的工艺任务。西门子 840Dsl 数控系统中的最高级别用户界面分为多个功能工作区。每个工作区又包含一个或多个对话框,对话框之间可采用跳转方式相互连接。一个对话框包含若干屏幕,每个屏幕通常包含一个或多个窗口和软键,窗口中又包含用户添加的各种控件。通过软键的触发可以实现屏幕间的切换与隐藏,以及一些特定功能。

针对蜗杆砂轮磨齿的复杂工艺,利用西门子 840Dsl 数控系统提供的 OEM 开发包和开发环境,可实现高效、高精度磨齿功能软件的开发。其主要任务包括以下 5 个:

(1)利用 Qt designer 应用程序进行功能软件界面设计。

(2)编辑 XML 文件进行界面软键布局设计。

(3)利用 VC++编写源程序以创建语言动态链接库。

(4)编写软件中各功能的 NC 控制程序。

(5)将用户界面和NC控制程序嵌入西门子840Dsl数控系统中实现功能软件安装。

1.制齿功能软件界面可视化设计

西门子840Dsl数控系统的OEM开发平台集成了Qt designer工具包,可利用其进行界面的可视化设计。Qt designer中包含工具箱区域、主窗口区域、对象查看器区域、属性编辑器区域、信号与槽区域等,如图5.67所示。工具箱区域主要提供界面开发所需的各种基本控件,有按钮、文本框、标签、组合框等,可以拖动到新创建的主窗口进行布局。主窗口区域用于放置各种从工具箱拖拽过来的控件。对象查看器区域可查看主窗口放置的对象列表。属性编辑器区域提供了对窗口、控件、布局的属性编辑功能,如修改控件的显示文本、对象名、大小等。信号与槽区域用于编辑控件的信号和槽函数,也可以添加自定义的信号和槽函数。制齿功能软件界面设计需保证其中的控件布局合理,整洁美观。

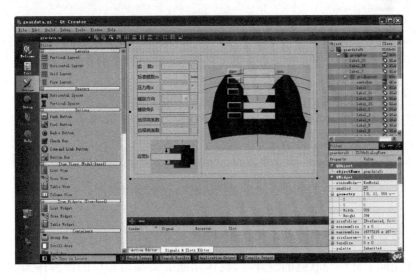

图5.67　制齿功能软件界面可视化设计

2.制齿功能软件界面软键布局设计

项目中的XML文件是整个功能软件的主体,描述了用户界面的结构以及屏幕间的调用关系。通过修改XML文件可以对每个屏幕进行界面软键的布局设计,从而搭建出整个用户界面的框架结构,如图5.68所示。通过标签可以清楚地描述用户界面中各个元素的对应关系。其中,SCREEN标签定义了Dialog对话框中的屏幕;FORM标签定义了窗口的名称、对应的HMI Form类以及显示类型;

MENU 标签定义了水平和垂直菜单栏。一个菜单栏包含若干 SOFTKEY 标签，每个 SOFTKEY 标签对应菜单栏上的一个软键，其在水平或垂直菜单栏中的位置由 position 指出，从左至右和从上至下依次为 1~8；PROPERTY 标签可以定义软键上的名称；FUNCTION 定义了软键触发的响应函数以及传递参数。最终的XML 文件将转换成 HMI 文件嵌入数控系统中。

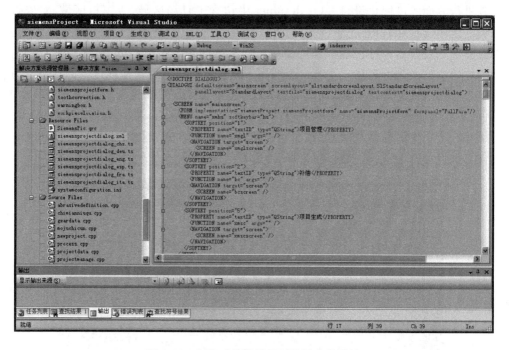

图 5.68　制齿功能软件界面软键布局设计

3.制齿功能软件语言动态链接库创建

在完成了界面与软键的设计后，具体功能需要编写相应的源程序来实现。西门子840Dsl 数控系统的 OEM 开发包与 Visual Studio 2008 进行了关联，采用C++语言与 Qtdesigner 的类即可编写相关源程序。界面中的所有控件均为Qtdesigner 控件，因此在编写源程序过程中需要用到 Qtdesigner 的类。每一个控件都有与之相对应的类，如按钮对应 QPushButton 类、文本框对应 QLineEdit 类、标签对应 QLabel 类、组合框对应 QComboBox 类等。源程序经过编译可生成语言动态链接库 DLL 文件，其中包含软件的所有界面和功能。

4.制齿功能软件 NC 程序编写

在开发的功能软件界面的基础上,使用 SIEMENS 数控程序专用语言完成对蜗杆砂轮磨齿机 NC 程序的编写。区别于传统数控机床根据轴的运动轨迹自动生成 G 代码的方式,蜗杆砂轮磨齿机 NC 程序是预先完成对所有程序功能结构的编写,并在程序中用变量表述不同加工项目的参数。通过界面输入项目数据,再生成相应的 NC 变量,并传递给 NC 程序使用。当加工相同项目的工件时,不需要再生成 NC 程序。

蜗杆砂轮磨齿机 NC 程序主要分为磨削主程序和功能子程序两大部分。其中,磨削主程序是控制机床轴完成齿轮磨削的程序,在主程序中顺序地通过判断语句调用各功能子程序,完成一些加工前的准备工作和辅助动作。图 5.69 为磨削主程序段。根据蜗杆砂轮磨削流程,NC 程序中主要的功能子程序包括修整示教、砂轮修整(图 5.70)、工件对齿、磨削示教、机床轴同步设置等程序。各功能子程序与功能软件中相应的子功能界面关联,程序运行状态显示在界面上。

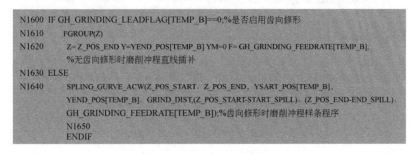

图 5.69　磨削主程序段

5.制齿功能软件的安装

在完成上述步骤后,将 DLL 文件、HMI 文件以及 system configuration.ini 配置文件拷贝到数控系统的相应目录下,即可将开发出的界面和功能嵌入西门子 840Dsl 数控系统中。其中,system configuration.ini 配置文件用于系统初始化,描述了嵌入数控系统中的用户自定义界面的主要信息,安装在/hmisl/oem/sinumerik/hmi/appl/目录下。DLL 和 HMI 文件包含了用户自定义的界面、功能和软键信息,安装在/hmisl/oem/sinumerik/hmi/appl/目录下。

```
G01 G91 G64
ASPLING BAUTO EAUTO
F= 200
FGROUP (Y)
Y=101.4991102  Z=0  X=0
,Y= 14.23486374  Z=-14.34548704  X=-0.5720090086
,Y= 36.73486374   Z= -14.34548074     X=-0.5720090086     TWIST_L= 0.02848843629
TWIST_R= -0.02848843629
Y= 0.5153027252  Z= 0.2784710967  X= 0.02195829432
,Y= 37.25016647     Z= -14.06700964     X=-0.5500507143     TWIST_L= 0.02793542546
TWIST_R= -0.02793542546
Y= 0.5153027252  Z= 0.2784710967  X= 0.02153046601
,Y= 37.76546919     Z= -13.78853855     X=-0.5285202483     TWIST_L= 0.02738241464
TWIST_R= -0.02738241464
Y= 0.5153027252  Z= 0.2784710967  X= 0.02110248426
,Y= 38.28077192     Z= -13.51006745     X=-0.507417764      TWIST_L= 0.02682940382
TWIST_L= -0.02682940382
Y= 0.5153027252  Z= 0.2784710967  X= 0.02067435207
,Y= 38.79607464     Z= -13.23159636     X=-0.486743412      TWIST_L= 0.026276393
TWIST_L= -0.026276393
Y= 0.5153027252  Z= 0.2784710967  X= 0.0202460724
,Y= 39.31137737     Z= -12.95312526     X=-0.4664973396     TWIST_L= 0.02572338218
TWIST_R= -0.02572338218
Y= 0.5153027252  Z= 0.2784710967  X= 0.01981764826
,Y= 39.82668009     Z= -12.67465416     X=-0.4466796913     TWIST_L= 0.02517037135
TWIST_R= -0.02517037135
Y= 0.5153027252  Z= 0.2784710967  X= 0.01938908263
,Y= 40.34198282     Z= -12.39618306     X=-0.4272906087     TWIST_L= 0.02461736053
TWIST_R= -0.02461736053
Y= 0.5153027252  Z= 0.2784710967  X= 0.01896037851
,Y= 40.85728554     Z= -12.11771197     X=-0.4083302302     TWIST_L= 0.02406434971
TWIST_R= -0.02406434971
```

图 5.70　砂轮修整程序

5.5　应用案例

重庆机床(集团)有限责任公司是我国专业制造齿轮机床的国有大型企业,属于国家一级企业,是国内最大的成套齿轮制造装备生产基地,中国齿轮加工机床行业标准化委员会的归口单位,国家一级计量单位。作者团队的研究成果应用于重庆机床(集团)有限责任公司的大规格精密数控滚齿机、高速干切数控滚齿机、高效精密多功能数控磨齿机三种典型系列高端制齿机床。

5.5.1　大规格精密数控滚齿机

因工件质量惯性大,大规格制齿机床工作台驱动不宜采用小规格机床常用的直驱传动,需要采用蜗杆蜗轮传动,传动链长,运动误差传递路径更复杂;不能使用小规格机床常用的高精度滚动导轨副及单腔静压导轨副,只能使用矩形镶钢导轨及多腔同步控制的静压导轨副,因此大规格制齿机床活动部件接触面不同,误差建模及控制更困难;另外,大规格制齿机床床身、立柱及工作台尺寸大,力热耦合下机床的装配误差对加工精度影响更加显著;小齿轮切削面接触线短、诱导法曲率大、切削面物理/几何特性相互影响小,大齿轮切削面接触线长、诱导法曲率小、切削面物理/几何特性复杂。

重庆机床(集团)有限责任公司研制的 Y31320CNC6($\phi3200 \times$ m32)、Y31250CNC6($\phi2500 \times$ m24)、Y31200CNC6($\phi2000 \times$ m24)、Y31160CNC6($\phi1600 \times$ m24)、YD31125CNC6($\phi1250 \times$ m24)等一系列具有完全自主知识产权的国产大型精密数控滚齿机,采用全闭环控制,具有滚齿加工的所有功能,可用于直齿轮、斜齿轮、小锥度齿轮、鼓形齿轮、人字齿轮、链轮及蜗轮等多种类型齿轮零件高效精密干、湿加工。实现了 $\phi1250 \sim \phi3200$mm、模数 $24 \sim 32$mm 的大规格精密齿轮高效加工,加工精度达 GB/T 10095.1—2008 标准 6 级(精密级),国产大规格精密数控滚齿机如图 5.71 所示。

图 5.71 国产大规格精密数控滚齿机

5.5.2 高速干切数控滚齿机

重庆机床(集团)有限责任公司研制的 YE3120CNC7(图 5.72)、YDZ3126CNC(图 5.73)等新一代绿色高速干切滚齿机与现有以切削液为冷却液的湿切滚齿机床相比,完全消除了切削液雾造成的严重车间环境污染、废油排放处理导致的生态环境污染,降低了对操作者健康的危害,并且齿轮加工精度提高了 1 或 2 个等级,单件齿轮平均生产效率提高 $2 \sim 3$ 倍,节能 30% 左右,滚齿精度可达到 GB/T 10095.1—2008 标准 6 级,实现了滚齿加工的高能效、高功效、绿色低排放,为齿轮绿色制造提供了关键装备。

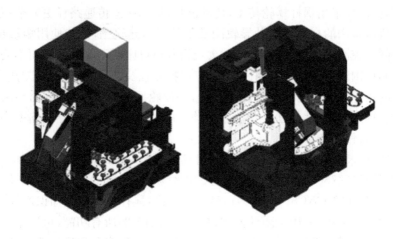

图 5.72　YE3120CNC7 型高速干切数控滚齿机床数字化样机

图 5.73　YDZ3126CNC 高速干切数控滚齿机床

5.5.3　高效精密多功能数控磨齿机

　　YW7232 数控磨齿机为十轴五联动高效精密多功能数控磨齿机,其采用经典的立式结构布局形式,工作台固定,大立柱移动实现刀具的径向进给,且机床各轴实现独立驱动。研发的磨齿机具有砂轮自动修整(单面修整、双面修整、成形修整、点修整)功能、砂轮自动动平衡功能、高速自动对齿功能及 AE(acoustic emission)功能(防碰撞及对刀),如图 5.74 所示。其具备完善的磨削软件,包括实现人机对话、齿轮计算、齿轮数据库管理及维护、齿轮磨削及砂轮修整程序自动生成、各种磨削方式选择等。

　　高性能齿轮加工技术与装备主要应用于以下领域:①大型舰船、风电齿轮制造

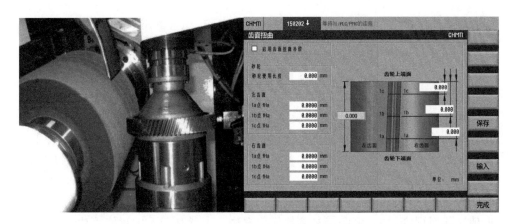

图 5.74　自动对齿、自动磨削

领域,生产的大规格精密齿轮能够满足舰船、风电领域要求,保障了国家的战略安全;②汽车变速箱齿轮制造领域,中小模数齿轮传动精度平均提高了 1 或 2 个等级,提升了汽车国产变速器市场占有率,为新能源汽车变速箱、汽车自动变速箱的国产化提供了保障;③工具厂的齿轮刀具制造,消除了生产的复杂修形齿轮刀具的原理误差。

第6章 滚磨工艺参数优化方法

　　齿轮是决定装备服役性能的关键基础件之一。高性能齿轮以其减振、降噪、长接触寿命等优点在大型舰船、汽车、风电等领域得到广泛应用。滚齿和磨齿是高性能齿轮加工的主要工艺,滚磨工艺参数的合理选择不仅影响齿轮最终的加工质量,也对加工过程中的能耗影响巨大。目前,滚磨工艺参数的选择普遍采用经验法、实验法等,这些方法易受工艺人员经验和技术水平影响,而传统的齿轮加工工艺手册取值又相对保守,缺乏滚磨工艺参数优化方法。本章基于人工智能算法、正交实验设计等技术,从面向齿面精度、残余应力、能耗以及形性可控等方面对滚磨工艺参数进行优化,以实现高性能齿轮加工的高精度、高效率、绿色环保和智能化。

6.1 面向齿面精度的工艺参数优化

　　齿轮加工的精度主要受机床精度、工件安装精度、刀具精度和加工工艺参数的影响。本节以滚齿加工为例,讨论工艺参数变化将导致齿轮加工精度变化。研究方法如图 6.1 所示,建立一种基于神经网络的精度预测模型,已知工艺参数能正向预测齿轮的加工精度,也能在已知齿轮的加工精度时反向推测出工艺参数。

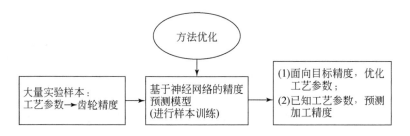

图 6.1　面向齿面精度的工艺参数优化方法

6.1.1　基于改进粒子群-神经网络的滚齿精度预测模型

　　滚齿加工精度除受到机床精度、滚刀几何误差影响外,还受到滚齿切削力的影响。在切削过程中,滚齿切削力是交变的,主要影响齿轮的齿形精度。由金属切削原理可知,滚齿切削力受切屑面积及单位面积切削力系数影响,其中单位面积切削力系数由材料系数及切削工艺参数决定。对于同一种工件材料,其材料系数为定值,则单位面积切削力系数主要受切削工艺参数影响。因此,在加工过程中切削工艺参数的改变直接影响切削力,进而影响工件齿轮的齿形精度。

为了降低齿轮误差、提升工件的成形精度,可以优化切削速度、进给速度等工艺参数。工艺参数主要由进给速度、切削速度以及吃刀量组成,三者相互影响,交叉耦合,并且工件齿轮误差映射规律复杂、非线性强,难以确定最优工艺参数,从而无法有效地降低齿轮误差。针对上述问题,作者基于改进粒子群-神经网络算法,建立工艺参数与齿轮误差的映射规律模型,从而预测工件齿轮误差,为后续工艺参数优化奠定基础。工艺参数(输入)与齿轮误差(输出)映射示意图如图 6.2 所示。

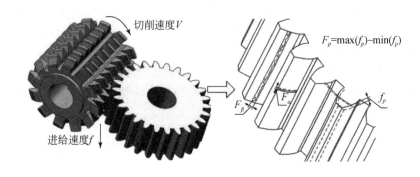

图 6.2　工艺参数(输入)与齿轮误差(输出)映射示意图

传统的神经网络算法在建立输入输出关系模型时,阈值随机设定,容易导致预测结果不收敛或者陷入局部最优,难以保证建模精度。粒子群优化(particle swarm optimization,PSO)算法是一种全局最优算法,可以对神经网络算法中的阈值进行优化,降低神经网络算法的预测误差。粒子群优化算法中的惯性权值影响其全局优化能力及收敛速度,较大的惯性权值可以提升全局搜索能力,避免使优化结果落入局部最优,较小的惯性权值可以提高收敛速度,提升局部检索精度。因此,合理调整惯性权值可使粒子群优化算法既具有很强的全局优化能力,又具有足够的局部搜索精度。针对上述问题,本节提出一种随迭代次数可变的惯性权值调整算法,可以使得惯性权值在初始阶段较大,保证粒子群优化算法全局优化能力,随着迭代次数的增加,惯性权值逐渐变小,提高了粒子群优化算法的收敛速度及局部搜索精度。传统的粒子群优化算法的惯性权值为

$$u_o(T_o) = u_{\min} + \frac{(u_{\max} - u_{\min})(T_{\max} - T_o)}{T_{\max}} \tag{6.1}$$

式中,T_o 为初始迭代次数;$T_{\max}$ 为最大迭代次数;$u_{\max}$ 为最大惯性初始值;$u_{\min}$ 为最小惯性初始值。

改进粒子群-神经网络算法各参数为

$$u_o(T_o) = \frac{u_{\max} - u_{\min}}{2} \sin\left[\frac{2\pi T_o}{\sqrt{T_{\max}^2 + (u_{\max} - u_{\min})^2}}\right] \qquad (6.2)$$

$$\begin{bmatrix} T_t \\ u_t \end{bmatrix} = \begin{bmatrix} \cos\theta & \sin\theta \\ -\sin\theta & \cos\theta \end{bmatrix} \begin{bmatrix} T_o \\ u_o \end{bmatrix} \qquad (6.3)$$

$$T_f = \frac{T_{\max}}{2} - \frac{T_{\max}}{2}\cos\theta + T_{t_g} \qquad (6.4)$$

$$u_f = \frac{3u_{\max} - u_{\min}}{2} - \frac{T_{\max}}{2}\sin\theta + u_{t_g} \qquad (6.5)$$

式中，T 为迭代次数；u 为惯性权值；θ 为基于式(6.1)得到的变换角度；其中，下标 o、t_g、f 分别表示初始值、过渡值、变换后的值。现有粒子群优化算化及改进粒子群优化(improved particle swarm optimization，IPSO)算法如图6.3所示，在迭代初始阶段，改进粒子群优化算法惯性权值较大，提升了粒子群优化算法的全局搜索能力，随着迭代次数的进一步增加，改进粒子群优化算法惯性权值降低，从而提升了其局部搜索精度。

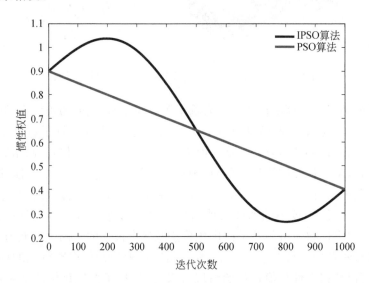

图6.3　粒子群优化算法及改进粒子群优化算法对比图

改进粒子群-神经网络算法用于预测滚齿加工工艺参数与齿轮误差的映射规律，并依据建立的映射规律模型实现工艺参数优化，从而降低切削力致齿轮误差，其具体步骤如下。

(1)完成改进粒子群优化算法初始化：在改进粒子群-神经网络算法中，粒子群用于优化神经网络阈值，因此需要对改进粒子群优化算法进行初始化来优化神经网络层与层之间的阈值。

（2）神经网络前向预测模型计算：根据输入的工艺参数，求解预测得到的齿轮误差。

（3）预测值与实验值对比：将预测结果与实验测得的齿轮误差进行对比，计算预测误差。

（4）改进神经网络阈值：基于最速下降法改进神经网络阈值。

（5）重复训练：进行迭代，再次前向求解，将预测模型与实验结果进行对比，直至预测结果与实验结果之差小于设定容许误差，或者迭代次数超过所设最大迭代次数。

（6）齿轮误差预测模型的验证：将测试用工艺参数数据输入已训练的齿轮误差预测模型，计算得到齿轮误差值，运用均方根误差计算其与实验所测得的真实齿轮误差的接近程度，完成预测模型精度检验，具体流程如图 6.4 所示。

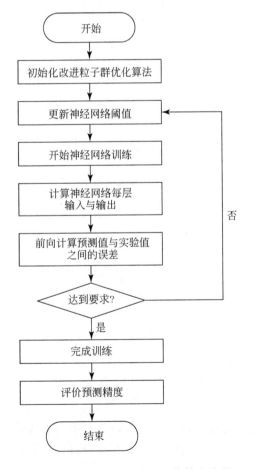

图 6.4　改进粒子群-神经网络算法流程

6.1.2 滚齿加工精度优化

基于工艺参数与精度映射模型进行滚齿工艺参数优化的实验,将滚齿加工所有可能的工艺参数输入预测模型,预测齿轮误差最小值所对应的工艺参数,完成工艺参数优化。为了更好地进行实验,将机床空转直至达到热平衡,以降低热误差影响,基于滚齿机床刚度及加工能力设定滚齿加工工艺参数范围。由于滚齿切削吃刀量可变范围较小,为了保证加工效率,采用一次进刀完成加工,实验时改变的工艺参数是切削速度及进给速度。本实验采用 2.5mm 模数齿轮进行滚齿切削,改变工艺参数并检测相应的齿轮误差,测试用工艺参数与齿轮误差如表 6.1 所示。

表 6.1 测试用工艺参数与齿轮误差

编号	V_f /(r/min)	f /(mm/r)	左齿面 F_α/μm	右齿面 F_α/μm	左齿面 F_β/μm	右齿面 F_β/μm	左齿面 f_p/μm	右齿面 f_p/μm	左齿面 F_p/μm	右齿面 F_p/μm
1	165	2.06	17.87	17.5	16.4	16.07	15.5	14.7	84.9	81.6
2	176	1.93	17.07	16.73	15.2	13.67	15.4	15.5	69.4	76.1
3	187	2.73	20.63	20.07	18.9	18.57	18.2	17	98.7	96.4
4	198	2.21	17.13	18.47	17.7	16.3	14.2	13.3	75.1	73.9
5	220	2.32	19.8	20.6	17.5	19.87	15.5	15.8	83.7	93

基于粒子群的预测结果与实验结果对比如图 6.5~图 6.8 所示。

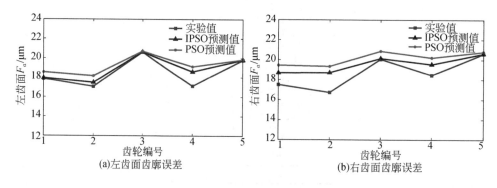

(a)左齿面齿廓误差 (b)右齿面齿廓误差

图 6.5 齿面齿廓误差 F_α

图 6.5~图 6.8 中方块曲线表示齿轮误差实验测量结果,三角曲线表示改进粒子群优化算法预测结果,圆点曲线表示现有粒子群优化算法预测结果。为比较粒

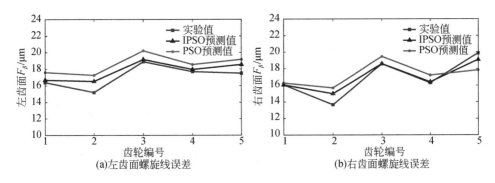

图 6.6 齿面螺旋线误差 F_β

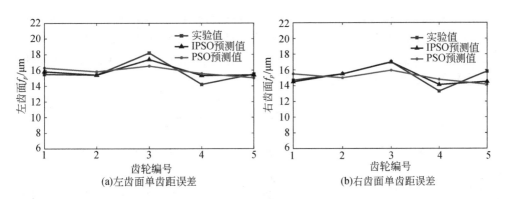

图 6.7 齿面单齿距误差 f_p

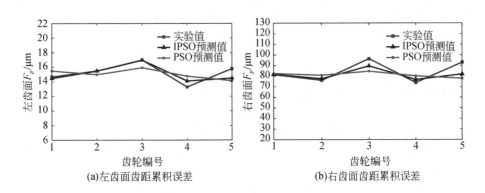

图 6.8 齿面齿距累积误差 F_p

子群优化算法与改进粒子群优化算法的预测精度,运用均方根误差公式分别计算粒子群优化算法和改进粒子群优化算法与实验结果接近程度,即预测精度,对比结果如表 6.2 所示。预测精度表达式为

$$\text{RMSE} = \sqrt{\dfrac{\sum_{m=1}^{m}\left(1-\dfrac{o_{ko}}{t_k}\right)^2}{m}} \times 100\% \qquad (6.6)$$

式中，o_{ko} 为预测结果；t_k 为实验结果；m 为测试数据量。

表 6.2　改进粒子群优化算法与粒子群优化算法预测精度对比结果

算法	左齿面 F_a/%	右齿面 F_a/%	左齿面 F_β/%	右齿面 F_β/%	左齿面 f_p/%	右齿面 f_p/%	左齿面 F_p/%	右齿面 F_p/%
IPSO-BP	4.02	6.66	4.89	4.69	4.21	4.64	8.36	6.50
PSO-BP	6.21	9.77	8.97	8.72	6.65	7.89	11.20	10.26

　　由表 6.2 可以看出，改进粒子群优化算法预测值与实验值更接近，预测误差较小，将所有可能的工艺参数输入预测模型，可以得到在所有可能的工艺参数下对应的齿轮误差，排序找到最小齿轮误差，便可对应找到最优工艺参数。齿轮误差随工艺参数的优化如图 6.9~图 6.12 所示。

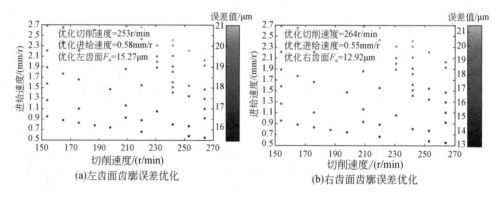

(a)左齿面齿廓误差优化　　　　　　　(b)右齿面齿廓误差优化

图 6.9　齿面齿廓误差优化

针对齿轮误差，其对应的工艺参数如表 6.3 所示。

表 6.3　齿轮误差对应的最优工艺参数

齿轮误差	左齿面 F_α	右齿面 F_α	左齿面 F_β	右齿面 F_β	左齿面 f_p	右齿面 f_p	左齿面 F_p	右齿面 F_p
优化切削速度 V_f/(r/min)	253	264	264	264	264	264	264	264
优化进给速度 f/(mm/r)	0.58	0.55	0.55	0.55	0.55	0.55	0.55	0.55
优化齿轮误差/μm	15.27	12.92	9.44	7.75	8.84	8.46	47.98	37.11

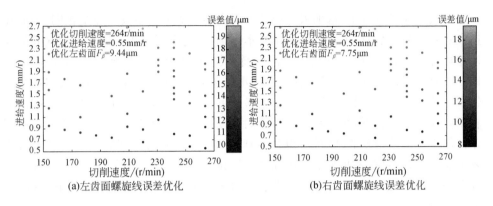

(a)左齿面螺旋线误差优化　　　　　　(b)右齿面螺旋线误差优化

图 6.10　齿面螺旋线误差优化

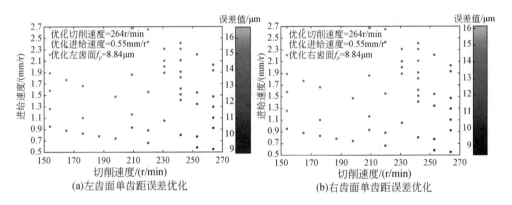

(a)左齿面单齿距误差优化　　　　　　(b)右齿面单齿距误差优化

图 6.11　齿面单齿距误差优化

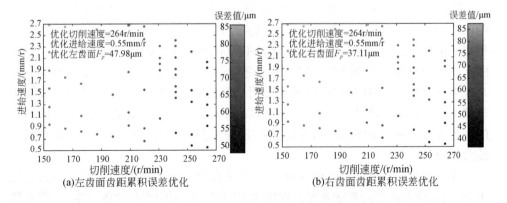

(a)左齿面齿距累积误差优化　　　　　　(b)右齿面齿距累积误差优化

图 6.12　齿面齿距累积误差优化

由表 6.3 可以看出,每项齿轮误差所对应的最优工艺参数不完全相同,因此在选取实际工艺参数时,可以依据两条基本准则:一是根据工艺参数与齿轮误差的变换趋势,由图 6.9～图 6.12 可以看出,齿轮误差整体上随着切削速度的增加、进给速度的降低而减少,因此可以选择较大切削速度及较小进给速度作为获取最小齿轮误差的最优工艺参数;二是最优工艺参数可以根据齿轮应用工况决定,不同的齿轮误差项对应齿轮不同的传动性能,从而可以适用于不同工况。例如,齿轮齿廓误差往往决定传动精度的稳定性,也是减速器这类对稳定性要求较高的传动装置主要考虑的设计参数,因此对于稳定性要求较高的工况,可利用预测模型获得较小齿廓误差所对应的工艺参数。对于其他齿轮误差项,同样存在其所适用的工况,如表 6.4 所示。

表 6.4　选择最优工艺参数

齿轮工况要求	主要考虑的齿轮误差	应用
传动的稳定性	F_α	减速器
载荷分布的均匀性	F_β	辊压机,起重机
传动的准确性	F_p / f_p	分度机构

综上,改进粒子群优化算法提升了粒子群优化能力,优化了神经网络阈值,降低了神经网络预测误差,可有效运用于制齿工艺参数优化,改善切削力对齿轮误差的影响。

6.2　面向残余应力的工艺参数优化

残余应力是指消除外力或不均匀的温度场等作用后仍留在物体内的自相平衡的内应力。残余应力会引起零件发生翘曲或扭曲变形,甚至开裂,或经淬火、磨削后表面出现裂纹。残余应力的存在有时不会立即表现为缺陷,而当零件在工作中因工作应力与残余应力的叠加使总应力超过强度极限时,便出现裂纹和断裂。残余应力有时也是有益的,它可以被控制用来提高零件的疲劳强度和耐磨性能。滚齿加工后一般经过热处理,再进行磨齿加工,残余应力主要是在磨齿工序后产生的。残余应力主要受磨削力和热的影响,磨削力会引起残余压应力,热变形会引起残余拉应力。

残余应力是影响齿轮服役寿命、产品可靠性的重要因素之一。因此,在齿轮加工中,残余应力的控制非常重要。齿轮加工的残余应力的测量比较困难,需要专用的设备以及特殊的方法,目前鲜有关于齿轮加工过程对残余应力影响的研究。本节以成形磨齿工艺为例,提出工艺参数与残余应力对应关系的研究方案,如

图 6.13 所示。

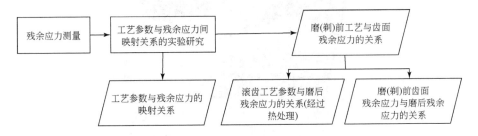

图 6.13　工艺参数与残余应力对应关系的研究方案

6.2.1　磨齿过程残余应力测量原理及辅助装置

磨齿过程残余应力的测量主要分为有损检测方法和无损检测方法。有损检测方法通过检测释放应变计算残余应力,主要的检测方法有盲孔法、切条法、去层法等,有损检测方法的测量深度较大,材料、几何适应性较好,但测量成本高、流程复杂、耗时较长。无损检测方法是通过热、光、电等与残余应力之间的关系进行测量及计算的。无损检测方法相对于有损检测方法,设备较贵,但测量速度快、重复精度高。无损检测方法中又以 X 射线衍射方法最为成熟,运用该原理的测量仪器设备应用最为广泛。

本节简介的残余应力仪为 PULSTEC μ-360s,采用 $\cos\alpha$ 方法及二维面探测信号接收传感器,残余应力仪的测量要求如下:

(1)残余应力仪的侧头相对测量件表面倾斜一定角度。

(2)被测量的面为水平面。

(3)能够通过摄像头软件对焦。

在使用残余应力仪测量齿面残余应力时,往往存在以下问题:

(1)齿轮齿廓形状为曲面,无法保证测量面为水平面,为尽量满足该要求,测量齿轮的放置必须采用图 6.14 中的位姿。

(2)齿轮干涉无法对焦,如图 6.15(a)所示,被测齿轮的其他轮齿与残余应力仪之间会产生干涉,导致残余应力仪无法在正确的位姿下进行测量。

(3)摄像头光路受阻,如图 6.15(b)所示,当需要测量的齿面区域位于靠近轮齿齿根处时,由于齿轮本身几何形状原因,被测轮齿旁边的轮齿会遮挡摄像头光路,导致摄像头无法精准对焦。

(4)如图 6.15(c)所示,衍射光路被其他轮齿遮挡,导致计算数据缺失,测量结果不稳定,甚至无法获取数据。

为解决上述问题,本节提出一种齿面残余应力检测方法,具体包括以下步骤:

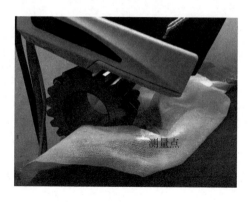

图 6.14　齿轮齿面残余应力测量位姿

(a)齿轮与仪器干涉　　　　　(b)摄像头光路受阻　　　　　(c)衍射光路受阻

图 6.15　齿轮齿面残余应力测量中的问题

（1）切齿，采用线切割工艺将待测齿面所在的轮齿沿其齿根切下。

（2）确定测量点，在切下的轮齿齿面上选择位置点，当该位置点满足 $KD \leqslant R$ 时，该位置点所在的齿面区域近似视为平面，选择该位置点为测量点；其中，D 为残余应力仪投射在对应位置点所在齿面上的光斑直径，由设备决定；R 为齿面在该位置点处的曲率半径；K 为系数，$K \geqslant 3$；由于该轮齿已被切下，测量点与齿轮中心的距离无法直接测量，通过测量焦距点与齿顶的距离，以表征该点的位置。

（3）调节，调节齿面在所述测量点处的切面与残余应力仪的检测射线光路之间的夹角为设定值 γ（由测量材料属性决定，一般的钢铁材料 $\gamma = 35°$），并将残余应力仪的摄像头对焦在对应测量点处；该调节过程需要辅助工装；针对不同测量点，调整过程略有不同。以渐开线齿轮为例，渐开线齿轮齿廓参数化方程为

$$\begin{cases} x_1 = r_b(\sin\phi_1 - \phi_1\cos\phi_1) \\ y_1 = r_b(\cos\phi_1 + \phi_1\sin\phi_1) \end{cases} \tag{6.7}$$

式中，r_b 为基圆半径；ϕ_1 为齿面渐开线上任一点的廓形参数。

假设测量点为 $M(x_1, y_1)$，切线方向向量为 k，切线方向向量 k 与水平方向单位向量 $x_0 = (1, 0)$ 的夹角为 θ。通过计算求得 $k = \left(\dfrac{\partial x_1}{\phi_1}, \dfrac{\partial y_1}{\phi_1}\right) = (r_b\phi_1\sin\phi_1, r_b\phi_1\cos\phi_1)$，即

$$\theta = \frac{\pi}{2} - \phi_1 \tag{6.8}$$

因此，齿面渐开线上任意一点的调节旋转角度 θ 可以求得，且调节旋转角度 θ 与测量点 M 的参数 ϕ_1 对应。

经计算求得调节旋转角度 θ 后，为实现该调节过程，设计了如图 6.16 所示的针对渐开线直齿轮的辅助测量工装。

图 6.16　齿轮残余应力测量辅助装置

切下的轮齿通过磁铁吸附在调节平板上，步进电机准确调节角度并自锁，角度仪平板上放置角度测量仪器用以保证初始状态为水平。

(4)测量，利用残余应力仪测量该测量点所在的齿面区域的残余应力。

重复步骤(1)～步骤(4)，直至所有被选择的测量点均完成测量。

6.2.2　工艺参数与残余应力间映射关系的实验

本节以成形磨齿工艺为例进行实验，开展工艺参数与残余应力间映射关系的研究。实验所采用的工件齿轮参数如表 6.5 所示。

表 6.5　实验所采用的工作齿轮参数

参数名称	参数值
齿数	20

续表

参数名称	参数值
模数/mm	4.75
变位系数	0.7326
压力角/(°)	20
齿顶圆/mm	110.7
齿根圆 mm	88.6
齿宽/mm	46.5

残余应力的测量根据 6.2.1 节所提出的方法完成,考虑到齿面上各测量点的残余应力实际值可能存在一定差异,选取多个测量点以平均值表达一个轮齿齿面的残余应力,同时一个轮齿测量左右两个齿面,每个齿轮切下三个轮齿进行测量,如图 6.17(a)所示。所有的测量点取平均值以表征一个齿轮的测量结果。齿面测量点及测量方向选择如图 6.17(b)所示,测量点的选择尽量远离端面,以消除非稳态切削的影响。每个测量点均测量切向及轴向两个方向的应力。每个齿轮的 54个测量点的测量结果的平均值为每个齿轮的磨齿后残余应力值。

为了阐明磨齿工艺参数与残余应力之间的关系,作者设计了如下实验,包括成形磨齿的各种工艺参数(进给速度、砂轮线速度、切削深度)。为了提高实验的有效性,还完成了 $L_9(3^4)$ 正交实验。

(a)每个测量齿轮切下三个轮齿

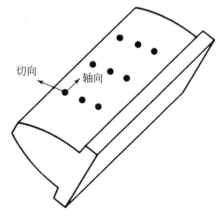

(b)测量点及测量方向

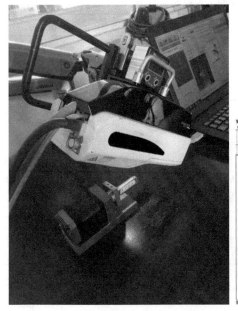

(c)测量过程　　　　　　　　　　　　　　(d)测量结果

图 6.17　齿轮残余应力测量

1. 实验设计

成形磨齿加工工艺流程如下:

(1)砂轮修形,修整量为 $60\mu m$。

(2)粗磨,往复运动 1 次,走刀 2 次,每次走刀切削深度为 $70\mu m$,砂轮线速度为 25m/s,进给速度为 1800mm/min。

(3)砂轮修形,修整量为 $60\mu m$。

(4)精磨,往复运动 1 次,正向行程走刀切削深度为 $100\mu m$,进给速度为 1200mm/min,砂轮线速度与反向行程相同,反向行程各参数均为变量,精磨过程中,精磨 10 个齿后进行砂轮修形,修整量为 $60\mu m$。

精磨反向行程各变量为三因素三水平的方案,涉及因素及其水平如表 6.6 所示,表中加工工艺参数的水平选择均以实际加工的常用数值为参照。

加工过程中的多次砂轮修形消除了砂轮磨损对残余应力的影响。为了集中体现加工参数与磨后残余应力的关系,机床不变,切削液及流量流速等均保持为常量,毛坯粗加工滚齿的工艺参数、机床、切削液、刀具等均保持不变,同时热处理也为同一批次。

表 6.6　成形磨齿加工参数及其水平

变量	水平 1	水平 2	水平 3
进给速度 f/(mm/min)	800	1500	2200
砂轮转速 v_s/(m/s)	20	27	35
切削深度 a_p/mm	0.03	0.06	0.1

2. 实验结果与分析

齿轮的残余应力水平由 54 个测量点的残余应力的平均值表示,9 个不同加工参数切削的齿轮的残余应力平均值结果如表 6.7 所示。

表 6.7　实验测量结果

编号	f/(mm/min)	v_s/(m/s)	a_p/mm	残余应力均值 R_e/MPa 切向	轴向
1	800	20	0.03	−701.5	−288.2
2	1500	20	0.06	−584.3	−222.6
3	2200	20	0.1	−503.3	−177.0
4	800	27	0.06	−691.0	−277.3
5	1500	27	0.1	−545.3	−214.5
6	2200	27	0.03	−576.3	−222.5
7	800	35	0.1	−642.2	−284.0
8	1500	35	0.03	−631.8	−264.8
9	2200	35	0.06	−480.2	−190.2

通过实验测得的残余应力值计算各成形磨齿工艺参数的水平应力值 K_{ij},该值表示实验中第 i 个工艺参数的第 j 个水平所对应的各组实验结果的均值,如式(6.9)所示。D_i 为加工工艺参数 i 的影响因子,如式(6.10)所示,该因子揭示了各加工工艺参数对成形磨齿残余应力的影响程度。

$$K_{ij} = \frac{\sum R_{ij}}{3} \tag{6.9}$$

$$D_i = \max(K_{i1}, K_{i2}, K_{i3}) - \min(K_{i1}, K_{i2}, K_{i3}) \tag{6.10}$$

通过计算可以求得各工艺参数对应的 K_{ij},如表 6.8~表 6.10 所示。各个加工参数下切向方向上进给速度、砂轮转速及切削深度对齿轮残余应力的影响因子分别为 158.3、19.5 及 72.9;各个加工参数下轴向方向上进给速度、砂轮转速及切削深度对齿轮残余应力的影响因子分别为 86.6、17.0 及 33.3。

　　根据以上分析可知,在成形磨齿工艺参数中,进给速度对残余应力的影响最大,其次为切削深度,且随着进给速度以及切削深度的增大,切向和轴向的残余压应力均有减小的趋势。除此以外,相比于进给速度及切削深度,砂轮转速对残余应力的影响很小,可以忽略不计,原因如下:

表 6.8　进给速度对应的 K_{ij} 及 D_i

$f/$(mm/min)	K_{ij}	
	切向	轴向
800	−678.2	−283.2
1500	−587.1	−234.0
2200	−519.9	−196.6
D_i	158.3	86.6

表 6.9　砂轮转速对应的 K_{ij} 及 D_i

$v_s/$(m/s)	K_{ij}	
	切向	轴向
20	−596.4	−229.3
27	−604.2	−238.1
35	−584.7	−246.3
D_i	19.5	17.0

表 6.10　切削深度对应的 K_{ij} 及 D_i

$a_p/$mm	K_{ij}	
	切向	轴向
0.03	−636.5	−258.5
0.06	−585.2	−230.0
0.1	−563.6	−225.2
D_i	72.9	33.3

　　(1)砂轮转速在成形磨齿加工过程中主要影响加工区域的热量产生,加工区域的温度变化导致残余应力,然而在成形磨齿过程中,由于冷却液的强力作用,磨齿整个过程加工区域温度变化不大。

　　(2)与其他高速磨削工艺相比,在齿轮磨削时,砂轮转速较小,且变化区间也较小,故砂轮转速对残余应力的影响也较小。

在忽略砂轮转速影响的前提下,对成形磨齿残余应力影响较大的进给速度及切削深度之间的耦合作用分析如下:

进给速度和切削深度两个因子之间的耦合作用通常使用交互作用图进行分析,如图 6.18 所示,将这两个因子的不同水平各自表示在图中,无论是切向还是轴向,若各线之间平行,则两个因子无交互作用;若各线相交,则两个因子之间有强交互作用。图中各线并未相交但也不平行,两个因子之间为弱交互作用。在弱交互作用的情况下,若各线间未相交且不平行的程度不大,则可以近似认为进给速度以及切削深度的影响是可叠加的。

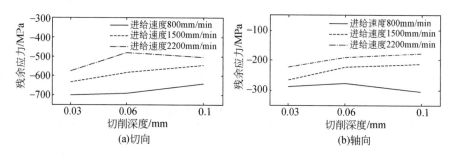

图 6.18　进给速度与切削深度交互作用图

6.2.3　工艺参数与残余应力间的映射关系

在正交实验对工艺参数与残余应力映射关系的总体分析的基础上,本节定量研究成形磨齿工艺参数与齿面残余应力之间的关系。

1. 实验设计

根据 6.2.2 节的结论,砂轮线速度对齿面残余应力的影响很小,因此忽略不计。进给速度与切削深度对齿面残余应力的影响之间的耦合作用较弱,可以将两个因素分别计量,再线性相加。本实验的齿轮材料、几何形状与 6.2.1 节相同。齿轮加工工艺流程如下:

(1)砂轮修形,修整量为 $30\mu m$。

(2)粗磨,往复行程 1 次,走刀 2 次,每次走刀切削深度为 $70\mu m$,砂轮线速度为 $25m/s$,进给速度 $f=1800mm/min$。

(3)砂轮修形,修整量为 $30\mu m$。

(4)精磨,往复行程 1 次,走刀 2 次,正向行程走刀切削深度为 $70\mu m$,进给速度为 $1200mm/min$,砂轮线速度为 $25m/s$,反向行程的砂轮线速度为 $25m/s$,进给速度与切削深度为变量,如表 6.11 所示。表中编号1～8 为进给速度的实验编号,这 8 组实验仅进给速度为变量;编号 9～13 以及编号 3 为切削深度的实验编号,这 6 组实验仅切削深度为变量。

加工完成后,每个齿轮采用线切割切下三个轮齿,对每个齿轮齿面上选取的 54 个测量点进行残余应力测量,并得到测量结果。

表 6.11　成形磨齿加工工艺参数

编号	$f/(\mathrm{mm/min})$	a_p/mm
1	800	0.02
2	1000	0.02
3	1200	0.02
4	1400	0.02
5	1600	0.02
6	1800	0.02
7	2000	0.02
8	2200	0.02
9	1200	0.01
10	1200	0.04
11	1200	0.06
12	1200	0.08
13	1200	0.1

2. 实验结果与分析

采用线性/对数拟合对图 6.19 所示齿轮齿面表面残余应力的测量结果进行拟合,图中 y 为齿轮齿面切向残余应力,x 为各自对应的横坐标,R^2 为拟合公式的可决系数,用以衡量拟合公式与原数据的拟合度,R^2 越接近 1,说明拟合效果越好;反之,R^2 的值越小,表明拟合的效果越差。根据 R^2 可知,各变量与切向、轴向残余应力之间的拟合效果较好。进给速度与切削深度之间具有弱耦合性,将两个变量的拟合值线性相加,即得到成形磨齿齿面切向及轴向残余应力与进给速度和切削深度的关系为

$$y_{切}=144.24\ln f+18.67\ln a_p-2433.17 \tag{6.11}$$
$$y_{轴}=0.1018f+788.94a_p-885.22 \tag{6.12}$$

式中,$y_{切}$ 为齿轮齿面切向残余应力;$y_{轴}$ 为齿轮齿面轴向残余应力;f 为进给速度;a_p 为切削深度。

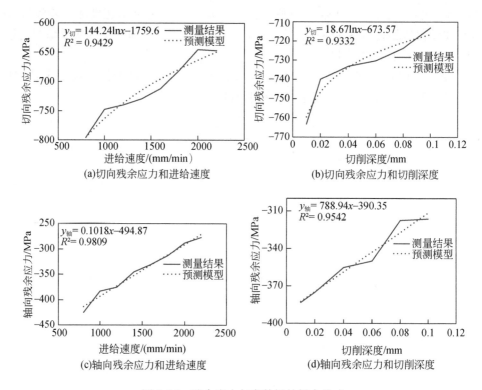

图 6.19　残余应力与参数间的拟合公式

　　值得注意的是,上述两个表达式的进给速度以及切削深度的范围局限于实验中的取值范围,也是实际加工中常用的取值范围。由图中的切向残余应力与轴向残余应力之间的关系可以看出,采用通常的生产加工工艺参数,切向和轴向均为残余压应力,且轴向残余应力大于切向残余应力。轴向为进给方向,该方向受磨削力影响,切向主要受热变形影响。由实验可知,成形磨齿加工中,磨削力对齿面残余应力的影响比磨削热对齿面残余应力的影响更大。

　　根据实验,随着进给速度和切削深度的增大,残余应力增大,即压应力会减小,该结论与 6.2.2 节的实验结论相符。齿面切向残余应力与进给速度以及切削深度之间的关系为对数关系,齿面轴向残余应力与进给速度以及切削深度之间的关系为线性关系,且表达式中的系数会随着加工条件的变化而变化,但针对同一批次的磨齿加工(机床、砂轮、加工流程相同),测量三个不同加工参数的齿轮即可确定残余应力预测公式中的未知量,并在一定范围内预测各加工条件下的齿面残余应力。

6.2.4　磨(剃)前工艺与齿面残余应力的关系

　　本节主要研究磨(剃)前工艺对齿面残余应力的影响规律。通常的齿轮加工工艺分为两大类:①粗滚-精滚-剃齿工艺(适用于软齿面);②滚-热处理-磨齿(适用于硬齿面)。

1. 滚齿工艺参数与残余应力的关系

针对进给速度、滚刀转速、切削深度三个加工参数设计了正交实验 $L_9(3^4)$,各参数的选取符合滚齿机常用加工范围,以重庆机床(集团)有限责任公司的某滚齿机为例,选取的加工工艺参数及水平如表 6.12 所示。

表 6.12　滚齿加工工艺参数及水平

变量	水平 1	水平 2	水平 3
进给速度 f/(mm/min)	5	9	13
滚刀转速 n/(r/min)	70	100	130
切削深度 a_p/mm	0.5	1	1.5

对每个滚切加工的工件齿轮的三个齿面进行切向、轴向表面残余应力的测量,以平均值作为齿轮的残余应力。与成形磨齿实验类似,通过计算可以求得各参数对应的 K_{ij} 及 D_i。针对滚齿加工的实验方法与 6.2.2 节以及 6.2.3 节中所介绍的研究方法相同,在此不再赘述。

2. 磨(剃)前齿面残余应力与磨后齿面残余应力的关系

本节通过实验研究磨(剃)前残余应力对磨(剃)后齿面残余应力的影响。实验步骤如下:

(1)对同一批齿轮采用不同工艺参数进行滚齿加工。

(2)每个滚齿后的齿轮切下三个轮齿进行残余应力测量。

(3)所有齿轮进行同一批次的热处理。

(4)抛丸、清理齿轮表面。

(5)每个热处理后的齿轮切下三个轮齿进行残余应力测量。

(6)所有齿轮采用相同工艺磨内孔。

(7)所有齿轮采用相同磨齿工艺参数进行磨齿加工。

(8)每个磨削后的齿轮切下三个轮齿进行残余应力测量。

该实验在磨齿加工前,将几个残余应力有所不同的齿轮与磨后残余应力进行对比研究。共进行 9 组加工实验,各组磨齿后的齿面切向残余应力如图 6.20 所示,齿面轴向残余应力如图 6.21 所示。

图 6.20 及图 6.21 可以看出,各组齿轮齿面切向残余应力和轴向残余应力的变化都不大,计算得到各组切向残余应力值标准误差为 22.79MPa,轴向残余应力

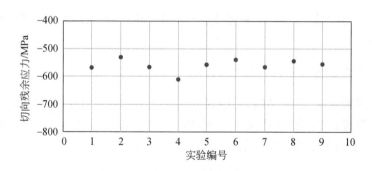

图 6.20　磨后各组齿轮切向残余应力

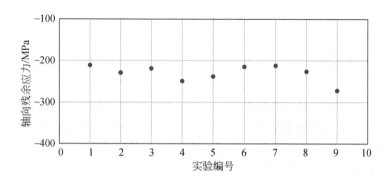

图 6.21　磨后各组齿轮轴向残余应力

值标准误差为 20.25MPa，该值对残余应力而言是一个很小的误差。

　　滚齿、热处理后各组实验齿轮的残余应力变化通过标准误差值进行表征。各工序后切向残余应力标准误差如表 6.13 所示；各工序后轴向残余应力标准误差如表 6.14 所示。

表 6.13　各工序后切向残余应力标准误差

工序	滚齿后	热处理后	磨齿后
标准误差/MPa	55.43	66.43	22.79

表 6.14　各工序后轴向残余应力标准误差

工序	滚齿后	热处理后	磨齿后
标准误差/MPa	40.24	67.35	20.25

　　由表 6.13 和表 6.14 中各工序各齿轮残余应力的标准误差值可知，滚齿加工后，各组齿轮之间由于加工参数的不同，切向以及轴向的残余应力之间的变化均较

大,导致了该批齿轮热处理后各组齿轮残余应力的数值不同,但该误差对磨齿后残余应力的影响较小。

齿轮齿面残余压应力值小,齿面的抗疲劳性能、耐磨性能以及抗腐蚀性能会降低。当齿面残余应力表现为残余拉应力时,会对齿轮的疲劳寿命产生不利的影响。因此,更大的残余压应力是加工中所期望的。根据本节实验数据及其分析计算结果,磨齿加工残余压应力随着切削深度以及进给速度的增加单调减小。因此,齿面精磨工艺(建议采用较小的切削深度和进给速度)可以获得较大的齿面残余压应力,能提升齿面抗疲劳、抗磨损以及抗腐蚀性能。

6.3　面向能耗的工艺参数优化

近些年,高效节能生产逐渐成为各大生产企业关注的热点。齿轮作为船舶、汽车、航天等高端装备的重要传动部件,需求巨大,相关齿轮加工机床消耗了大量的能量,但针对制齿工艺与能量消耗关系规律的研究较少,建立针对加工机床的能耗模型是提高能源利用效率的基础,本节以数控制齿机床为例,介绍一种面向能耗的工艺参数优化方法。

6.3.1　制齿机床的能耗模型

数控滚齿机与磨齿机耗能部件众多,能量消耗形式复杂,根据机床各部件能耗特点与加工状态,可以将整个加工过程分为待机阶段、空切阶段、切削阶段,因此将整机功率模型构建分为以下三部分:

(1)待机功率,即机床在等待加工的待机状态下的功率。

(2)空切功率,即机床在不装夹工件,其他运动轴、辅助部件均保持与正常加工状态相同情况下的总功率。

(3)切削功率,即机床因加工零件产生的功率。

$$P_{\text{total}} = P_{\text{air}} + \overline{P_{\text{cutting}}} \tag{6.13}$$

$$P_{\text{air}} = P_{\text{spindle}} + P_{\text{feed}} + P_{\text{st}} + P_{\text{ad}} \tag{6.14}$$

式中,P_{total} 为机床切削阶段总功率;P_{air} 为机床空切功率;$\overline{P_{\text{cutting}}}$ 为机床切削功率;P_{spindle} 为主轴系统功率;P_{feed} 为进给系统轴功率;P_{st} 为机床待机功率;P_{ad} 为辅助系统功率(包含切削液系统等在加工状态下开启的系统功率)。

对于空切功率,保证其他因素不变,分别测量机床各运动轴(P_{spindle}、P_{feed})在不同加工参数下的空切功率,进行线性拟合,然后单独测量机床待机功率 P_{st} 与辅助系统功率 P_{ad},并将以上四部分整合便可得到机床空切功率;对于切削功率,一般采用热平衡经验模型的方法,根据加工运动关系求得材料去除率(material removal rate,MRR),即单位时间内去除工件材料的体积,然后将其与切削功率进行拟合得到切削功率模型。在后续滚齿加工能耗模型中,采用所提出的基于滚齿切削力的切削能耗模型,使其拥有更高的精度。将每一阶段的功率与对应的加工时间进行积分再求和,便可得到机床加工的总能耗。

数控滚齿机与磨齿机在加工时机床各轴相对运动不同,相比较而言,滚齿加工运动更为复杂,包括滚刀与工作台定传动比的旋转运动以及滚刀轴向的进给运动。下面以滚齿加工为例,通过对切削过程进行分析,构建滚齿机整机能耗模型。数控滚齿机床一般加工过程可划分为开机-待机-进刀-空切-切削-空切-退刀等阶段,进刀、退刀时间较短,因此不考虑其能耗,分别计算待机阶段、空切阶段、切削阶段的能耗,如图 6.22 所示。

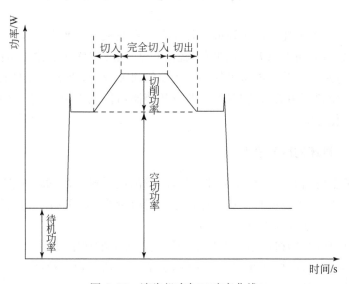

图 6.22　滚齿机床加工功率曲线

1. 待机阶段能耗 E_{st}

待机阶段机床功率比较稳定,由机床本身特性决定,故待机阶段能耗 E_{st} 可表示为待机功率 P_{st} 与待机时长 t_{st} 的乘积:

$$E_{st} = P_{st} t_{st} \tag{6.15}$$

2. 空切阶段能耗 E_{air}

对于空切功率的构建,在正常加工参数范围内,滚刀轴向进给速度变化范围较小,对机床功率影响较小,在加工同一参数齿轮时滚刀转速与工作台转速成固定比例,因此测量机床在固定进给速度、不同滚刀转速下的总功率,根据实际测量结果

（表 6.15），运用最小二乘法进行数据拟合，将机床空切功率表示成滚刀转速的函数[1]，如图 6.23 所示。

表 6.15 滚刀转速 n 与空切功率 P_{air}

序号	1	2	3	4	5	6
$n/(\mathrm{r/min})$	100	125	150	175	200	225
P_{air}/W	3318	3428	3520	3642	3742	3868

根据测量结果可得空切功率为

$$P_{air} = 0.0032n^2 + 3.319n + 2957 \tag{6.16}$$

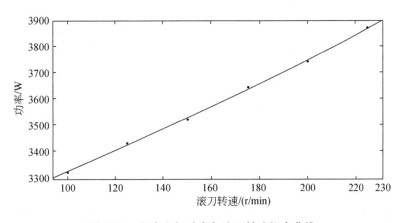

图 6.23 机床空切功率与滚刀转速拟合曲线

空切阶段机床功率由机床切削参数决定，确定加工参数后可以将其视为一个定值，故空切阶段能耗 E_{air} 可表示为由式（6.16）得到的空切功率 P_{air} 与空切时长 t_{air} 的乘积：

$$E_{air} = P_{air} t_{air} \tag{6.17}$$

3. 切削阶段能耗 $E_{cutting}$

对于切削阶段能耗的构建，从滚齿切削力角度运用滚齿运动模型数值仿真方法，求解影响切削阶段能耗的主切削力，进而求得切削功率，建立加工参数与滚齿切削功率的直接关系。滚齿加工过程中滚刀与齿轮的相对运动空间坐标系如图 6.24 所示。坐标系 $O_1\text{-}x_1y_1z_1$ 为工件固联坐标系，在滚切过程中以速度 ω_2 随滚刀绕 Z_1 轴回转，坐标系 $O_2\text{-}x_2y_2z_2$ 与机床床身固联，坐标系 $O_3\text{-}x_3y_3z_3$ 与机床大立柱固联，坐标系 $O_4\text{-}x_4y_4z_4$ 与轴向进给滑枕固联，坐标系 $O_5\text{-}x_5y_5z_5$ 与刀架切向进给滑枕固联，x_z 为滚刀轴向窜刀距离，坐标系 $O_6\text{-}x_6y_6z_6$ 与滚刀固联，ω_1 为滚刀回转速度。图中，a 为滚刀与工件中心距，γ_0 为滚刀安装角，z_a、h_0 分别表示坐标系 O_4-$x_4y_4z_4$ 与 O_2-$x_2y_2z_2$ 相对于坐标系 O_3-$x_3y_3z_3$ 的 z 轴方向距离，ϕ_1 与 ϕ_2 分别表示滚刀与工件旋转的角度。

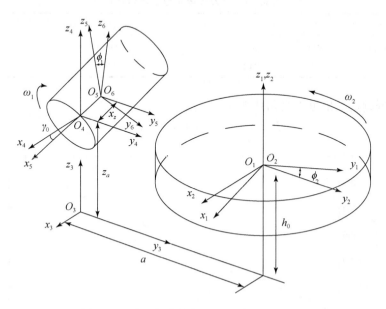

图 6.24　滚刀与齿轮的相对运动空间坐标系

在坐标系 O_6-$x_6y_6z_6$ 中，根据滚刀实际轴向截形建立第 i 号滚刀齿前刀面方程[2]为

$$E_6^i(x)=\begin{bmatrix} x & y(x) & 0 & 1 \end{bmatrix}^{\mathrm{T}} \tag{6.18}$$

基于建立的滚齿切削刃齿形方程，根据齐次坐标系变换原理可以推导出坐标系 O_1-$x_1y_1z_1$ 到坐标 O_6-$x_6y_6z_6$ 的齐次变换矩阵 T_{61}，进而将滚刀相对工件的运动变换到工件坐标系 O_1-$x_1y_1z_1$ 中，推导出切削刃序列的空间成形曲面 $G_1^i(x, \phi_1)$，即

$$G_1^i(x,\phi_1)=T_{16}E_6^i(x)=T_{61}^{-1}E_6^i(x) \tag{6.19}$$

式中

$$T_{61}=T_{65}T_{54}T_{42}T_{21} \tag{6.20}$$

式中

$$T_{65}=\begin{bmatrix} 1 & 0 & 0 & 0 \\ 0 & \cos\phi_1 & -\sin\phi_1 & 0 \\ 0 & \sin\phi_1 & \cos\phi_1 & 0 \\ 0 & 0 & 0 & 1 \end{bmatrix} \tag{6.21}$$

$$T_{54}=\begin{bmatrix} \cos\gamma_0 & 0 & \sin\gamma_0 & x_z\cos\gamma_0 \\ 0 & 1 & 0 & 0 \\ -\sin\gamma_0 & 0 & \cos\gamma_0 & x_z\sin\gamma_0 \\ 0 & 0 & 0 & 1 \end{bmatrix} \tag{6.22}$$

$$T_{42}=\begin{bmatrix} 1 & 0 & 0 & 0 \\ 0 & 1 & 0 & a \\ 0 & 0 & 1 & z_a-h_0 \\ 0 & 0 & 0 & 1 \end{bmatrix} \tag{6.23}$$

$$T_{21}=\begin{bmatrix} \cos\phi_2 & -\sin\phi_2 & 0 & 0 \\ \sin\phi_2 & \cos\phi_2 & 0 & 0 \\ 0 & 0 & 1 & 0 \\ 0 & 0 & 0 & 1 \end{bmatrix} \tag{6.24}$$

通过限定齿轮工件边界条件来确定切削区域,其中 R 为齿轮工件齿顶圆半径, b 为齿宽。

$$\begin{cases} x^2+y^2 \leqslant R^2 \\ z^2 \leqslant b^2/4 \end{cases} \tag{6.25}$$

在滚齿加工过程中,各个切削刃相继在齿轮工件上进行切削,图 6.25 为第 i 号切削刃在齿槽成形面上进行切削的仿真示意图,将第 i 号切削刃的运动轨迹成形面与齿槽成形面进行布尔运算便可得到第 i 号切削刃产生的切屑,以下仿真计算均在 $O_1\text{-}x_1y_1z_1$ 坐标系中进行。

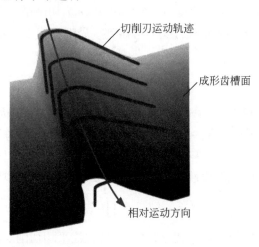

图 6.25　单齿切削仿真示意图

通过插值函数并借助仿真软件将切削刃轨迹投影到规则的 x-z 平面进行曲面拟合，比较成形曲面与切削刃轨迹面上每一点的 y 值大小来判断是否产生切削，当差值大于 0 时产生切削，更新齿槽成形面对应点的坐标，其中，切屑在垂直于 x-z 平面的 y 方向的厚度可表示为

$$h_{x-z} = y_{x-z} - y'_{x-z} \tag{6.26}$$

式中，y_{x-z} 与 y'_{x-z} 为切削刃轨迹面与成形曲面对应 y 值大小，将切削刃轨迹方程在某一点分别对 x、ϕ_1 求偏导可得到该点相对运动速度矢量 $v_r(x, \phi_1)$ 与切削刃切向量 $t_q(x, \phi_1)$，求两者的矢量积便可得到该点相对运动的内矢量 $n(x, \phi_1)$ 为

$$n(x, \phi_1) = v_r(x, \phi_1) \times t_q(x, \phi_1) = \frac{\partial G_1^i(x, \phi_1)}{\partial \phi_1} \times \frac{\partial G_1^i(x, \phi_1)}{\partial x} \tag{6.27}$$

进而可以求得该点切屑法向厚度 h 为

$$h = h_{x-z} \cdot n = [0 \quad h_{x-z} \quad 0] \cdot n(x, \phi_1) \tag{6.28}$$

在求解滚齿切削力时，沿着刀齿切削刃将其划分为切削微元，在每个切削微元上滚削力的计算采用 Kienzle-Victor 力学模型[3,4]，表示为

$$dF_t = (K_{te} + K_{tc}h)ds \tag{6.29}$$

式中，K_{te}（N/mm²）和 K_{tc}（N/mm²）分别为犁入力系数和剪切力系数；h 为切削微元厚度；ds 为切削微元长度。由于实验采用的滚刀前角为 0°，每一切削微元相对运动速度方向所受阻力大小均等于 dF_t，其方向与该点相对运动速度方向相反。因此，每一切削微元的切削功率为

$$dP_n(\phi_1) = dF_t \cdot V_v \tag{6.30}$$

式中，V_v 为该切削微元瞬时速度，$V_v = 2\pi nr/60$，r 为切削微元半径，n 为滚刀转速。

将所有参与切削的微元进行叠加可得到 j 号螺旋线上 i 号切削刃的瞬时切削功率为

$$P_n^{i,j}(\phi_1) = \int_i dP_n(\phi_1) \tag{6.31}$$

在滚齿切削过程中，各个切削刃产生的切削功率在时域内线性叠加得到整个滚刀的切削功率。将滚刀同一螺旋线（由编号 j 决定）上参与切削的切削刃（由编号 i 决定）的功率线性叠加得到加工某一齿槽时的切削功率，同时将不同螺旋线上参与切削的切削刃的功率线性叠加得到整个滚刀的瞬时切削功率 $P_{cutting}(\phi_1)$ 为

$$P_{cutting}(\phi_1) = \iint_{j\,i} P_n^{i,j}(\phi_1) \tag{6.32}$$

由于滚削过程中切削功率变化很快，一般关注平均切削功率，即

$$\overline{P_{cutting}} = \frac{1}{2\pi} \int_0^{2\pi} P_{cutting}(\phi_1) d\phi_1 \tag{6.33}$$

在实际滚齿加工中，滚削力难以测量，因此本书基于仿真运算直接建立了加工

参数到切削能耗的模型,将式(6.30)～式(6.33)综合展开得

$$\overline{P_{\text{cutting}}} = \frac{1}{2\pi}\int_0^{2\pi} P_{\text{cutting}}(\phi_1)\mathrm{d}\phi_1 = K_{te} \cdot \overline{s} + K_{tc} \cdot \overline{A} \tag{6.34}$$

式中,$\overline{s}$ 为平均切削刃扫略面积,$\overline{s} = \iiint\limits_{0\ j\ i} \frac{nr}{60}\mathrm{d}s\mathrm{d}\phi_1 d_i d_j$;$\overline{A}$ 为平均切屑体积,$\overline{A} = \iiiint\limits_{0\ j\ i} \frac{nr}{60}h\mathrm{d}s\mathrm{d}\phi_1 d_i d_j$。

　　为了验证模型的有效性,在六轴数控高速高效滚齿机 Y3140CNC6 上进行滚齿加工实验,加工所用的滚刀和齿轮参数如表 6.16 所示,采用湿切加工,切削液为 L-HL32,实验采用三向交流功率仪 AWS2103 测量滚齿机床功率,如图 6.26 所示,实验中的所有功率测量值均为完全切削状态下的功率。

表 6.16　加工所用的滚刀和齿轮参数

类型	参数名称	参数值
滚刀	模数/mm	5.08
	头数	2
	压力角/(°)	20
	螺旋角/(°)	5.34
	材料	M35
	旋向	左旋
	精度等级	A
齿轮	模数/mm	5.08
	齿数	34
	压力角/(°)	20
	螺旋角/(°)	13
	齿宽/mm	35
	材料	18CrMnBH

　　应用滚削实验中的 1～6 组数据进行模型校准,见表 6.17,首先应用数值仿真模型计算出每组实验参数的 $\overline{A}$ 与 $\overline{s}$ 值,然后对测量的切削功率与其进行回归分析计算切向切削力系数,回归结果的准确度高于 97%,证明了切削功率模型的正确性,其中 $K=[K_{te}\quad K_{tc}]^{\mathrm{T}}=[-54.72\quad 4083]^{\mathrm{T}}$,则切削功率为

$$\overline{P_{\text{cutting}}} = -54.72\overline{s} + 4083\overline{A} \tag{6.35}$$

将式(6.16)与式(6.35)代入式(6.13)中,利用实验验证整机功率模型的正确

(a)滚齿加工机床   (b)功率测量设备

图 6.26 滚齿机床功率测量

性。由表 6.17 可见,完全切削状态下功率预测值与测量值平均误差为 1.14%,证明了整机功率预测模型的正确性。

表 6.17 实验功率测量值与预测值对比

编号	$f/$ (mm/min)	$n/$ (r/min)	a_p/mm	$\overline{P_{cutting}}$ 测量值/W	$\overline{P_{cutting}}$ 预测值/W	误差/%	P_{total} 测量值/W	P_{total} 测量值/W	误差 /%
1	10	100	11.2	919	910	0.97	4264	4231	0.77
2	10	150	10.7	823	819	0.48	4372	4346	0.60
3	10	200	10.2	738	742	0.50	4536	4490	1.00
4	15	100	10.7	1360	1324	2.67	4716	4645	1.52
5	15	150	10.2	1262	1234	2.20	4852	4761	1.87
6	15	200	11.2	1330	1319	0.84	5048	5068	0.39
7	20	100	10.2	1673	1667	0.37	5076	4988	1.74
8	20	150	11.2	1801	1853	2.91	5455	5380	1.37
9	20	200	10.7	1717	1731	0.81	5534	5480	0.98
平均误差/%						1.31			1.14

在切削阶段,加工过程分为切入阶段、完全切入阶段和切出阶段,由式(6.35)以及切削过程仿真分别求得每个阶段对应时间的切削功率,与空切功率 P_{air} 求和得到当前时刻机床总功率 P_{total},与对应的时间进行积分便可求得切削阶段机床能耗为

$$E_{cutting}=\int_0^{t_{cutting}} (\overline{P_{cutting}}+P_{air})\mathrm{d}t \tag{6.36}$$

6.3.2　基于能耗模型的制齿工艺参数优化

下面以数控滚齿为例,说明基于能耗模型的制齿工艺参数优化方法。在数控滚齿加工中,影响能耗的主要加工参数包括滚刀转速 n、轴向进给速度 f_z、切削深度 a_p 以及走刀次数 k。由于在一般滚齿加工过程中,走刀次数与切削深度均相对固定,此次优化假定走刀次数 $k=1$,切削深度为齿轮最大切削深度,优化变量只考虑滚刀转速 n 与轴向进给速度 f_z。

1. 基于能耗模型的工艺参数优化模型

1)能耗函数 E_{total}

加工滚齿机床待机功率 P_{st} 测量值为 2100W,联立式(6.15)、式(6.17)和式(6.36),可得机床加工的总能耗为

$$E_{\text{total}} = E_{\text{st}} + E_{\text{air}} + E_{\text{cutting}} \tag{6.37}$$

2)时间函数 T_{total}

考虑加工过程中待机阶段、空切阶段、切削阶段的时间,则总时间可表述为

$$T_{\text{total}} = t_{\text{st}} + t_{\text{air}} + t_{\text{cutting}} \tag{6.38}$$

将能耗函数与时间函数进行归一化处理并加权求和,将多目标问题转化为单目标问题,则对应的单目标函数为

$$\min F(n, f_z) = \min(\omega_1 E_{\text{total}} + \omega_2 T_{\text{total}}) \tag{6.39}$$

式中,ω_1 和 ω_2 为权重系数,且 $\omega_1 + \omega_2 = 1$。

3)约束条件

在选取机床加工参数时,要保证数控滚齿机床性能、刀具性能、齿轮精度等,优化变量应满足以下约束条件:

(1)$n_{\min} \leqslant n \leqslant n_{\max}$,$n_{\max}$ 和 $n_{\min}$ 分别表示机床与滚刀允许的最大和最小滚刀转速。

(2)$f_z^{\min} \leqslant f_z \leqslant f_z^{\max}$,$f_z^{\max}$ 和 $f_z^{\min}$ 分别表示机床允许的最大与最小滚刀轴向进给速度。

(3)$P_{\text{total}} \leqslant \eta P_{\max}$,$\eta$ 为机床功率有效系数,$P_{\max}$ 为机床电机额定功率。

(4)$f_{\min} \leqslant f \leqslant f_{\max}$,$f_{\max}$ 和 $f_{\min}$ 分别表示允许的最大与最小滚刀进给速度。

(5)$R_a = 0.312 f_z^2 / r_a < [R_a]$,$r_a$ 为滚刀刀尖圆弧半径,$[R_a]$ 为齿轮工件表面允许的最大粗糙度。

基于能耗模型的工艺参数优化模型可综合表示为

$$\text{s. t.} \begin{cases} n_{\min} \leqslant n \leqslant n_{\max} \\ f_z^{\min} \leqslant f_z \leqslant f_z^{\max} \\ P_{\text{total}} \leqslant \eta P_{\max} \\ f_{\min} \leqslant f \leqslant f_{\max} \\ R_a < [R_a] \end{cases} \tag{6.40}$$

2. 基于遗传算法的工艺参数优化模型

遗传算法是一种模仿自然界中自然选择与遗传规律的随机搜索算法,利用编码技术将目标参数表示为数字串个体,将其组成的种群放置于目标的求解环境中,运用适者生存的法则进行个体的复制、交叉、变异等操作,经过一代代的进化收敛至一个最适应环境的个体上,求得优化问题的近似最优解。Deb 等[5]针对传统遗传算法的缺点提出了带精英策略的快速非支配排序遗传算法,降低了算法的复杂程度,提高了算法的寻优性能,从而保证了其高效性与鲁棒性。这里基于遗传算法的独特优点与广泛应用,将其应用于滚齿加工能耗优化数学模型的求解,具体优化步骤如图 6.27 所示。

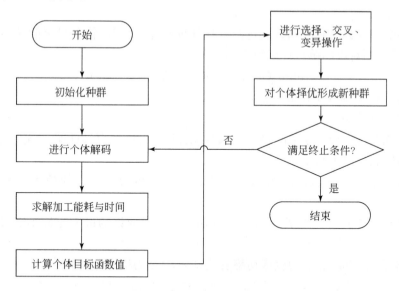

图 6.27　遗传算法优化步骤

3. 工艺参数优化结果及分析

以 Y3140CNC6 数控高速高效滚齿机为实验对象,滚刀与齿轮参数见表 6.16。加工过程中,滚刀 Z 轴行程为 82mm,利用仿真软件进行加工参数优化,优化过程中种群规模设置为 30,设置进化代数为 100,最终优化结果为滚刀转速 $n=170r/min$,轴向进给速度 $f_z=20mm/min$,加工总时间 $T_{total}=246s$,加工总能耗 $E_{total}=1.255\times10^6J$,优化结果中轴向进给速度为最大值,滚刀转速为相应最小值。这是因为滚齿机床总能耗中,切削能耗的占比较小,进给速度最大时加工时间最短,同时在保证齿轮精度的前提下,较小的滚刀转速有助于降低机床整体功率,从而降低机床整体能耗。

6.4　面向形性可控的工艺参数优化

零件加工过程中工艺参数不仅影响被加工零件的几何精度(主要是齿轮误差),还影响零件的表面完整性(残余应力等)。现有研究通过工艺参数优化实现制齿加工几何精度或者表面残余应力控制,缺乏同时实现几何精度和表面残余应力控制的工艺参数决策方法。因此,本节提出一种基于多目标协同优化的制齿工艺优化方法。以磨齿加工为例,将齿轮精度(齿轮总误差)以及齿轮表面完整性(残余应力)作为优化目标,通过优化磨齿工艺参数,实现磨齿加工形性可控工艺参数的优化,提高齿轮加工精度和表面完整性。面向形性可控的工艺参数优化流程如图 6.28 所示。

6.4.1　制齿工艺参数多目标优化算法

本节采用 NSGA-Ⅱ算法进行多目标优化,其是一种基于遗传算法改进的非支配排序遗传算法,主要应用于输入变量生成 pareto 边界,在求解二维优化问题上具有优越的性能。算法首先在变量(包括砂轮转速、进给速度、切削深度)范围内产生初始种群,并利用建立的齿轮总误差及残余应力预测模型计算种群的目标值(轴向、切向残余应力、齿轮总误差)。基于非支配原则获取每一层的 pareto 前沿,基于小生境尺寸法计算每个 pareto 前沿中个体的拥挤度。在随后进行的锦标赛评选过程中,随机选出两个个体参加比赛,排名高的个体作为候选解决方案更受青睐。如果两个个体的排名相同,则选择拥挤度较大的个体。对选出的候选解进行交叉和变异,得到新种群。将原始种群与新种群进行融合,并进行非支配排序,最终获得最优 pareto 前沿。

1. 种群初始化

该操作进行变量范围、迭代次数的设置以及初始种群的生成。种群目标值由齿轮总误差和表面残余应力预测模型计算,具体参数范围以及数值预测模型如下所示:

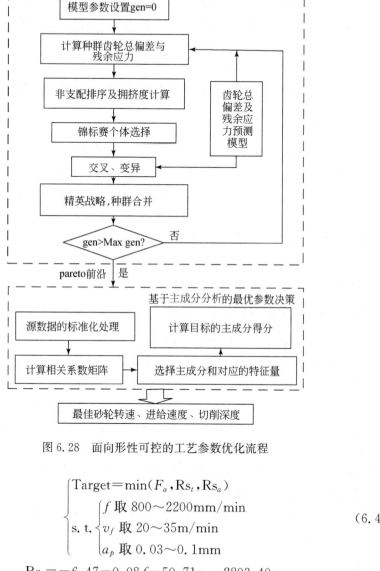

图 6.28 面向形性可控的工艺参数优化流程

$$\begin{cases} \text{Target} = \min(F_\alpha, \text{Rs}_t, \text{Rs}_a) \\ \text{s. t.} \begin{cases} f \text{ 取 } 800 \sim 2200\text{mm/min} \\ v_f \text{ 取 } 20 \sim 35\text{m/min} \\ a_p \text{ 取 } 0.03 \sim 0.1\text{mm} \end{cases} \end{cases} \quad (6.41)$$

$$\begin{aligned} \text{Rs}_t = & -6.47 - 0.08f - 50.71v_f - 2803.40a_p \\ & + 0.84v_f^2 - 2954.45a_p^2 + 1.17fa_p \\ & + 95.06v_fa_p \end{aligned} \quad (6.42)$$

$$\text{Rs}_a = 346.55 - 0.1f - 53.21v_f + 3202.28a_p$$

$$+0.90v_f^2-4134.50a_p^2-0.44fa_p$$
$$-46.44v_fa_p \tag{6.43}$$

$$F_a=8.51-0.006v-3.62a_p-0.005v_f^2$$
$$-445.83a_p^2+2.19v_fa_p \tag{6.44}$$

式中，F_a 为齿形总误差；Rs_t 为切向残余应力；Rs_a 为轴向残余应力；v 为砂轮线速度。

　　为了验证模型的有效性，在参数范围内随机选择 4 组参数进行实验验证，实验参数设置如表 6.18 所示，实验验证结果与预测结果对比如表 6.19 所示。切向、轴向残余应力以及齿轮总误差的平均误差分别为 6.86%、26.04%、6.21%，预测平均误差为13.04%。实验数据较少，导致精度不高，但随着后期实验数据的增多，预测精度会不断增加，最终实现准确预测。

表 6.18　验证实验参数设置

实验序号	进给速度/(mm/min)	砂轮线速/(m/s)	切削深度/mm
1	800	20	0.03
2	800	35	0.1
3	100	25	0.02
4	1200	25	0.06

表 6.19　实验验证结果与预测结果对比

实验序号	切向残余应力			轴向残余应力			齿轮总误差		
	预测/MPa	实验/MPa	误差/%	预测/MPa	实验/MPa	误差/%	预测/μm	实验/μm	误差/%
1	−750.315	−701.50	6.96	−383.70	−288.17	33.15	7.4	7.8	4.98
2	−699.90	−642.18	8.99	−412.06	−304.00	35.55	5.7	6.4	10.25
3	−764.60	−747.40	2.3	−392.89	−382.93	02.60	6.2	5.8	7.31
4	−797.23	−730.20	9.18	−465.23	−350.11	32.88	7.1	7.3	2.30

2. 非支配排序及拥挤度计算

　　基于非支配法则对初始种群进行非支配排序，获得每一层的 pareto 前沿。该方法提高了计算速度。利用小生境大小法代替传统的通过两个个体之间的距离来计算每层 pareto 前沿的拥挤度，拥挤度 D 的计算公式为

$$D=\begin{cases} \text{INF}, & f_k^{\max}=f_k^{\min} \parallel f_k(i)=f_k^{\max} \parallel f_k(i)=f_k^{\min} \\ \sum\limits_{k=1}^{2}\dfrac{f_k(i+1)-f_k(i+1)}{f_k^{\max}-f_k^{\min}}, & f_k^{\max}\neq f_k^{\min} \end{cases} \tag{6.45}$$

式中,k 为目标函数;i 表示集合中的个体。

3. 锦标赛选择及交叉变异

在锦标赛选择的过程中,每次随机选出两个个体。pareto 层级靠前个体作为候选解决方案更受青睐。若两个个体所在 pareto 层级相同,则选择拥挤度大的个体。在候选解的基础上进行交叉和变异以获得新的种群,利用齿轮总误差及表面残余应力预测模型计算种群目标值。

4. 精英战略和种群合并

该优化算法基于一种精英策略,将原始种群最优帕累托层中的个体与新生种群组合,形成新种群。对组合后的新种群进行非支配排序和拥挤度计算,选择最优pareto 前沿的个体作为优化结果,如图 6.29 所示。

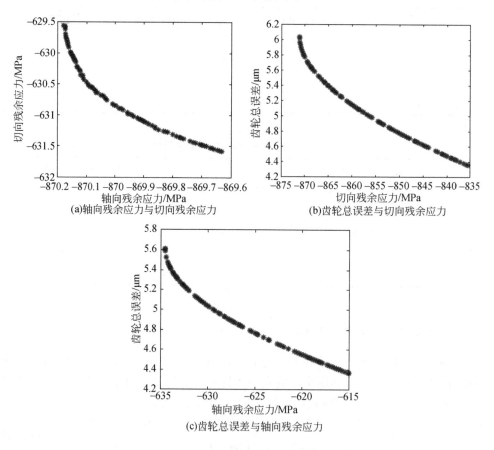

图 6.29　多目标优化结果

由图 6.29 发现,轴向、切向残余应力以及残余应力与齿轮总误差之间都呈现相反变化趋势,这意味着需要根据实际加工过程中对几个目标的要求进行合理的工艺参数选择。基于多目标优化算法获得工件的残余应力以及齿轮总误差优化结果,为后续的工艺参数决策提供了参考解集,并为最终提升零件加工精度以及改善表面质量奠定了基础。

6.4.2　基于主成分分析的制齿工艺参数决策

当基于群体智能算法获得一组非支配个体,即帕累托边界时,许多优化过程通常已经结束。从帕累托边界选择最优解的一致方案很少,导致优化方法的应用较差。因此,采用主成分分析法在 pareto 边界上自动选择最优制齿工艺参数。主成分分析得到的权重由待评价的 pareto 前沿中的数据确定。通过主成分提取消除了原始指标相关性引起的重复信息的影响,从而提高了主成分分析所得到最优解的客观性。

1. 最优前沿中数据的标准化处理

主成分分析法根据方差的大小确定主成分。指标的不同维度会造成较大的方差差异,从而影响主成分。因此,需要将原始变量按照式(6.46)进行标准化,以便后续操作。

$$x_i(t)=\frac{x_i(t)-x_{\min}}{x_{\min}-x_{\max}}, \quad i=1,2,\cdots,N \tag{6.46}$$

式中,$x_{\max}$ 为目标的最大值;$x_{\min}$ 为目标的最小值;N 为帕累托前沿中个体的数量。

2. 基于相关系数矩阵计算的制齿工艺参数决策

算法将 d 个原始特征(目标值)转化为 d 个特征的线性组合,即原始特征 Y_i 的线性组合(式(6.47))。通过求解由 X 的协方差矩阵构成的特征方程,得到 d 个特征值和 d 个单位特征向量(式(6.49)),用来构成矩阵。

$$\begin{cases}Y_1=a_{11}X_1+a_{12}X_1+\cdots+a_{1d}X_d\\Y_2=a_{21}X_1+a_{22}X_1+\cdots+a_{2d}X_d\\ \quad\vdots\\Y_d=a_{d1}X_1+a_{d2}X_1+\cdots+a_{dd}X_d\\Y=AX\end{cases} \tag{6.47}$$

$$A=\begin{bmatrix}a_{11}&a_{12}&\cdots&a_{14}\\a_{21}&a_{22}&\cdots&a_{2d}\\\vdots&\vdots&&\vdots\\a_{d1}&a_{d2}&\cdots&a_{dd}\end{bmatrix}=\begin{bmatrix}a_1\\a_2\\\vdots\\a_d\end{bmatrix} \tag{6.48}$$

$$\begin{cases} |S - \lambda_i I| = 0 \\ (S - \lambda_i I) a_i = 0 \end{cases} \tag{6.49}$$

式中，$X = [X_1 \quad X_2 \quad \cdots \quad X_d]^{\mathrm{T}}$ 和 $Y = [Y_1 \quad Y_2 \quad \cdots \quad Y_d]^{\mathrm{T}}$ 分别为原特征向量和新特征向量。式(6.48)用于计算相关系数矩阵 A。

3. 选择主成分和对应的特征向量

所有特征根按降序排列，表示各主成分的方差，对应的单位特征向量为主成分系数。选择前 k 个主分量作为信息损失最小的主分量，主成分的方差贡献计算如下：

$$\alpha_i = \frac{\lambda_i}{\sum\limits_{j=1}^{k} \alpha_i} \tag{6.50}$$

α_i 值越大，主成分整合原始指标特征信息的能力越强。前 k 个主成分的累积贡献如式(6.51)所示，当累积贡献 η 达到指定值(如 90%)时，取对应的前 k 个主成分，能基本反映原始指标信息：

$$\eta = \sum_{i=1}^{k} \alpha_i \tag{6.51}$$

4. 计算评价对象的主成分得分

根据每个主成分对应的特征向量，使用式(6.52)计算每个个体的最终得分。根据每个个体的最终得分选择 pareto 边界中得分最高的个体作为实际加工中的应用。

$$S_i = \sum_{i=1}^{k} Y_i a_i \tag{6.52}$$

式中，S_i 为第 i 个个体的总分。

最终结合多目标优化算法以及主成分分析法获得排名前五的最优加工参数及结果，如表 6.20 所示。结果表明，结合工艺参数决策的多目标优化算法对加工零件的形性目标进行整体优化，从而获得满足条件的最佳工艺参数。通过分析可得排名靠前的参数组合，虽然轴向和切向残余应力向着减小的方向变化，但是齿轮总误差减小，总体来讲整体性能提升。因此，验证了制齿工艺参数多目标优化算法的可行性，最终选择排名第一的工艺参数作为最终的加工参数。

表 6.20　最优参数及结果

实验序号	进给速度/(mm/min)	砂轮线速度/(m/s)	切削深度/mm	切向残余应力/MPa	轴向残余应力/MPa	齿轮总误差/μm
1	2200	35.00	0.03	−835.39	−615.03	4.365
2	2200	34.96	0.03	−835.87	−615.40	4.378
3	2200	34.93	0.03	−836.16	−615.59	4.384
4	2200	34.91	0.03	−836.41	−615.81	4.392
5	2200	34.87	0.03	−836.76	−616.08	4.401

参 考 文 献

[1] Shi K N, Ren J X, Wang S B, et al. An improved cutting power-based model for evaluating total energy consumption in general end milling process[J]. Journal of Cleaner Production, 2019, 231: 1330-1341.

[2] 陈永鹏, 曹华军, 李先广, 等. 圆柱齿轮滚切多刃断续切削空间成形模型及应用[J]. 机械工程学报, 2016, 52(9): 176-183.

[3] Budak E, Altintas Y, Armarego E J A. Prediction of milling force coefficients from orthogonal cutting data[J]. Journal of Manufacturing Science and Engineering-Transactions of the ASME, 1996, 118(2): 216-224.

[4] Lee P, Altintas Y. Prediction of ball-end milling forces from orthogonal cutting data[J]. International Journal of Machine Tools and Manufacture, 1996, 36(9): 1059-1072.

[5] Deb K, Pratap A, Agarwal S, et al. A fast and elitist multiobjective genetic algorithm: NSGA-II[J]. IEEE Transactions on Evolutionary Computation, 2002, 6(2): 182-197.

第7章　齿轮高速干切工艺及自动化生产线

绿色制造是一种综合考虑资源消耗与环境影响的现代制造可持续发展模式，属于国内外学术和技术创新前沿领域。齿轮高速干切工艺及自动化生产线需求迫切，市场规模庞大，经济效益和环境效益显著。

齿轮加工是一种典型的机械零部件加工，从毛坯到成品需要大量使用切削液。这不但构成主要的加工成本（占比达 15％ 左右），而且造成严重的车间环境污染和职业健康危害，给齿轮行业发展带来了巨大的环保压力。在国家和地方产业政策驱动和日益严格的环境保护要求下，齿轮机械加工工艺和装备的绿色创新需求迫切。

虽然我国齿轮加工机床已基本形成了较完整的装备系列，但大部分齿轮生产企业仍以单机独立的生产线为主，批量零件流转搬运频繁，零件上下料、工序间零件转移及生产节拍控制主要通过人工实现，限制了关重装备产能的发挥。此种生产组织方式生产效率不高、工序能力指数（process capability index，CPK）值较低，一般无法做到精益生产和全自动生产，制约了齿轮加工技术与管理水平的提升。因此，研发生产效率高、质量稳定可靠、产能控制精确、自动化程度高、具有自主知识产权的绿色齿轮加工自动化生产线越来越重要。

本章针对轿车齿轮新一代绿色生产工艺革新，面向热处理前工序"齿坯高速干式车削内孔、外圆、台阶面等→齿部高速干切精密滚齿成形→干式铣削倒棱倒角"，开发齿轮高速干切关键工艺，并研制新一代的高速干切自动化生产线装备，实现近零排放，支撑制齿工艺的绿色化、智能化转型升级。图 7.1 为其总体方案。

7.1　齿轮高速干切工艺及自动化生产线关键技术

7.1.1　锻件齿坯高速干式车削工艺及装备研制

在高速干式车削加工中，缺乏切削液的冷却、润滑、排屑等作用，切削界面的切削热发生剧烈、传递效率低、易聚集，严重影响刀具寿命、工件表面质量以及机床结构热稳定性。为保证车削加工过程中稳定断屑，降低热量累积的危害，通过立式数控车床变进给车削断屑方法，无须增加特殊装置即可克服上述问题。如图 7.2、图 7.3 所示通过控制进给量循环变化中的参数来控制铁屑断屑及断裂长度，达到良

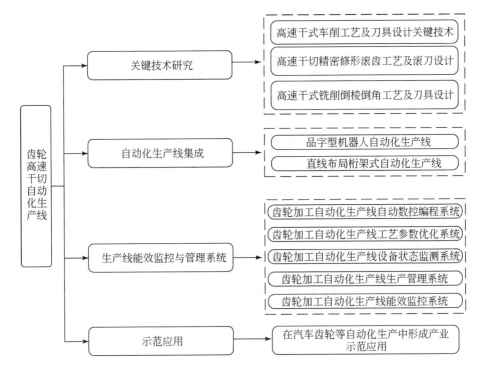

图 7.1　齿轮高速干切自动化生产研究总体方案

好的断屑效果,具有成本低、高效、操作方便、应用广泛的特点。

在突破切屑控制技术、加工表面形性调控技术、温度场控制技术、快速排屑技术等干式车削关键技术的基础上,综合考虑高速干式车削加工过程中的机床热传递及热变形规律,合理优化设计车床结构,设计开发新型专用干式车削刀具 WN-MG080408,优化干式车削工艺参数,提升机床床身刚度及散热性能,提高切削加工效率,提升工件表面加工质量,延长刀具使用寿命,降低加工成本及工艺过程环境影响和工人职业健康危害。新型高速干式车削机床特点如下:

(1)更换直线滚动导轨副为滚柱型导轨副,将线规孔距由 80mm 改为 40mm,并在滑块中间多开一组孔。

(2)优化更换主轴前轴承以及主轴结构,如图 7.4 所示。

(3)将车床防护罩改为外滑门结构。

通过优化设计和选择新型高速干式车削刀具,使高速干式车削刀具更加有利于控制切屑排除方向。优化设计和选择新型高速干式车削刀具,新型车削刀具详细要求如下:

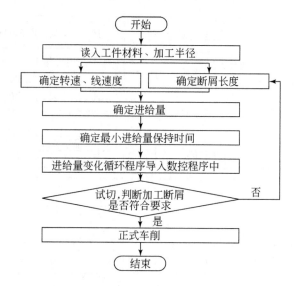

图 7.2 进给量循环变化程序设置流程图

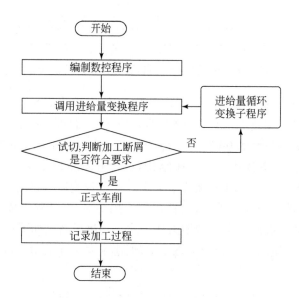

图 7.3 进给量循环变化车削流程图

(1)良好的耐热冲击性和抗黏结性。

(2)较高的红硬性和热韧性。

(3)良好的耐磨性,切屑和刀具之间的摩擦系数要尽可能小。

(4)刀具形状要保证排屑流畅且易于散热。

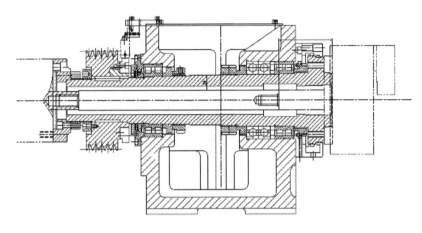

图 7.4　新型主轴结构

（5）刀具应具有更高的强度和耐冲击韧性等优异的综合性能。

综合刀具材料和刀片、刀体结构及几何参数新型干式车削刀具参数如表 7.1 所示。

表 7.1　综合刀具材料和刀片、刀体结构及几何参数新型干式车削刀具参数

参数名称	参数值	参数名称	参数值
刀片型号	WNMG080408	刀尖半径/mm	0.8
刀片材质	PCBN	前角/(°)	10
刀具规格	MWLNR2525M08	后角/(°)	6
副偏角/(°)	5	刃倾角/(°)	−6
副刃倾角/(°)	−6	主偏角/(°)	80

采用上述参数更加有利于控制切屑排出方向，保证了刀具在高速干切时可以获得较高的表面加工质量，同时加强了刀片的散热效果，使刀片的红硬性及刚性增强，可以适用于断续加工，从而提高了刀片的耐用度及应用范围。当采用 WNMG080408 刀片时，增加了刀片使用切削刃，提高了生产效率，降低了生产成本，为用户节约了资金。新型高速干切刀具设计简图如图 7.5 所示。

7.1.2　高速干切精密修形滚齿工艺及装备研制

齿轮修形包括齿向和齿形的修整，传统齿轮加工主要通过磨削来实现齿轮齿部的修形，由于磨削加工属于精密加工工艺，单次磨削量较少，磨削能耗高，且易出

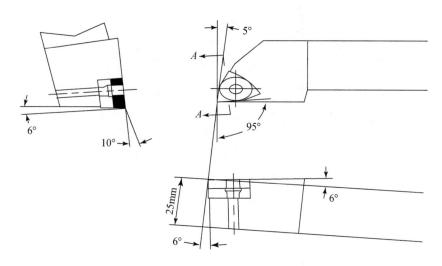

图 7.5　新型高速干切刀具设计简图

现磨削烧伤,磨削综合成本较高。此外,传统滚齿后沿齿轮齿廓方向的留磨余量不同,会导致磨削过程中产生的应力不均匀,影响砂轮的使用寿命和齿轮齿面完整性,最终影响齿轮的磨削成本和疲劳寿命。

在现有高速干切工艺研究的基础上,针对高速干切精密修形滚齿工艺开展研究,包括高速干切滚齿齿向、齿形修形模型,修形滚刀优化设计,高速干切滚齿机床主轴、工作台温度场精确优化调控,实现齿轮高速干切精密修形滚切加工,减少并均衡磨齿工艺加工余量,提高磨齿效率和工艺可靠性。通过建立高速干切精密滚齿齿向、齿形修形模型,开发滚齿精密修形专用软件,优化设计高速干切滚刀及高速干切滚齿机床主轴、工作台,可将高速干切滚齿效率提高 1~2 倍,达到 GB/T 10095—2008 的 6 级。

1. 高速干切滚齿齿向、齿形修形

齿轮修形包括齿向和齿形的修形,齿向修形主要通过控制滚刀轴向进给来实现,齿形修形的实现需要重新设计滚刀结构,并合理控制滚刀与工件之间的相对运动,其原理如图 7.6 所示。

2. 修形滚刀优化设计

高速干切滚刀是实现齿轮高速干切的关键技术。优质的高速干切滚刀,不但能保证加工齿轮的精度,还能够减少滚齿过程中产生的热量,减少机床振动。高速干切修形滚刀优化设计原则如下:高速干切滚刀采用柄式结构,可消除孔和心轴间

跳动公差的累积,以及垫片和安装螺母引起的振动误差,动态刚性更优;采用小直径,增加了自身刚性,当切削扭矩相同时,可以采用更大的切削用量,提高滚齿效率,而且小直径能较好地适应高速滚齿的高转速;在轴向的设计尺寸更长以适应机床的窜刀功能,并且滚刀寿命增加了数倍;采用多头,即相对较多的容屑槽数目以及较大的槽形角。

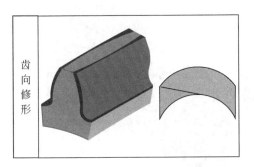
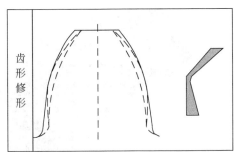

图 7.6　高速干切精密滚齿修形原理示意图

3. 高速干切滚齿机床主轴优化设计

传统滚刀架中主要为齿轮传动,在滚刀架中经过几级齿轮传动,将动力从电机传动到刀架主轴上,带动刀架主轴上的滚刀来切齿。这种传动的缺点是:主轴转速相对较低,对于小模数的小齿轮加工,往往要求高效率切削,这就需要一个高转速主轴;经过几级齿轮传动后,传动链较长,传动的间隙增大,切削精度相对较低,滚刀架的结构也相对复杂。

针对传动滚刀架的上述缺点,电主轴直驱式滚齿刀架可以提高滚刀架主轴的转速,实现高效率加工;可以缩短滚刀架中传动箱传动链的长度,减小传动间隙,从而提高加工精度;可以简化滚刀架结构,实现简易布局。

电主轴刀架三维实体模型如图 7.7 所示,包括窜刀装置、刀架壳体、刀杆、压紧装置以及主轴。其中,主轴和刀杆均设置在刀架壳体上。通过电主轴转子带动主轴旋转,进而带动滚刀转动,缩短了滚刀架中传动箱传动链长度,减小了传动间隙,提高了滚刀架主轴转速,实现了高效率加工,提高了加工精度。此外,刀杆远离拉杆的另一端还设置了压紧装置,包括可沿轴向滑动的小轴、用于带动小轴移动的驱动机构等。

窜刀装置包括拖板和丝杆机构以及用于驱动丝杆转动的电机,丝杆机构的丝杠螺母座与刀架壳体固定连接,刀架壳体与托板之间设置 V 形导轨,窜刀装置带动刀架壳体做机床的切向运动以实现滚刀架的窜刀运动。压紧装置包括小压板和压板,小压板与刀架壳体之间的接触面是经过贴塑处理的。

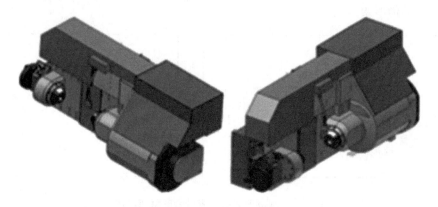

图 7.7　电主轴刀架三维实体模型

刀架主轴采用大功率主轴伺服电机通过两级高精度斜齿轮副传动,末端采用一齿差齿轮副消除间隙。为了实现高速化,采用了两级传动,并且在有限的空间内布置了大扭矩主轴电机,实现了主轴高速高精度传动,同时保证了加工所需的扭矩输出,图 7.8 为滚刀主轴部组三维模型。

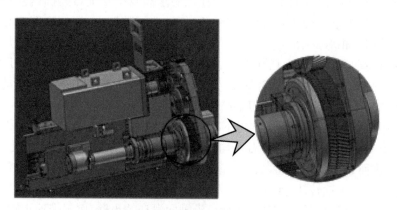

图 7.8　滚刀主轴部组三维模型

4. 高速干切滚齿加工工作台优化设计

对工作台部件的设计通常有如下要求:能够满足工艺过程中所提出的要求;有

足够的刚度,避免出现振动现象;有足够高的运动精度和定位精度;操作方便,安全可靠。

传统带阻尼的滚齿机工作台一般采用由4件两两啮合的齿轮结构形成阻尼机构,4件两两啮合的齿轮呈环形分布,其中1件齿轮是输入齿轮,1件齿轮是与工作台连接的大齿轮,另外2件齿轮是中间传动齿轮。在其中1件中间传动齿轮上设置可调弹簧摩擦片,通过可调弹簧摩擦片与基座的摩擦来增大转动阻力,从而实现工作台阻尼调节,这种结构比较复杂,可调弹簧摩擦片调整位置不方便,操作者凭经验调整摩擦片位置,对摩擦阻力无法做到精确调整。

带阻尼的滚齿机工作台(图7.9和图7.10)可以很好地解决上述问题。该高速齿轮副工作台以液压马达代替可调弹簧摩擦片,结构更为简单,传动阻尼来源于液压马达,可通过液压系统对阻尼大小进行准确调节,同时还能调整阻尼施加的方向,使带阻尼的滚齿机工作台平稳性好、定位精度高,滚齿机加工精度更高。工作台的设计最高转速、输出最大扭矩等完全满足干切滚齿加工需要。虽然采用力矩电机和电主轴成本较高,但是容易实现高速化加工。

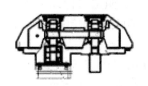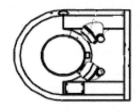

图 7.9　工作台阻尼装置

图 7.10　工作台三维模型

　　基于上述研究成果,作者团队研发了新型齿轮高速干切精密滚齿机床YDZ3126CNC-CDR 数控直驱干切复合滚齿机,成功实现齿轮高速干切修形加工,如图 7.11 所示。

图 7.11　新型齿轮高速干切精密滚齿机床

　　工作台主要包括基座、工作台、回转机构和阻尼机构。工作台支承于回转机构中大齿轮的上端面,大齿轮支承于基座上。阻尼机构包括支承于基座上的阻尼小齿轮、驱动阻尼小齿轮与大齿轮反方向转动的液压马达和传动轴。液压马达固定设置在基座的底部,阻尼小齿轮与大齿轮相啮合。阻尼小齿轮与传动轴设置为一体成形结构,基座上设置支承阻尼小齿轮的轴承,传动轴的端部开设与液压马达传动轴端部配合的安装孔,安装孔孔壁上设置用于传动的键槽。回转机构还包括固定设置在基座底部的电机、与电机连接且被支承于基座上的输入小齿轮和传动轴,输入小齿轮与大齿轮相啮合,此外输入小齿轮与传动轴设置为一体成形结构,基座上设置支承输入小齿轮的轴承,基座上固定安装架,安装架上设置用于支承阻尼小齿轮的一对轴承和支承输入小齿轮的一对轴承。

　　高速齿轮副工作台设计原理为:将工件通过夹具固定在工作台平面上,通过回转机构带动大齿轮转动,大齿轮带动工作台和工作台平面上的工件进行转动,通过液压系统给液压马达提供一定的压力,使与液压马达连接的阻尼小齿轮给与阻尼小齿轮相啮合的大齿轮一定的阻力,通过调整液压马达压力的大小,精确控制阻尼小齿轮给大齿轮阻力的大小,使带阻尼的滚齿机工作台平稳性好、定位精度高,滚齿机加工精度更高,工作台和刀架采用传统齿轮箱传动结构,整体布局结构采用偏置式布局。

7.1.3 干式铣削倒棱倒角工艺及装备研制

齿轮材料为低碳钢,材料韧性好,在齿轮滚切过程中齿向和齿形方向均会产生毛刺。传统方式通常采用挤压原理进行倒棱倒角,去除毛刺,效率高,但会在齿面形成微凸起,热处理后进一步形成局部硬化区,导致磨削时砂轮受力不均匀而出现局部过度磨损而失效的问题,缩短砂轮寿命。基于干式铣削原理的倒棱倒角新工艺,开发的可复合在滚齿机上的铣棱装置,使 YDZ3126CNC-CDR 数控直驱干切复合滚齿机具有滚齿和倒棱-去毛刺复合功能,能同时进行滚齿和倒棱-去毛刺加工,该铣棱装置采用全数控控制,伺服电机驱动,其结构紧凑,调整方便,加工效率和质量均非常高,能满足轿车变速箱齿轮制造厂商对机床设备高速高效、绿色环保、占地面积小、功能复合的要求;作者团队设计新型倒棱倒角专用铣刀,实现平滑倒棱倒角,高速干式铣削倒棱效率提高了 20%,消除了挤压倒棱微凸起缺陷,如图 7.12 所示。

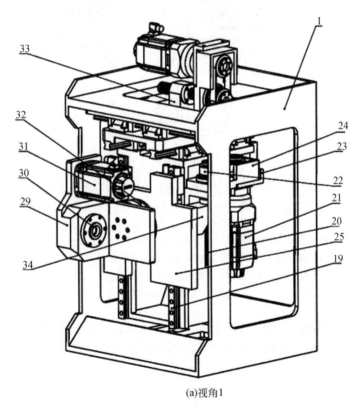

(a)视角1

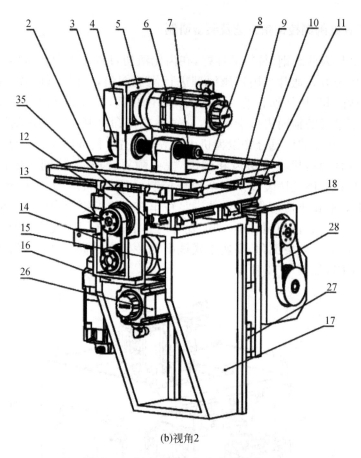

(b)视角2

图 7.12　复合在滚齿机上的铣棱装置

1.壳体；2.底座；3.Y 轴齿形皮带；4.Y 轴传动箱；5.Y 轴电机座；6.Y 轴电机；7.Y 轴滚珠丝杆；8.Y 轴直线导轨；9.Y 轴导轨滑块；10.Y 轴滑板；11.X 轴直线导轨；12.X 轴传动箱；13.X 轴滚珠丝杆；14.X 轴齿形皮带；15.X 轴电机；16.X 轴电机座；17.X 轴滑座；18.X 轴导轨滑块；19.Z 轴直线导轨；20.Z 轴滚珠丝杆；21.Z 轴电机；22.Z 轴齿形皮带；23.Z 轴电机座；24.Z 轴传动箱；25.Z 轴滑板；26.A 轴电机；27.Z 轴导轨滑块；28.主轴齿形皮带；29.刀架；30.拉刀机构；31.主轴电机；32.A 轴转盘；33.Y 轴丝杆螺母托座；34.Z 轴丝杆螺母托座；35.X 轴丝杆螺母托座

　　为适应新型高速干切铣削倒棱倒角，作者团队设计了新型倒棱倒角专用铣刀，实现了平滑倒棱倒角，提高了砂轮寿命和改善磨削质量。图 7.13 为新型倒棱倒角刀具。

图 7.13　新型倒棱倒角刀具

7.2　齿轮高速干切自动化生产线集成

面向产业需求,按照"高速干式车削内孔、外圆-齿部高速干切精密滚齿成形-干式铣削倒棱倒角"的新一代齿轮加工工艺路线,集成高速干式车削机床、高速干切滚齿机床和干式铣削倒棱倒角机床,并运用自动化技术和工业机器人技术,作者团队研制了两类高速干切自动化生产线装备:品字型机器人自动化生产线和直线布局桁架式自动化生产线。

7.2.1　品字型机器人自动化生产线

为面向产业需求,提高加工效率,品字型机器人自动化生产线采用以下工艺流程:上料-干式车削齿坯-高速干式滚齿-倒棱、去毛刺-下料。

品字型机器人自动化生产线由 1 台新型干式车削机床、1 台高速干切滚齿机床、1 台铣棱机床、2 套抽检工位和 2 台关节机器人组成,零件的传输采用关节机器人、料道及料仓共用的方式,整线可完成轿车齿轮的车削、滚齿、倒棱、去毛刺等加工工序,并在机器人单元旁设置抽检工位对各工序加工工件进行抽检,保证产品的合格率。图 7.14 为品字型机器人自动化生产线布局示意图。

自动化生产线动作顺序设置如下。

1-0♯工步:所有设备复位、操作者清空机床上的零部件。

1-1♯工步:操作者在上料仓码满零件坯料。

1-2♯工步:机器人运动到上料仓上方,下降抓料。

1-3♯工步:机器人运动到车削机床等待位。

1-4♯工步:车削机床加工完成后,送料机构将已加工工件送出,机器人运动到

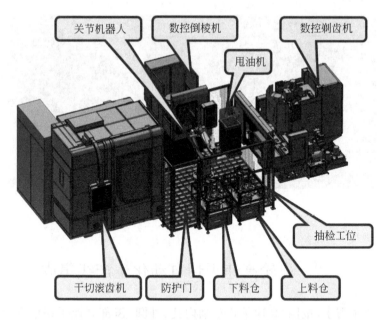

图 7.14　品字型机器人自动化生产线布局示意图

机床换料位,下降,抓取加工完成的零件,上移后旋转 180°,再下降,将未加工的零件放置到位,机器人移出机床换料区,给机床发出上料完成信号,按上述动作依次完成车削机床、滚齿机、数控倒棱机 3 台机床的上下料。

1-5♯工步:机器人将零件成品放回下料仓,再返回上料仓抓料。

转 1-2♯工步,依次循环。机器人动作顺序及节拍分解如表 7.2 所示。

表 7.2　机器人动作顺序及节拍分解

机器人动作	时间/s
机器人料仓取料	2
机器人快移至车床	1.5
车床下上料	10
机器人快移到滚齿机	1.5
滚齿机下上料	10
机器人快移到数控倒棱机	1.5
数控倒棱机下上料	15
机器人快移到料道放料位置	1.5
机器人放料	2

7.2.2　直线布局桁架式自动化生产线

为面向产业需求,提高加工效率,本项目中直线布局桁架式自动化生产线加工节拍为 75s/件,工艺流程如下:上料-干式车削齿坯-高速干式滚齿-倒棱、去毛刺-下料。

直线布局桁架式自动化生产线由 1 台新型干式车削机床、1 台高速干切滚齿机床、1 台数控铣棱机床、1 台下料仓、2 套抽检工位以及 2 套物流桁架机械手组成。零件的传输采用桁架机械手、料道及料仓共用的方式,整线可自动完成轿车齿轮零件的车削、滚齿、倒棱去毛刺加工工序,并在车削、倒棱后设置抽检工位对车削、滚齿加工工序进行抽检,保证产品的合格率。图 7.15 为直线布局桁架式自动化生产线布局示意图。

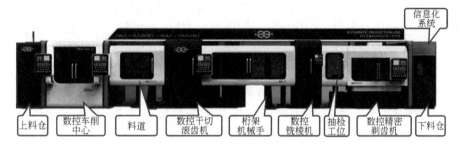

图 7.15　直线布局桁架式自动化生产线布局示意图

直线布局桁架式自动化生产线各部分特点如下:

(1)滚齿机配置自动上下料装置,自动上下料装置采用双工位料爪和单工位换料托盘自动送料机构,送料机构的工件托盘导向轴的倒角较大,倒棱机夹具采用全剖开式胀紧夹具,胀量大,机械手上下料方便。直线布局桁架式自动化生产线桁架机械手手爪采用德国雄克或 ZIMMER 双工位夹爪,直线布局桁架式自动化生产线的防护罩为全封闭围栏式防护罩。

(2)直线布局桁架式自动化生产线上桁架机械手抓取工件无损伤,桁架机械手、料仓、料道运送工件动作精确可靠,一旦出现问题如抓空、停止动作或其他错误信息均反馈给控制系统,显示屏显示错误信息并做信息处理;当单机故障时,单机可出现故障报警,直线布局桁架式自动化生产线系统处于待料状态,待单机故障排除并解除报警后恢复动作。

(3)直线布局桁架式自动化生产物流线配手持式操作盒屏,可以输入和显示基本技术参数以及选择运行程序、按键形式。直线布局桁架式自动化生产线料仓采用六工位平面回转式料仓,并由多组传感器在工作路线上进行定位,确保送料准确、可靠。

（4）控制系统通过用户名和密码登录进行身份识别，程序是受保护的，未被授权的人员无法进入。直线布局桁架式自动化生产线中主机夹具、刀具采用快换方式，各主机夹具、刀具换型时间不超过 45min。

通过集成应用齿轮高速干式切削关键技术、机床装备以及生产线能效监控与工艺管理系统，开发高速干切工艺自动化生产线。实现了齿轮全过程生产节拍不大于 2min(轿车齿轮)；CPK 值不小于 1.33；生产线可靠性 MTBF 超过 1200h；机械手重复定位精度小于 ±0.1mm；单件加工成本下降 18%；完全消除切削液排放，节约切削液 8.6 吨/年。

7.3　齿轮高速干切自动化生产线能效监控与工艺管理系统

作者团队研制的高速干切自动化生产线能效监控与工艺管理系统，实现了图纸工艺及生产任务管理、自动化生产线生产进度信息采集与任务执行情况监控、自动化生产线设备运行状态监控与故障报警管理、设备及生产线能效监控、加工质量动态监控、刀具监控与管理、高速干切工艺参数优化决策等功能；系统能长时间记录自动化生产线工艺执行状态信息；系统提供统一规范化信息接口，具有良好的集成性，可与制造执行系统等车间信息化系统实现信息交互，实现单件产品节能 20%～30%。

7.3.1　能效监控与工艺管理系统总体结构

高速干切自动化生产线能效监控与工艺管理系统的总体框架如图 7.16 所示，分为显示层、功能层、数据采集与处理层、支撑层、物理层。其中，显示层通过生产线看板的滚动显示生产线及设备的实时数据；功能层主要包含图纸工艺及生产任务动态下达、生产进度信息采集与任务监控、设备运行状态监控与故障报警管理、设备及生产线能效监控、加工质量动态监控、换刀断刀监控与管理、工艺参数优化决策、数控程序自动编制和远程诊断与管理等；数据采集与处理层包括管理端 PC、监控端 PC、实时数据采集与大数据存储服务器和数据接口；支撑层包括数据库、现场总线协议、串口通信协议、网络通信协议、数据交换协议；物理层包括实现监控系统的硬件设备，如数控机床、高速干切滚齿机、检验工位、数字化工具/量具等加工与检验设备。

7.3.2　能效监控与工艺管理系统主要功能

1. 图纸工艺及生产任务动态下达

系统支持为生产线快速制定和下达班次生产任务，实现线上生产任务管理，提

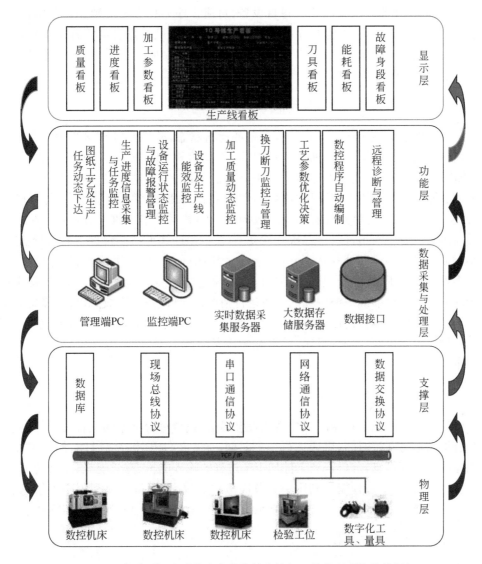

图 7.16　高速干切自动化生产线能效监控与工艺管理系统总体框架

升生产准备效率;支持生产所需的电子化零件图纸、工艺文档及数控程序等生产技术资料与生产任务同步管理,节约图纸资料成本;支持在线上以人机交互方式动态浏览图纸工艺等技术资料。

2. 生产进度信息采集与任务监控

系统能够对生产线上的生产进度信息进行实时采集,不但能获取整个生产线的进度信息,还能获取生产线上每台设备、每道工序的加工进度数据,实现对生产进度的全面监控。同时,监控系统根据采集的生产进度数据自动统计出订单任务的执行情况,能通过集成接口以规范化方式及时反馈到企业各级生产计划管理部门,便于生产计划管理部门及时编制后续生产计划。

3.设备运行状态监控与故障报警管理

系统能够监控生产线上每一台设备的运行状态,监控系统直接与生产线上每台机床的数控系统直接通信,针对带网卡的机床,如 SIEMENS、FANUC、HEIDENHAIN 等,直接通过以太网采集信息,针对有宏功能的机床,如 FANUC 系列、三菱等,利用 NC 程序宏功能实现工况数据采集,能解决量大面广的 FANUC 系列、三菱等具有宏功能的数控设备的数据采集。通过对数控系统的相关库函数或者中间组件进行二次软件开发,监控生产线上每一台设备的运行状态,实时显示机床当前所处的状态、进给倍率、程序信息、转速和进给量、坐标信息等,以多种可视化手段(监控视图、信号灯、大屏幕)实时显示设备的状态信息,使生产管理人员能及时准确掌握现场的设备运行情况;一旦设备发生故障停机,系统立即启动报警,并提供对设备故障信息、故障原因、维修信息的记录和查询,形成一套有效的设备异常报警和处理机制,能够缩短设备故障时间,提高生产效率,减少生产成本。

4.设备及生产线能效监控

系统与生产线上机床的数控系统直接通信,获得每台机床的主轴功率等信息。结合机床运行开始时间、机床运行结束时间、加工工件开始检测时间、加工工件结束检测时间等信息,分析得到工件加工全过程的输入能量、有效能量、瞬态功率、瞬态效率、工件加工过程能量利用率以及能量比能效率、设备有效利用率等信息,实现对生产线上每台设备、生产线控制系统以及整个生产线的能效监控与管理。

5.加工质量动态监控

采用数字化的质量检测系统,自主开发质量数据采集接口程序,实现监控系统动态获取加工工件的质量检测数据,对采集到的质量数据进行实时处理,结合加工工件的质量特征向量,统计出需返工工件和报废工件数量,并将需返工工件和报废工件数量实时显示,同时用短信的方式通知相应生产线的相关责任人。另外,还支持质量数据统计,形成质量控制曲线,为质量分析和换刀提醒提供依据。

6.换刀断刀监控与管理

系统支持为生产线上每台设备设定刀具使用的上限次数,对刀具的每次使用进行计数,在刀具达到使用上限次数时以信号灯或手机短信等方式及时进行报警,提示操作者进行换刀;同时该功能模块支持结合质量检测数据,对刀具的使用次数进行优化,可以提醒提前换刀,也允许操作人员延迟换刀,对换刀的优化能够减少企业在刀具使用上的成本;系统自动对应该换刀而未换刀的违规情况进行记录,并报送给相应管理人员;系统对换刀过程信息进行记录和查询,包括每台设备的换刀时间、换刀人,以及换上、换下刀具编号等信息,提供对换刀执行过程的追溯。设备换刀逻辑图如图 7.17 所示。

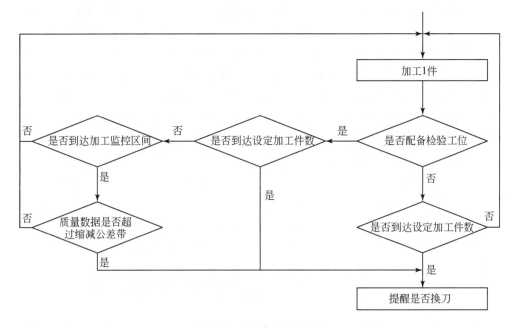

图 7.17 设备换刀逻辑图

7. 工艺参数优化决策

滚齿工艺参数优化决策模块是整个齿轮加工工艺参数优化决策系统的核心模块,主要包括滚齿工艺参数经验决策和滚齿工艺参数推理决策两部分。滚齿工艺参数经验决策部分是由用户根据加工任务输入滚齿工艺参数决策所需的基本参数信息,通过计算得到必要的滚齿加工工艺参数,并进行工艺参数决策数据库记录之间的关联。滚齿工艺参数推理决策模块由用户根据加工任务输入加工对象齿轮的相关参数,自动计算系统内置的工艺实例库中实例与该工艺问题的相似度,将相似度较高的实例显式地表达出来,进而可以辅助进行高速干切工艺参数优化决策。

8.数控程序自动编制

系统为用户提供友好的数控程序编制界面,并自动将编制完成的数控程序上传至服务器进行文件共享。同时,数控程序编制的模板功能为用户提供多种模板,用户通过使用模板可以提高数控程序的编制效率。

9.远程诊断与管理

根据数控机床的结构和功能特点,结合故障诊断系统的功能和性能要求,本节提出了数控机床远程故障诊断系统的三个功能模块:数据采集模块、数据处理及故障诊断模块、系统管理模块。数据采集模块由两部分构成:一是利用数控系统的OPC技术采集机床状态数据;二是机床外接传感器采集机床温度、振动、噪声数据。数据处理与故障诊断模块是进行智能诊断的关键模块,数据处理采用基于数据降维方法筛选特征值得到信号的主成分特征量,故障诊断采用基于智能算法故障诊断模型。系统管理模块由用户管理、设备管理、数据来源选择、故障分类管理、故障信息查询、故障在线诊断、历史数据查询七个部分组成。

高速干切自动化生产线能效监控与工艺管理系统能有效监控生产线的运行状况,并可通过规范化集成接口与车间信息化系统实现集成,优化工艺参数,实现生产线高效、可靠运行和生产效率、设备利用率和产品质量水平的综合提升,单件产品节能 20%～30%,大大提高了齿轮加工企业车间的信息化水平。

7.4　齿轮高速干切自动化生产线示范应用

在突破高速干式车削工艺及刀具设计关键技术、高速干切精密修形滚齿工艺及滚刀优化设计关键技术、高速干式铣削倒棱倒角工艺及刀具设计关键技术、高速干切自动化生产线集成关键技术、高速干切自动化生产线能效监控与工艺管理系统关键技术等的基础上,结合高速干切工艺关键技术,研制新型高速干式车削机床和高速干切精密滚齿机床,并集成应用新一代信息技术,开发高速干切自动化生产线能效监控与工艺管理系统,最后形成了两类高速干切自动化生产线,实现了近零排放的节能环保加工。

面向产业需求,完全避免切削液的使用,平均每条自动化生产线每年减少切削液排放 8.6 吨,单件加工成本下降 18%,单件产品能耗下降 20%,机床周边空气质量达到或优于国家标准,极大地降低了齿轮加工的环境污染以及工人的职业健康危害。该技术与装备在国内多家企业进行了示范应用,实现了其智能化水平和综合加工性能等方面的明显提升。

用户实际使用后发现,与传统生产模式对比,汽车变速箱齿轮自动化生产线能够有效减少劳动力,缩短生产节拍,提高产量,极大提高齿轮加工生产效率,详见表7.3。

表 7.3　自动化生产线生产模式与传统生产模式对比

项目	传统生产模式					自动化生产线生产模式	效果
每班人数	车削	滚齿	铣棱	剃齿	工序间物	仅需1人上下料,其余工序全部自动化	省4人
	1人	1人	1人	1人	料搬运1人		
工作时间	8h					8h	
生产节拍	75s(以轿车档齿考核)					65s	缩短约13.3%
每班产量	$8×60×60×0.85/75≈327$ 件					$8×60×60×0.85/65≈377$ 件	提高约15.3%
管理系统	全靠人工记录管理,不便于数据采集、追溯及分析					数据可实时采集、追溯及分析	智能化大幅提升
零件磕碰	各工序间流转采用人工					各工序间流转采用桁架机械手,避免人为参与	有效减少磕碰
占地面积	设备分散且占地面积大					设备集中且占地面积小	单位面积产能大幅提升
管理	工作人员多,管理难度大,管理成本高					精减人员,降低管理成本与难度,解决企业用工难的问题	提高管理效率,降低管理成本
质量	人为因素多,工件检测精度不好控制					人员不过多参与检测,保证检测质量稳定	降低废品率,加速品牌提升
换型时间	更换每台单机工装					整线采用快换模块,换型时间在1h之内	柔性化提升

高速干切自动化生产线大大提高所应用企业的劳动生产率、降低操作强度、提高能效等,避免了切削液使用,实现绿色清洁切削,符合国家和地方产业政策驱动和日益严格的环境保护要求,为应用企业带来了明显的经济效益和社会效益。

后　记

自 20 世纪以来,齿轮的精密数控加工理论与技术一直是机械传动领域的研究热点。高性能齿轮作为大型飞机、航母、舰艇、风电设备等高端装备的核心基础零件,其性能直接决定相关装备的服役性能及其核心竞争力。

本书是作者团队集十余年研究成果撰写而成的,以高性能齿轮制造为对象,从计算理论、补偿技术、加工机床以及工艺方法等方面全面系统地介绍了创新成果。相关的一系列模型和算法已应用于滚齿机、磨齿机、齿轮刀具的设计,以及舰船齿轮、风电齿轮、汽车齿轮等的加工,取得了良好的应用效果。

同时,高性能齿轮制造的相关研究仍然需要进一步完善。

在制齿精度判定方面,目前针对齿轮精度的表达均为加工后的离线检测或者停机在位检测,基于加工过程变量与齿轮精度的关系研究,作者提出了一种基于能耗变化的制齿精度实时在线测控理论和新方法,将制齿精度的离线判定提升至精度在线实时监控。

在齿轮误差补偿方面,目前的制齿机床仅能实现离线测量、单次补偿,如何实现基于齿轮误差灵敏度分析以及误差溯源机理研究的齿轮误差实时在线补偿将是未来的主攻方向。

在齿轮加工工艺方面,传统齿轮加工将滚齿、热处理、磨齿等齿轮加工工序分开考虑,但齿轮加工是一个多工序相互影响的过程,加工历程对最终产品精度、表面质量的综合影响机理目前鲜有报道。将滚齿、热处理以及磨齿等工序综合考虑,形成滚磨一体化加工工艺,将是未来齿轮加工工艺的研究重点。

在本书即将出版之际,作者衷心感谢各位学术前辈、师长和同事的支持和帮助。在此特别要感谢重庆机床(集团)有限责任公司、重庆齿轮箱有限责任公司、浙江双环传动机械股份有限公司、浙江万里扬股份有限公司、重庆蓝黛动力传动有限责任公司、綦江齿轮传动有限公司等单位的大力支持。

本书旨在为我国高性能齿轮及制齿装备的设计、制造、试验和管理的专业技术人员提供有益的前沿性基础理论和实践材料,也希望为我国高性能齿轮精密加工技术的自主创新起到一定的促进作用。

王时龙

2022 年 6 月